高等学校电子与通信类专业系列教材

扩频通信技术及应用

（第二版）

暴　宇　李新民　编著

西安电子科技大学出版社

内容简介

本书系统地阐述了扩频通信技术的基本概念、原理、分析方法及其应用和仿真。

全书共 9 章，分为两个部分。前 5 章为基础理论部分，内容包括扩频通信的原理、伪随机编码、直扩系统、跳频系统、伪码同步；后 4 章为应用部分，内容包括扩频系统实例分析、芯片使用案例和系统 MATLAB 仿真。

本书可作为高等院校通信工程、信息工程、电子信息与科学等专业的专业课教材，也可作为从事无线电通信技术研发工作的工程技术人员的参考书。

图书在版编目(CIP)数据

扩频通信技术及应用/暴宇，李新民编著. —2 版.
—西安：西安电子科技大学出版社，2011.7(2022.2 重印)
ISBN 978 - 7 - 5606 - 2592 - 8

Ⅰ. ① 扩⋯　Ⅱ. ① 暴⋯　② 李⋯　Ⅲ. ① 扩频通信—通信技术—高等学校—教材
Ⅳ. ① TN914.42

中国版本图书馆 CIP 数据核字(2011)第 095934 号

策　　划　毛红兵
责任编辑　阎　彬　毛红兵
出版发行　西安电子科技大学出版社(西安市太白南路 2 号)
电　　话　(029)88202421　88201467　　邮　　编　710071
网　　址　www.xduph.com　　　　　电子邮箱　xdupfxb001@163.com
经　　销　新华书店
印刷单位　广东虎彩云印刷有限公司
版　　次　2011 年 7 月第 2 版　2022 年 2 月第 7 次印刷
开　　本　787 毫米×1092 毫米　1/16　印　张　16.5
字　　数　385 千字
印　　数　13 101～13 700 册
定　　价　42.00 元
ISBN 978 - 7 - 5606 - 2592 - 8/TN

XDUP 2884002 - 7
＊＊＊如有印装问题可调换＊＊＊

前　言

韦惠民教授主编的《扩频通信技术及应用》一书自出版以来，已作为本、专科学生教材使用了近 5 年时间。该教材既有理论教学内容，又有实际应用内容，具有很好的理论指导和应用参考价值，受到了广大师生的认可和赞誉。

近年来，扩频技术在移动通信系统、无线局域网、定位测距及军用系统中被广泛应用，所涉及的理论问题、技术难点需要进一步的分析和讲述。为此，作者结合多年的教学经验，对《扩频通信技术及应用》一书进行了修订。本版书对上版书的主体内容进行了重新编排，并增加了一些新内容，使该书内容与时俱进，更利于理论学习和应用参考。

本版书所做的主要修订包括：

（1）对一些章节内容进行了调整。在一章内将一个扩频系统从发端讲述到收端，同时给出该系统的性能分析，可使学生更完整、更清晰地理解各个扩频系统。第 2 章讲述伪随机码的内容，便于学生更好地理解各个系统在接收时的相关处理。另外，本版书还将上版书中的扩频技术应用和扩频系统设计两部分内容分开，在不同章进行介绍，使全书内容安排得更加合理。

（2）修改并补充了一些内容。在第 2 章中给出了伪随机码的数学定义，介绍了本原多项式的概念，给出了 m 序列的个数的计算函数，介绍了 Walsh 码和巴克码。在第 3 章中分析了直扩系统的载波抑制问题及多址和测距能力，简单介绍了 RAKE 接收技术。在第 4 章中给出了跳频图案的生成方法及跳频系统的相关解跳的电路结构，并且简单介绍了跳时系统。在第 5 章中介绍了伪码捕获的新技术（包括滑动相关捕获法的改进、顺序估计快速捕获法等）。在第 6 章中将直扩技术在 IS—95 CDMA 系统中的应用改为了在 CDMA 2000 系统中的应用，使内容更加新颖。同时，在讲述 GPS 系统的内容中还补充了 GPS 卫星信号及GPS 信号的捕获和跟踪问题等内容，使讲述更加深入透彻。

（3）新编写了第 9 章。该章给出了扩频通信课程部分内容的程序和仿真，比如一些伪码的生成程序、直扩系统的收发及同步的 Simulink 仿真等，可使读者对相关的知识有更直观的认识和理解，这是本版书的一大特点。

本书共分 9 章。第 1 章阐述扩频通信技术的原理和理论基础；第 2 章讲述伪随机编码技术；第 3 章系统讲述直扩系统的组成和性能分析；第 4 章主要讲述跳频系统的组成和性能分析；第 5 章较为详细地讲述扩频系统的伪码同步技术；第 6 章讲述扩频技术的应用；第 7、8 章结合一些核心芯片讲述扩频的设计；第 9 章给出扩频通信课程涉及的程序和仿真。

本书由暴宇和李新民编著。其中，第 1、2、4、6、8 章由暴宇编写，第 3、5、7、9 章由李新民编写。全书由暴宇统稿。

在这里，特别要感谢韦惠民老师对本书出版所做的大量工作，感谢西安电子科技大学出版社毛红兵和阎彬编辑的热情帮助。另外，本书在编写过程中参考了田日才、赵刚、梅文华及曾一凡等几位学者的著述或教材，在此对他们也深表谢意。

由于编者水平有限，疏漏在所难免，恳请读者不吝指正。

编　者

2010 年 3 月于西安

第一版前言

扩展频谱通信(简称扩频通信)技术是当今信息社会最为先进的无线电通信技术之一。由于扩频技术具有抗干扰能力强,抗截获,抗多径、多址能力强,保密性好及测距精度高等一系列优点,因而越来越受到人们的重视。随着大规模和超大规模集成电路技术、微电子技术、数字信号处理技术的迅猛发展,以及一些新型器件的出现,使得扩频技术在无线局域网,皮网,2G、3G 移动通信,卫星全球定位,军用通信,航天通信和深空探测等诸多领域都得到了较为广泛的应用。

多年来,各高校的扩频通信课程多为硕士研究生开设,少有的两三本教材也都是为研究生所编写。近年来,不少院校都为本科通信工程、信息工程、电子信息与科学等专业开设了扩频通信课,但尚没有一本供本、专科教学用扩频通信课的教材。本书正是为适应这一需求而编写的。编者集多年从事研究生和本科移动通信、扩频通信等专业课教学经验,努力使十分庞杂的讲课内容压缩在前 5 章之内,以适应大学专业课课时受限制的要求。新编《扩频通信技术及应用》一书具有以下特点:

(1) 面向高等学校通信工程、信息工程、电子信息与科学等本、专科,适合 32~36 学时安排,内容充实,知识系统,较好地反映了当今技术现状。

(2) 偏重理论联系实际,符合"面向 21 世纪,注重能力培养"的教材编写宗旨。

(3) 从结构上分为两大部分:第一部分由第 1~5 章构成理论教学篇,供课堂授课之用;第 6~9 章构成实际应用篇,供任课教师教学参考,也可供学生进行课程设计和毕业设计参考之用。其中有多种最新专用集成电路(ASIC)的介绍和系统设计的应用。

新编教材较为系统地阐述了扩频通信的基本原理和各种技术特点,较为完整地描述了各类扩频收、发信机的构成原理和多种实用伪随机编码技术,较为明确地分析了扩频信号的解扩与解调原理,较为详细地介绍了各类扩频通信系统的同步捕获和同步跟踪技术。

本书共分 9 章。第 1 章阐述扩频通信技术的原理和理论依据;第 2 章介绍 4 种扩频通信系统的工作原理;第 3 章讲述多种扩频系统用伪随机编码技术;第 4 章系统地讲解扩频接收机的解扩和解调;第 5 章较为详细地讲述扩频通信系统的同步捕获和同步跟踪技术。上述 5 章供课堂教学之用。后 4 章为实际应用而编写,有直接序列扩频技术的应用,跳频扩频技术的应用,混合扩频和线性调频技术的应用,声表面波滤波器件在扩频通信系统中的应用。

建议授课学时:第 1 章为 4 课时;第 2、3、4 章均为 8 课时;第 5 章为 4 课时。

本教材在编写中重点参考了查光明、熊贤祚、曾兴雯、刘乃安、孙献璞、王秉钧、朱近康等学者所编写的研究生教材,在此表示对这几位学者的敬意。

本书除了适合各类高等学校通信工程、信息工程、电子信息与科学等专业作专业课教学使用外,也可供从事无线电通信的工程技术人员作为学习和研发参考用书。

本书由韦惠民主编。第 1~5 章由韦惠民编写;第 6~9 章由殷晓虎、暴宇编写。全书由韦惠民统稿，崔星、殷晓虎录入和校对。

　　本书在编写过程中得到了李国民、李白萍的大力支持，也得到了西安电子科技大学出版社领导和编辑部的关心。对他们的支持和关心在此深表谢意。特别感谢夏大平、毛红兵编辑为本书按时出版所付出的辛劳；没有夏大平责任编辑的细心编校，就没有本书的顺利出版。对他们特别认真负责的工作作风深表敬意。

　　最后，我们还应感谢本书的主审张邦宁教授。他对本书的编写有较高的评价，同时也提出了一些修改意见，在此对他的支持表示深深的谢意。

　　由于编者水平有限，差错在所难免，恳请读者不吝指正。

编　者

2007 年 7 月于西安

目　　录

第 1 章 扩频通信技术原理

通信现代化是人类社会进入信息时代的重要标志。在现代通信中，干扰问题是一个重要的问题。随着通信事业的发展，各类通信网不断建立，使得有限的频率资源更加拥挤，相互之间的干扰更为严重。如何在恶劣的环境条件下，保证通信有效、准确、迅速地进行是摆在当今通信科研人员面前的一个难题。

扩展频谱(SS，Spread Spectrum，简称扩频)技术具有许多特有的优点。将其用于通信系统中，可以大大提高通信系统的抗干扰性能，这在当今世界电磁环境越来越恶劣的情况下，尤为引人瞩目。将其用于移动通信系统，不但可以实现 CDMA 移动通信系统，而且能减轻甚至消除由于移动信道多径时延扩展所引起的频率选择性衰落对数字移动通信系统性能的影响。扩频通信技术已成为当今无线电通信的主流技术。因此，为什么要扩展数据信息的频谱以及如何扩展信号的频谱就成为我们首先要研究的问题。

1.1 扩频通信的发展历程

扩频通信技术是一种非常重要的抗干扰通信技术。它最初是在军事抗干扰通信中发展起来的，目前在民用移动通信中也得到了广泛的应用，处于繁荣阶段。它与光纤通信、卫星通信一同被称为进入信息时代的三大高技术通信传输方式。

早在 20 世纪 20 年代中期诞生的 RADAR(Radio Detection and Ranging)系统，利用回波证明了电离层的存在，其发射频谱宽度大于回波频谱宽度，具备了扩频通信系统的基本特征。30 年代，德国工程师 Paul Kotowski 和 Kurt Dannehl 申请的专利中设计的伪装语音设备已具有了扩频通信的一些基本要素。

1948 年前后，香农(C. E. Shannon)著名的《通信中的数学理论》等论文的发表，奠定了信息论的基础，并且这些理论也成为扩频技术的理论依据。1949 年，Derosa 和 Rogoff 完成了世界上第一个直接序列扩频系统。随后在 1950 年，美国麻省理工学院在此基础上成功研制出 NOMAC(Noise Modulation and Correlation)系统，这是一个成熟的扩频通信系统。而在 1941 年，Hedy K. Markey 和 George Antheil 提出了世界上第一个跳频技术专利，但直到 1963 年，美国海军 Sylvania 的 BLADES(Buffalo Laboratories Application of Digitally Exact Spectra)系统才成为世界上第一个研制成功的跳频通信系统。

进入 20 世纪 60 年代以后，随着科学技术的迅速发展，特别是在晶体管、集成电路和各种信号处理器问世后，扩频技术才有了重大的突破和发展，使扩频系统得到了广泛的应用。在军事通信领域出现了全球定位(GPS)系统、通信数据转发卫星系统（TDESS）、

SINCGARS 系统及 JTIDS 系统等。

1985 年 5 月美国联邦通信委员会(FCC)制定了民用公共安全、工业、科学与医疗和业余无线电采用扩频通信的标准和规范,从此扩频技术获得了更加广泛的应用。1995 年美国 Qualcomm 公司推出了 IS-95 CDMA 系统,首次将直扩技术用于民用的蜂窝移动通信中,获得了巨大的成功。2000 年,国际电信联盟(ITU)接纳扩频技术的 CDMA 为第三代移动通信的三大主流标准的核心技术,表明扩频技术已经处于其发展的鼎盛时期。目前除了应用于军事安全保密通信外,扩频技术正广泛应用于卫星通信、第三代和未来的第四代移动通信、定位、无线局域网、蓝牙及最新的超宽带(UWB)系统中,显示出其强大的生命力。

1.2　扩频通信的基本概念和理论基础

1.2.1　扩频通信的含义

扩频通信技术是一种信息传输方式,在发端采用扩频码调制,使信号所占的频带宽度远大于所传信息需要的带宽;在收端采用相同的扩频码进行相关处理后再进行解调,以恢复所传信息数据。这一定义其实包含了以下三方面含义:

(1) 信号的频谱被展宽了。众所周知,传输任何信息都需要一定的频带,称为信息带宽或基带信号频带宽度。例如,人类语音的信息带宽为 300～3400 Hz,电视图像的信息带宽为 6 MHz。在常规通信系统中,为了提高频率利用率,通常都尽量采用带宽大体相当的信号来传输信息,亦即在无线电通信中射频信号的带宽与所传信息的带宽是相比拟的,即一般属于同一个数量级。如用调幅(AM)信号来传送语言信息,其带宽为语言信息带宽的两倍,用单边带(SSB)信号来传输,其信号带宽更小,即使是调频(FM)或脉冲编码调制(PCM)信号,其带宽也只是信息带宽的几倍。扩频通信的信号带宽与信息带宽之比则高达 100～1000,属于宽带通信,为什么要用频带这么宽的信号来传输信息呢?这样岂不是太浪费宝贵的频率资源吗?后文将用信息论和抗干扰理论来回答这个问题。

(2) 采用扩频码序列调制的方式来展宽信号频谱。由信号理论可知,在时间上有限的信号,其频谱是无限的。脉冲信号宽度越窄,其频谱就越宽。作为工程估算,信号的频带宽度与其脉冲宽度近似成反比。例如,1 μs 脉冲的带宽约为 1 MHz。因此,如果很窄的脉冲码序列被所传信息调制,则可产生很宽频带的信号,这种很窄的脉冲码序列(其码速率是很高的)即可作为扩频码序列。其他的扩频系统(如跳频系统)也都是采用扩频码调制的方式来实现信号频谱扩展的。需要说明的是,所采用的扩频码序列与所传的信息数据是无关的,也就是说,它与一般的正弦载波信号是相类似的,丝毫不影响信息传输的透明性,仅仅起扩展信号频谱的作用。

(3) 在接收端用相关处理来解扩。正如在一般的窄带通信中,已调信号在接收端都要进行解调来恢复发端所传的信息一样,在扩频通信中接收端则用与发端完全相同的扩频码序列与收到的扩频信号进行相关解扩,然后通过解调电路恢复出数据。

这种在发端把窄带信息扩展成宽带信号,而在收端又将其解扩成窄带信息的处理过程,具有一系列好处,我们将在后面作进一步说明。

1.2.2　扩频的理论基础

　　长期以来，人们总是想方设法使信号所占频谱尽量窄，以充分提高十分宝贵的频率资源的利用率。为什么要用宽频带信号来传输窄带信息呢？简单的回答就是主要为了通信的安全可靠，这一点可以用信息论基本公式加以说明。

　　香农在其信息论中得出了带宽与信噪比互换的关系式，即香农公式：

$$C = B \, \mathrm{lb}\left(1 + \frac{S}{N}\right) \tag{1-1}$$

式中，C 为信道容量，单位为 b/s；B 为信号频带宽度，单位为 Hz；S 为信号平均功率，单位为 W；N 为噪声平均功率，单位为 W。

　　香农公式指出，在给定信号平均功率 S 和白噪声平均功率 N 的情况下，只要采用某种编码系统，就能以任意小的差错概率，以接近于 C 的传输速率来传送信息。这个公式还暗示，在保持信息传输速率 C 不变的条件下，可以用不同频带宽度 B 和信噪功率比（简称信噪比）来传输信息。换言之，频带 B 和信噪比是可以互换的。也就是说，如果增加信号频带宽度，就可以在较低信噪比的条件下以任意小的差错概率来传输信息。甚至在信号被噪声淹没的情况下，只要相应地增加信号带宽，也能进行可靠的通信。由此可见，扩频通信系统具有较强的抗噪声干扰的能力。

　　需要指出的是，当 B 增加到一定程度后，信道容量 C 不可能无限地增加。由式（1-1）可知，信道容量 C 与信号带宽成正比，增加 B，势必会增加 C，但当 B 增加到一定程度后，C 增加缓慢。由于 $N = n_0 B$，因而随着 B 的增加，N 也要增加，从而使信噪比 S/N 下降，影响到 C 的增加。考虑极限情况，令 $B \to \infty$，我们来看 C 的极限值：

$$\lim_{B \to \infty} C = \lim_{B \to \infty} B \, \mathrm{lb}\left(1 + \frac{S}{n_0 B}\right) \tag{1-2}$$

考虑到极限

$$\lim_{B \to \infty} \frac{1}{x} \mathrm{lb}(1 + x) = \mathrm{lb}\, \mathrm{e} = 1.44 \tag{1-3}$$

则可得

$$\lim_{B \to \infty} C = 1.44 \frac{S}{n_0} \tag{1-4}$$

由此可见，在信号功率 S 和噪声功率谱密度 n_0 一定时，信道容量 C 是有限的。

　　由上面的结论，可以推导出信息速率 R 达到极限信息速率，即 $R = R_{\max} = C$，且带宽 $B \to \infty$ 时，信道要求的最小信噪比 E_b/n_0 的值。E_b 为码元能量，$S = E_b R_{\max}$，由式（1-4）知

$$\lim_{B \to \infty} C = R_{\max} = 1.44 \frac{S}{n_0}$$

可得

$$\frac{E_b}{n_0} = \frac{S}{n_0 R_{\max}} = \frac{1}{1.44} \tag{1-5}$$

由此可得信道要求的最小信噪比为

$$\left(\frac{E_b}{n_0}\right)_{\min} = \frac{1}{1.44} = 0.694 = -1.6 \text{ dB}$$

用扩展频谱的方法换取通信系统接收机输入端对 C/N（载噪比）或 S/N（信噪比）的要

求，这对通信设备小型化、低功率化、减少通信环境电磁干扰来说是十分重要的。以移动通信系统为例，很能说明问题。第一代蜂窝移动通信系统采用话音调频(FM)；接收机输入端要求$(C/N) \geqslant 18$ dB；第二代数字蜂窝移动通信系统的 GSM 系统采用 TDMA、GMSK 数字话音调制，接收机输入端信干比要求$(S/I) \geqslant 9$ dB 就可以；采用扩频技术的 CDMA 系统接收机输入端在 E_b/n_0 取 4.5 dB 时，相当于载干比$(C/I) = -15$ dB。

1.3　扩频的基本原理和扩频方式

1.3.1　扩频的基本原理

为了弄清扩频原理，必须了解信号波形与频谱的关系。任何周期性的时间波形都可以看成是许多不同幅度和频率的正弦波之和。这些不同的频率成分，在频谱上就占有一定的频带宽度。在扩频通信中，最常用的是周期性矩形脉冲序列，下面着重讨论周期性矩形脉冲序列的频谱形状。

图$1-1(a)$为一周期性脉冲序列$g(t)$的波形及其频谱函数$A(f)$。图中 E 为脉冲的幅度，τ_0 为脉冲宽度，T_0 为脉冲的重复周期，并设 $T_0 = 5\tau_0$。根据傅氏变换，其频谱分布为一系列离散谱线，由基波频率 f_0 及 $2f_0$、$3f_0$、…高次谐波所组成。随着谐波频率的升高，幅度逐渐减小。对于棱角分明的波形，在理论上包含有无限多的频谱成分。简单来说，时间有限的波形，在频谱上是无限的。反之，频谱有限的信号，在时间上也是无限的。但一般来说，信号的能量主要集中在频谱的主瓣内，即频率从 0 到 $A(f)$ 的第一个零点的频变为止的宽度内。这个宽度常称为信号的频带宽度，记作 B(或 B_{f_0})。如图$1-1(a)$所示的频带宽度 B_{f_0} 为

$$B_{f_0} = \frac{1}{\tau_0} = \frac{5}{T_0} = 5f_0 \qquad (1-6)$$

信号的频谱间隔取决于脉冲序列的重复周期，即 $f_0 = 1/T_0$。如图$1-1(a)$所示的 5 条谱线 f_0、$2f_0$、$3f_0$、$4f_0$ 和 $5f_0$，相邻的谱线间隔均为 f_0。图$1-1(b)$中，脉冲宽度仍为 τ_0，但脉冲周期为 $2T_0 = 10\tau_0$，即与图$1-1(a)$相比较，其脉冲宽度 τ_0 不变，而脉冲周期增加一倍。因此其频带宽度不变(频带宽度取决于脉冲宽度)，即仍为 $1/\tau_0$，而基波频率减半，即为 $f_0/2$，各个谱线的频率分别为 $f_0/2$，f_0，$(3/2)f_0$，…，$5f_0$ 共 10 个。由此可知，脉冲重复周期增加一倍，基频降低一半，谱线间隔也减小一半，谱线密度增加一倍。

图$1-1(c)$中，脉冲宽度 τ_1 缩窄一半，即 $\tau_1 = \tau_0/2$，而脉冲重复周期同图$1-1(a)$相同，仍为 T_0。根据上述分析，脉冲信号的谱线间隔取决于脉冲序列的周期，因此图$1-1(c)$的谱线间隔仍为 $1/T_0 = f_0$，而脉冲信号的谱线带宽取决于脉冲信号宽度，此时带宽为图$1-1(a)$的两倍，即

$$B_{f_1} = \frac{1}{\tau_1} = \frac{2}{\tau_0} = \frac{10}{T_0} = 2B_{f_0}$$

由图$1-1(c)$可见，频谱线间隔不变，但信号的频带宽度增加一倍。此外，由图$1-1$还可以看出，无论是脉冲重复周期的增大还是脉冲宽度的减小，都使频谱函数的幅度降低了。

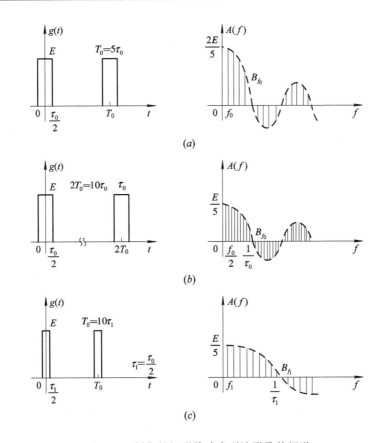

图 1-1 周期性矩形脉冲序列波形及其频谱

(a) 脉冲宽度 τ_0，脉冲周期 $T_0 = 5\tau_0$；(b) 脉冲宽度 τ_0，脉冲周期为 $2T_0$；

(c) 脉冲宽度 $\tau_0/2$，脉冲周期为 T_0

从上面的讨论中可以得到三个重要的结论：

(1) 为了扩展信号的频谱，可以采用窄的脉冲序列调制某一载波。采用的脉冲宽度越窄，扩展的频谱就越宽。如果脉冲的重复周期为脉冲宽度的 2 倍，即 $T = 2\tau$，则脉冲宽度缩窄对应于码重复频率的提高，即采用高速率的脉冲序列调制，可获得扩展频谱的目的。直接序列扩展频谱正是应用了这一原理，直接用重复频率很高的窄脉冲序列来展宽信号的频谱。

(2) 如果信号的总能量不变，则频谱的展宽势必使各频谱成分的幅度下降，换句话说，使信号的功率谱密度降低。这就是为什么可以用扩频信号进行隐蔽通信，及扩频信号具有低的被截获概率的原因。

(3) 在较宽的信息周期内，如果载送信息的符号波形是一个窄脉冲，那么其信号的频谱要比所传信息的带宽要宽，跳时系统利用的正是这个原理。

1.3.2 主要的扩频方式

扩频通信的一般原理如图 1-2 所示。在发端输入的信息经信息调制形成数字信号，然后由扩频码发生器产生的扩频码序列调制数字信号以展宽信号的频谱。展宽以后的信号再对载频进行调制(如 PSK 或 QPSK、OQPSK 等)，通过射频功率放大后送至天线发射。在收端，从接收天线上收到的宽带射频信号，经过输入电路、高频放大器后送入变频器，下变频至中频，然后由本地产生的与发端完全相同的扩频码序列解扩，最后经信息解调，恢复成原始信息输出。

由图 1-2 可见，扩频通信系统与普通数字通信系统相比较，就是多了扩频调制和解扩部分。

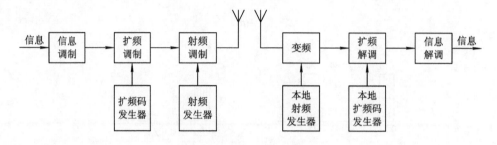

图 1-2　扩频通信原理方框图

按照扩展频谱的方式不同，目前的扩频通信系统可分为直接序列（DS）扩频、跳频（FH）、跳时（TH）、线性调频（Chirp），以及上述几种方式的组合。下面分别作一些简要的说明。

1. 直接序列（DS）扩频

直接序列（DS，Direct Sequence）扩频就是直接用具有高码率的扩频码序列在发端扩展信号的频谱。而在收端，用相同的扩频码序列进行解扩，把展宽的扩频信号还原成原始的信息。直接序列扩频的原理如图 1-3 所示。例如，我们用窄脉冲序列对某一载波进行二相相移键控调制。如果采用平衡调制器，则调制后的输出为二相相移键控信号，它相当于载波抑制的调幅双边带信号。图 1-3 中输入载波信号的频率为 f_c，窄脉冲序列的频谱函数为 $G(f)$，它具有很宽的频带，平衡调制器的输出则为两倍脉冲频谱宽度，而 f_c 被抑制的双边带展宽了扩频信号，其频谱函数为 $f_c+G(f)$。以后我们将说明，在接收端应用相同的平衡调制器作为解扩器，可将频谱为 $f_c+G(f)$ 的扩频信号，用相同的码序列进行再调制，将其恢复成原始的载波信号 f_c。关于直接序列扩频系统的组成和工作原理及抗干扰性能等问题，将在第 3 章作较为详细的介绍。

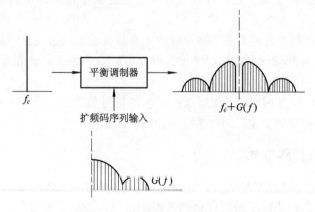

图 1-3　直接序列扩展频谱原理图

2. 跳频(FH)

跳频(FH，Frequency Hopping)也是一种扩频方式。所谓跳频，比较确切的意思是，用一定码序列进行选择的多频率频移键控。也就是说，用扩频码序列进行频移键控调制，使载波频率不断地跳变，所以称为跳频。简单的频移键控如 2FSK，只有两个频率，分别代表传号和空号。而跳频系统则有几个、几十个、甚至上千个频率，由所传信息与扩频码的组合进行选择控制，不断跳变。图 1-4(a)为跳频的原理方框图。发端信息码序列与扩频码序列组合以后按照不同的码字控制频率合成器。其输出频率根据码字的改变而改变，形成了频率的跳变，故称跳频。从图 1-4(b)中可以看出，在频域上输出频谱在一宽频带内所选择的某些频率随机地跳变。在收端，为了解调跳频信号，需要有与发端完全相同的本地扩频码发生器去控制本地频率合成器，使其输出的跳频信号能在混频器中与接收信号差频出固定的中频信号，然后经中频带通滤波器及信息解调器输出恢复的信息。从上述作用原理可以看出，跳频系统也占用了比信息带宽要宽得多的频带。

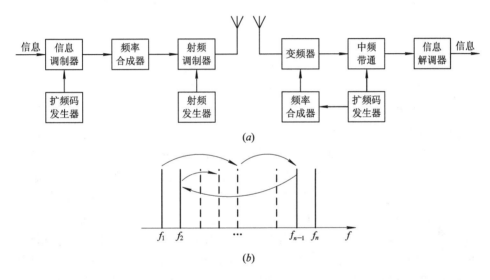

图 1-4　跳频(FS)系统
(a) 原理方框图；(b) 频率跳变图例

3. 跳时(TH)

与跳频相似，跳时(TH，Time Hopping)是使发射信号在时间轴上跳变。我们先把时间轴分成许多时片。在一帧内哪个时片发射信号由扩频码序列进行控制。因此，可以把跳时理解为：用一定码序列进行选择的多时片的时移键控。由于采用了很窄的时片发送信号，相对来说，信号的频谱也就展宽了。图 1-5 是跳时系统的原理框图和图例。在发端，输入的数据先存储起来，由扩频码发生器产生的扩频码序列控制通—断开关，经二相或四相调制后再经射频调制后发射。在收端，由射频接收机输出的中频信号经本地产生的与发端相同的扩频码序列控制通—断开关，再经二相或四相解调器，送到数据存储器并再定时后输出数据。只要收发两端在时间上严格同步进行，就能正确地恢复原始数据。跳时也可以看成是一种时分系统；不同之处在于它不是在一帧中固定分配一定位置的时片，而是由扩频码序列控制的按一定规律跳变位置的时片。跳时系统的处理增益等于一帧中所分的时片数。由于简单的跳时抗干扰性不强，因而很少单独使用。跳时通常都与其他方式结合使用，组成各种混合方式。

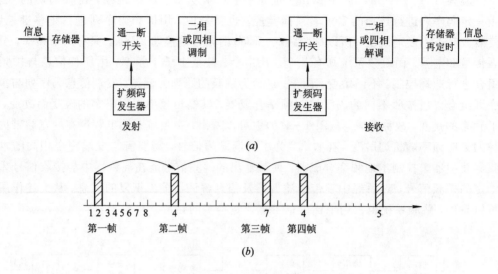

(a)

(b)

图 1-5　跳时系统

(a) 原理方框图；(b) 跳时图例

4. 线性调频(Chirp)

如果发射的射频脉冲信号在一个周期内，其载频的频率作线性变化，则称为线性调频。因为载频的频率在较宽的频带内变化，所以信号的频带也被展宽了。这种扩频调制方式主要用在雷达中，但在通信中也有应用。图 1-6 是线性调频的示意图。发端由一锯齿波调制压控振荡器，从而产生线性调频脉冲。它和扫频信号发生器产生的信号一样。在收端，线性调频脉冲由匹配滤波器对其进行压缩，把能量集中在一个很短的时间内输出，从而提高了信噪比，获得了处理增益。匹配滤波器可采用色散延迟线，它是一个存储和累加器件。其作用机理是对不同频率的延迟时间不一样。如果使脉冲前后两端的频率经不同的延迟后一同输出，则匹配滤波器便起到了脉冲压缩和能量集中的作用。匹配滤波器输出信噪比的改善是脉冲宽度与调频频偏乘积的函数。

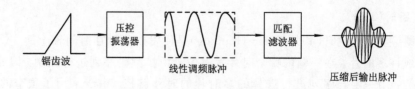

图 1-6　线性调频的示意图

5. 各种混合方式

可将上述几种基本的扩频方式组合起来，构成各种混合方式，例如 FH/DS、DS/TH、DS/FH/TH 等等。一般来说，采用混合方式看起来在技术上要复杂一些，实现起来也要困难一些。但是，不同方式结合起来的优点是有可能得到只用其中一种方式得不到的特性。例如 DS/FH 系统，就是一种中心频率在某一频带内跳变的直接序列扩频系统。其信号的频谱如图 1-7 所示。由图可见，一个 DS 扩频信号在一个更宽的频带范围内进行跳变。

DS/FH 系统的处理增益为 DS 和 FH 处理增益之和。因此，有时采用 DS/FH 反而比单独采用 DS 或 FH 可获得更宽的频谱扩展和更大的处理增益。甚至有时相对来说，其技术复杂度比单独用 DS 来展宽频谱或用 FH 在更宽的范围内实现频率的跳变还要低些。对于 DS/TH 方式，它相当于在 DS 扩频方式中加上时间复用。采用这种方式可以容纳更多的用户。在实现上，DS 本身已有严格的收发两端扩频码的同步，加上跳时，只不过增加了一个通—断开关，并不增加太多技术上的复杂度。对于 DS/FH/TH，它把三种扩频方式组合在一起，在技术实现上肯定是很复杂的，但是对于一个有多种功能要求的系统，DS、FH、TH 可分别实现各自独特的功能。因此，对于需要同时解决诸如抗干扰、多址组网、定时定位、抗多径和远—近等问题的情况，就不得不同时采用多种扩频方式。

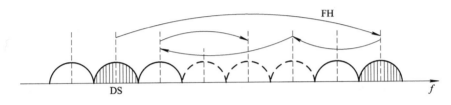

图 1-7　DS/FH 混合扩频示意图

1.4　扩频通信的系统参数和特点

扩频通信系统在发端扩展了信号频谱，在收端相关处理后恢复了所传信息，这一处理过程带来了信噪比上的好处，即接收机输出的信噪比相对于输入的信噪比大有改善，从而提高了系统的抗干扰能力。

1.4.1　处理增益和干扰容限

处理增益是衡量扩频系统性能的一个重要参数，其定义为接收机相关处理器的输出信噪比与输入信噪比的比值，即

$$G_P = \frac{(S/N)_{out}}{(S/N)_{in}}$$

处理增益表示经过扩频接收机处理后，使信号增强的同时抑制落入接收机的干扰信号能力的大小。处理增益 G_P 越大，则系统的抗干扰能力越强。理论分析表明，各种扩频系统的抗干扰能力大体上都与扩频信号带宽 B 和信息带宽 B_m 之比成正比，工程上常以分贝（dB）表示，即

$$G_P = 10 \lg \frac{B}{B_m} \tag{1-7}$$

仅仅知道扩频系统的处理增益，还不能充分说明系统在干扰环境下的工作性能。由于通信系统要正常工作，还需要保证输出端有一定的信噪比（如 CDMA 蜂窝移动通信系统为 7 dB），并需扣除系统内部信噪比的损耗，因此需引入干扰容限 M_j。

所谓干扰容限，是指在保证系统正常工作的条件下，接收机能够承受的干扰信号比有用信号高出的分贝数，用 M_j 表示，有

$$M_j = G_P - \left[L_s + \left(\frac{S}{N} \right)_{\text{out}} \right] \text{dB} \qquad (1-8)$$

式中，L_s 为系统内部损耗(包括射频滤波器的损耗、相关处理器的混频损耗、放大器的信噪比损耗等)；$(S/N)_{\text{out}}$ 为系统正常工作时要求的最小输出信噪比，即相关器的输出信噪比或解调器的输入信噪比；G_P 为系统的处理增益。干扰容限直接反映了扩频系统接收机可能抵抗的极限干扰强度，即只有当干扰机的干扰功率超过干扰容限后，才能对扩频系统形成干扰。因而，干扰容限往往比处理增益能更确切地反映系统的抗干扰能力。例如，一个扩频系统的 G_P 为 30 dB，$(S/N)_{\text{out}}$ 为 10 dB，L_s 为 2 dB，则 M_j 为 18 dB。它表明干扰功率超过信号功率 18 dB 时，系统就不能正常工作，而在二者之差不大于 18 dB 时，系统仍能正常工作，即信号在一定的噪声(或干扰)淹没下也能正常通信。

1.4.2　扩频系统的特点

扩频通信技术是一种具有优良抗干扰性能的技术，它的主要优点是：

(1) 抗干扰能力强。由于扩频系统利用了扩展频谱技术，将信号扩展到很宽的频带上，在接收端对扩频信号进行相关处理即带宽压缩，恢复成窄带信号。对干扰信号而言，由于与扩频信号不相关，故被扩展到一个很宽的频带上，使之进入信号通频带内的干扰功率大大降低，相应地增加了相关器输出端的信号/干扰比，因而扩频系统具有较强的抗干扰能力。扩频系统的抗干扰能力主要取决于系统的扩频增益，或称为处理增益。对大多数人为干扰而言，扩频系统都具有很强的对抗能力。

(2) 可进行多址通信。扩频通信本身就是一种多址通信，即扩频多址(SSMA，Spread Spectrum Multiple Access)，用不同的扩频码构成不同的网，类似于码分多址(CDMA)。CDMA 是未来全球个人通信的首选多址方式。虽然扩频系统占据了很宽的频带来完成信息的传输，但其强大的多址能力保证了它的高频谱利用率，其频谱利用率比单路单载波系统高得多。这种多址方式组网灵活，入网迅速，适合于机动灵活的战术通信和移动通信。

(3) 安全保密。扩频通信也是一种保密通信。扩频系统发射的信号的谱密度低，近似于噪声，有的系统可在 $-20 \sim -15$ dB 信噪比条件下工作，对方很难测出信号的参数，从而达到安全保密通信的目的。扩频信号还可以进行信息加密，如要截获和窃听扩频信号，则必须知道扩频系统用的伪随机码、密钥等参数，并与系统完全同步，这样就给对方设置了更多的障碍，从而起到了保护信息的作用。

(4) 数模兼容。扩频系统既可以传输数字信号，也可传输模拟信号。

(5) 抗衰落。由于扩频信号的频带很宽，当遇到衰落，如频率选择性衰落时，它只影响到扩频信号的一小部分，因而对整个信号的频谱影响不大。

(6) 抗多径。多径问题是通信，特别是移动通信中必须面对但又难以解决的问题，且扩频技术本身具有很强的抗多径的能力，只要满足一定的条件，就可达到抗干扰甚至可以利用多径能量来提高系统性能的目的，而这个条件在一般的扩频系统中是很容易满足的。

扩频系统具有如此多的优点，特别是具有很强的抗干扰性能，因而越来越受到人们的重视，其应用领域也在不断地扩大。目前扩频技术首先应用在军事通信上，这是由它良好的抗干扰性能决定的。据权威人士预测，未来的军事通信，特别是战场通信，只有扩频通信系统能胜任，因而各国军方对此都十分重视，投入了大量的人力、财力进行研究。除了在军事通信中的应用外,扩频技术正迅速地渗透到民用通信的各个领域,并显示出了强大的生命力。扩频技术正广泛地应用于通信、雷达、导航、测距、定位等领域。例如 GPS 全球定位系统应用直接序列扩频技术,GSM 移动通信系统应用了跳频技术,无线分组数据网、第三代移动通信三大标准、卫星数据通信和无线局域网(WLAN)均应用到直扩技术,近年来研究的热点——超宽带技术也应用到了直扩技术,几乎所有军用电台都应用跳频技术,蓝牙产品也用跳频技术等。

习　题

1. 由香农公式可知,扩频系统可以用带宽换取信噪比,考虑一下它会带来什么好处。

2. 扩频通信系统处理增益公式中的 $(S/N)_{out}$ 和香农信道容量公式中的 (S/N) 有何关系?

3. 直接序列信号具有 $(\sin x/x)^2$ 型功率谱,信号的 3 dB 带宽是多少?与主瓣峰值相比,第一旁瓣的峰值功率电平是多少?

4. 一个直扩系统在干扰是信号的 200 倍条件下工作,若基带滤波器输出的信噪功率比为 10 dB,系统内部信噪比损失为 3.5 dB。那么系统的处理增益最少应是多少?干扰容限是多少?

5. 一高斯白噪声信道的带宽为 4 MHz,当干扰功率比信号功率大 30 dB 时,要求输出信噪比最小为 10 dB,采用 BPSK 调制时,允许的最大信息传输速率为多少?

6. FM 系统占用较宽的带宽,接收机中也能取得较大的处理增益,能说 FM 也是扩频系统吗?为什么?

7. 依据扩频技术的特点说明 CDMA 系统的手机为什么是绿色手机。

第 2 章　伪 随 机 序 列

　　香农编码定理指出：只要信息速率 R_a 小于信道容量 C，则总可以找到某种编码方法，使在码字相当长的条件下，能够几乎无差错地从遭受到高斯白噪声干扰的信号中恢复出原发送信息。

　　这里有两个条件：一是 $R_a \leqslant C$；二是编码码字足够长。Shannon 在证明编码定理的时候，提出了用具有白噪声统计特性的信号来编码。白噪声是一种随机过程，它的瞬时值服从正态分布，功率谱在很宽的频带内都是均匀的，它有极其优良的自相关特性。高斯白噪声的自相关函数为

$$R_n(\tau) = \frac{n_0}{2}\delta(\tau)$$

功率谱为

$$G_n(\omega) = \frac{n_0}{2}$$

式中，$\frac{n_0}{2}$ 为白噪声的双边噪声谱密度。但是人们至今无法实现对白噪声的放大、调制、检测、同步及控制等，而只能用具有类似于白噪声统计特性的伪随机码来逼近它，并作为扩频系统的扩频码。这些伪随机码又称为 PN(Pseudo-Noise)序列或伪噪声码。

　　1967 年，Golomb 提出了伪随机序列应满足的 3 项随机性公设：

　　(1) 平衡性：在序列的一个周期内，0 和 1 的个数最多相差 1 个；

　　(2) 游程平衡性：在序列的一个周期内，长为 1 的游程占总游程的 1/2，长为 2 的游程占总游程的 $1/2^2$……，即长为 i 的游程占总游程的 $1/2^i$，且在等长的游程中，0 和 1 的游程各占一半；

　　(3) 自相关函数为一个二值函数，理想为 δ 函数。

　　目前所知的伪随机序列有多种，但能完全满足上述 3 个公设的序列并不多。大多数都是以 m 序列为基础而构成的，它们的特性可能分别满足上述部分公设。本章主要研究 m 序列的构成和特性，再简介 M 序列、Gold 序列和 R－S 码的构成原理。

2.1　伪随机码的基本概念

2.1.1　相关性的概念

　　香农指出在高斯噪声的干扰下，在限平均功率的信道上，可实现有效和可靠通信的

最佳信号是具有白噪声统计特性的信号。伪随机码逼近于白噪声统计特性，那么它就要具有类似白噪声那样的尖锐的自相关函数和处处为零的互相关函数。为什么有这样的要求呢？

在扩频系统中，接收端信号的恢复要经过相关处理，相关处理实际上是将接收到的信号与本地参考信号相乘，然后输入到积分器的过程。如果一个用户接收到发给它的信号，那么相关处理就是一个计算信号的自相关函数的过程。在数学上是用自相关函数来表示信号与它的自身相移以后的相似性的。

随机信号 $x(t)$ 的自相关函数的定义为

$$R_{xx}(\tau) \overset{\text{def}}{=} \lim_{T\to\infty} \int_{-\frac{T}{2}}^{\frac{T}{2}} x(t)x(t-\tau)\mathrm{d}t \tag{2-1}$$

式中，$x(t)$ 为信号的时间函数，τ 为延迟时间。$R_{xx}(\tau)$ 的大小可用来表征 $x(t)$ 与自身延迟后的 $x(t+\tau)$ 的相关性，故称为自相关函数。高斯白噪声的自相关函数取两个值，由于伪码逼近于它，因此伪码的自相关函数也应该对应地取两个值，即

$$\begin{aligned} R_{xx}(\tau) &\overset{\text{def}}{=} \lim_{T\to\infty} \int_{-\frac{T}{2}}^{\frac{T}{2}} x(t)x(t-\tau)\mathrm{d}t \\ &= \begin{cases} 常数, & \tau=0 \\ 0, & \tau\neq0 \end{cases} \end{aligned} \tag{2-2}$$

其物理概念是：$x(t)$ 与其相对延迟 τ 的 $x(t+\tau)$ 相比较，如两者不完全重叠，即 $\tau\neq0$，则乘积的积分为 0；如两者完全重叠，即 $\tau=0$，则 $R_{xx}(\tau)=$ 常数。这一结果用到同步时，假设 $x(t)$ 为欲接收的信号，$x(t+\tau)$ 为本地参考信号，那么可以看出只有在本地参考信号与接收到的信号完全同步时处理器才有较大的相关峰输出，而稍不同步则相关器无信号输出。由此可见，这种自相关特性非常有利于信号的检测和同步的标识，这是伪随机码带给扩频系统信号处理的好处，后面我们在扩频信号的接收和同步中就会有更深入的理解。

在码分多址系统中，其他用户的信号通过某用户接收机的相关处理器的过程实际上是一个计算信号的互相关函数的过程。在数学上是用互相关函数来表示一个信号和另一个信号的相似性的。随机信号 $x(t)$ 和另一个随机信号 $y(t)$ 的互相关值定义为

$$R_{xy}(\tau) \overset{\text{def}}{=} \lim_{T\to\infty} \int_{-\frac{T}{2}}^{\frac{T}{2}} x(t)y(t-\tau)\mathrm{d}t \tag{2-3}$$

如果假定一个用户使用的传输信号为 $x(t)$，而落入其相关器的另一个用户的信号为 $y(t)$，那么用户受到的另一个用户造成的干扰就是上面的互相关值。可见为了有效消除用户间的干扰，就要求各个用户的信号的互相关值处处为零。在码分多址系统中，不同用户分别使用不同的伪随机码进行扩频，通常我们要求不同用户应选用互相关性较小的伪随机码作为扩频码，以减小用户间的干扰。如果所选的伪随机码的互相关值为零，那么此扩频就称做正交扩频。

由此可见，伪随机码在扩频系统或码分多址系统中起着十分重要的作用。通常要求用于扩频系统的伪随机码应具有如下理想特性：

（1）有尖锐的自相关特性，便于信号的检测和同步的识别；

（2）有处处为零的互相关，易于实现码分多址，克服用户间干扰；

（3）有足够长的码周期，以确保抗侦破和抗干扰的要求；

（4）有足够的编码数量，用来作为独立的地址，以实现码分多址的要求；

（5）工程上易于产生、加工、复制和控制。

以上特性中，伪随机序列的相关特性和互相关特性最为重要，所以首先给出码序列的自相关、互相关函数的计算，再给出伪码的定义。

2.1.2 码序列的相关函数

本书仅讨论等长二进制码，即码字长度（周期）相等，且码元都是二元域上的 $\{0,1\}$ 的元素。每个码元利用负逻辑映射组成波形序列，即元素"0"映射为"+1"，元素"1"映射为"−1"。设 x、y 是码字周期（长度）为 P 的两个码序列，码序列 x、y 的互相关函数定义为

$$R_{xy}(j) = \frac{1}{P}\sum_{i=1}^{P} x_i y_{i+j} \qquad (2-4)$$

式中，y_{i+j} 是 y_i 移位 j 后的码序列。定义序列 x 的自相关函数 $R_x(j)$ 为

$$R_x(j) = \frac{1}{P}\sum_{i=1}^{P} x_i x_{i+j} \qquad (2-5)$$

对于二进制序列，其自相关系数也可由下式求得

$$R_x(j) = \frac{A-D}{A+D} = \frac{A-D}{P} \qquad (2-6)$$

式中，A 是 x_i 和 x_{i+j} 相对应码元相同的数目，D 是相对应码元不同的数目，P 是码序列周期长度。

2.1.3 伪随机码的定义

白噪声是一种随机过程，它的瞬时值服从高斯分布，功率在很宽的频带内都是均匀的，其自相关函数具有类似 δ 函数的形状。不同的白噪声之间互相独立，其互相关函数为零。伪随机码采用了二元域，只映射为 +1、−1 两种电平。伪随机码要逼近白噪声统计特性，据此对伪随机码定义如下：

（1）自相关函数具有

$$R_x(j) = \frac{1}{P}\sum_{i=1}^{P} x_i x_{i+j} = \begin{cases} 1, & j = mP \\ -\dfrac{1}{N}, & j \neq mP \end{cases} \qquad m = 0, \pm 1, \pm 2, \cdots \quad (2-7)$$

形式的码，称为伪随机码，又称狭义伪随机码；

（2）自相关函数具有

$$R_x(j) = \frac{1}{P}\sum_{i=1}^{P} x_i x_{i+j} = \begin{cases} 1, & j = mP \\ a < 1, & j \neq mP \end{cases} \qquad m = 0, \pm 1, \pm 2, \cdots \quad (2-8)$$

形式的码，称为第一类广义伪随机码；

（3）互相关函数具有

$$R_{xy}(j) = \frac{1}{P}\sum_{i=1}^{P} x_i y_{i+j} \ll 1 \quad \text{或} \quad R_{xy}(j) = \frac{1}{P}\sum_{i=1}^{P} x_i y_{i+j} \approx 0 \qquad (2-9)$$

形式的码，称为第二类广义伪随机码。

凡相关函数满足上面（1）、（2）、（3）中之一的码，统称为伪随机码。从上面的定义可看出，狭义伪随机码是第一类广义伪随机码的一种特例。

2.2　m 序 列

m 序列是一种重要的伪随机序列，有优良的自相关函数，是狭义伪随机序列。它易于产生和复制，在扩展频谱通信和码分多址技术中有着广泛的应用，并且在其基础上还能构造其他的伪码序列，因此无论对 m 序列的直接应用还是对掌握伪随机序列基本理论而言，必须熟悉 m 序列的产生及其主要特性。

2.2.1　m 序列的产生

m 序列是最长线性移位寄存器序列的简称。顾名思义，m 序列是由多级移位寄存器或其延迟元件通过线性反馈产生的最长的码序列。在二进制移位寄存器中，若 n 为移位寄存器的级数，n 级移位寄存器共有 2^n 个状态，除去全 0 状态外还剩下 2^n-1 种状态，因此它能产生的最大长度的码序列为 2^n-1 位。所以产生 m 序列的线性反馈移位寄存器称做最长线性移位寄存器。

线性移位寄存器的结构有两种。一种是简单型移位寄存器（SSRG，Simple Shift Register Generator），也称 Fabonacci 型移位寄存器，如图 2-1 所示。另一种是组件型移位寄存器（MSRG，Multi-return Shift Register Generator），也称 Galois 型移位寄存器，如图 2-2 所示。由于简单型移位寄存器的结构易于由本原多项式得出，故本书利用该种类型进行 m 序列的构造。

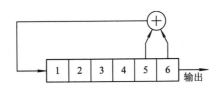

图 2-1　简单型移位寄存器

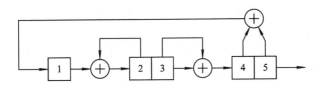

图 2-2　组件型移位寄存器

图 2-3 给出的是由 n 级简单型移位寄存器构成的码序列发生器。它由 n 个二元存储器和模 2 开关网络组成。二元存储器通常是一种双稳态触发器，它的两种状态记作"0"和"1"，其状态决定于时钟控制下输入的信息（"0"或"1"）。例如第 i 级移位寄存器的状态决定于前一时钟脉冲后的第 $i-1$ 级移位寄存器的状态。

图中 C_0、C_1、$\cdots$、C_n 均为反馈线，其中 $C_0=C_n=1$，表示反馈连接。因为 m 序列是由循环序列发生器产生的，因此 C_0 和 C_n 肯定为 1，即参与反馈。而反馈系数 C_1、C_2、$\cdots$、C_{n-1} 若为 1，则参与反馈；若为 0，则表示断开反馈线，即开路、无反馈连线。以 n 次多项式

的形式表示反馈逻辑，则有

$$G(x) = C_0 + C_1 x^1 + C_2 x^2 + \cdots + C_n x^n = \sum_{i=0}^{n} C_i x^i \qquad (2-10)$$

称式(2-10)为特征多项式。其中 C_i 为二元域元素，取值为 0 或 1，x 的幂次表示位置。

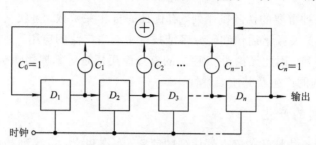

图 2-3　由 n 级简单型移位寄存器构成的码序列发生器

特征多项式一旦确定，其所生成的序列也就确定了。但是按照特征多项式生成的序列未必是 m 序列。要生成 m 序列的充要条件是，特征多项式必须是一个本原多项式。对于一个 n 次的特征多项式 $G(x)$，要成为一个本原多项式，必须满足以下条件：

(1) $G(x)$ 是既约的(不可约的)；

(2) $G(x)$ 可整除 (x^m+1)，$m=2^n-1$；

(3) $G(x)$ 除不尽 (x^q+1)，$q<m$。

例如当 $n=4$ 时，

$$x^{15}+1=(x^4+x+1)(x^4+x^3+1)(x^4+x^3+x^2+x+1)(x^2+x+1)(x+1)$$

前两个 4 次多项式是本原多项式，后 1 个 4 次多项式不是，因为

$$(x^4+x^3+x^2+x+1)(x+1)=x^5+1$$

这里讨论的知识均涉及有限域理论，不再详述。

表 2-1 给出了部分生成 m 序列的反馈系数。反馈系数 C_i 是以八进制表示的。使用该表时，首先将每位八进制数写成二进制形式。从左向右或者从右向左，依次用二进制数表示 C_1、C_2、$\cdots$、C_n。有了 C_1、C_2、$\cdots$值后，按照本原多项式就可构成 m 序列发生器。注意从左至右写出的多项式是 $G(x)$，从右至左写出的多项式则为 $x^n G(1/x)$(n 为移位寄存器的级数)，它们是一对互反多项式。理论上已经证明，不可约多项式的互反多项式为不可约多项式，本原多项式的互反多项式也是本原多项式。所以表中一个反馈系数实际上给出了两个本原多项式，即能生成 2 个不同的 m 序列。

例如，表中 $n=5$，反馈系数 $C_i=45$，将它化成二进制数为 100101，即从左至右相应的反馈系数依次为 $C_0=1$，$C_1=0$，$C_2=0$，$C_3=1$，$C_4=0$，$C_5=1$，对应的本原多项式为 $G(x)=1+x^3+x^5$。由此画出 $n=5$ 的 m 序列发生器的电路原理图如图 2-4 所示。

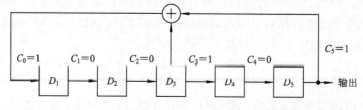

图 2-4　$n=5$，$C_i=45$，m 序列发生器原理图

表 2-1 部分 m 序列反馈系数表

级数 n	周期 P	反馈系数 C_i（八进制）
3	7	13
4	15	23
5	31	45，67，75
6	63	103，147，155
7	127	203，211，217，235，277，313，325，345，367
8	255	435，453，537，543，545，551，703，747
9	511	1021，1055，1131，1157，1167，1175
10	1023	2011，2033，2157，2443，2745，3471
11	2047	4005，4445，5023，5263，6211，7363
12	4095	10 123，11 417，12 515，13 505，14 127，15 053
13	8191	20 033，23 261，24 633，30 741，32 535，37 505
14	16383	42 103，51 761，55 753，60 153，71 147，67 401
15	32765	100 003，110 013，120 265，133 663，142 305
16	65531	210 013，233 303，307 572，311 405，347 433
17	131061	400 011，411 335，444 257，527 427，646 775

根据图 2-4 所示电路，假设一种移位寄存器的状态，即可产生相应的码序列，其周期 $P=2^n-1=2^5-1=31$。表 2-2 为 $C_i=45$ 时序列发生器各级变化状态，初始状态为 00001。

表 2-2 $n=5$，$C_i=45$，m 序列发生器状态表

CP \ D	D_1	D_2	D_3	D_4	D_5（输出）	$D_3 \oplus D_5$
0	0	0	0	0	1	1
1	1	0	0	0	0	0
2	0	1	0	0	0	0
3	0	0	1	0	0	1
4	1	0	0	1	0	0
5	0	1	0	0	1	1
6	1	0	1	0	0	1
7	1	1	0	1	0	0
8	0	1	1	0	1	0
9	0	0	1	1	0	1
10	1	0	0	1	1	1

续表

CP \ D	D_1	D_2	D_3	D_4	D_5（输出）	$D_3 \oplus D_5$
11	1	1	0	0	1	1
12	1	1	1	0	0	1
13	1	1	1	1	0	1
14	1	1	1	1	1	0
15	0	1	1	1	1	0
16	0	0	1	1	1	0
17	0	0	0	1	1	1
18	1	0	0	0	1	1
19	1	1	0	0	0	0
20	0	1	1	0	0	1
21	1	0	1	1	0	1
22	1	1	0	1	1	1
23	1	1	1	0	1	0
24	0	1	1	1	0	1
25	1	0	1	1	1	0
26	0	1	0	1	1	1
27	1	0	1	0	1	0
28	0	1	0	1	0	0
29	0	0	1	0	1	0
30	0	0	0	1	0	0
31	0	0	0	0	1	1

由表 2-2 可知，经过 31 个时钟脉冲后，序列发生器又回到起始状态，即 $D_1=0$，$D_2=0$，$D_3=0$，$D_4=0$，$D_5=1$。D_5 输出的码序列为 10000100101100111110001101111010…，因此码序列周期长度 $P=2^5-1=31$。上面假设了一种初始状态，如果反馈逻辑关系不变，换另一种初始状态，则产生的序列仍为 m 序列，只是起始位置不同而已。表 2-3 示出了几种不同初始状态下的输出序列。

表 2-3　$C_i=45$，不同初始状态下的输出序列

初始状态	输 出 序 列
00001	1000010010110011111000110111010
11111	1111100011011101010000100101100
10000	0000100101100111110001101110101

值得指出的是，移位寄存器级数(n)相同，反馈逻辑不同，产生的 m 序列就不同。例如，5 级移位寄存器($n=5$)、周期为 $P=2^5-1=31$ 的 m 序列，其反馈系数 C_i 可分别为 45、67 和 75，其产生的不同 m 序列如表 2-4 所示。

表 2-4 5 级移位寄存器的不同反馈系数的 m 序列

反馈系数 C_i	码　序　列
45	0000100101011001111100011011101
67	0000111001101111101000100010011
75	1100100111110111000101011101000

由以上讨论可见，移位寄存器的反馈逻辑决定是否产生 m 序列，起始状态仅仅决定其序列的起始点，而不同的反馈系数将产生不同的码序列。必须注意的是，如果在初始状态每一级存数均为 0，即起始状态为全 0，那么移位寄存器输出恒为 0。因此，在码序列发生器中，为避免进入全 0 状态，必须装有全 0 检测电路和启动电路。

2.2.2 m 序列的特性

m 序列是一种满足 Golomb 的 3 个随机公设的伪随机序列，具有随机性，并且其自相关函数具有二值的尖锐特性，但其互相关函数是多值的。下面就 n 级线性移位寄存器生成的 m 序列的主要特性进行分析。

1. 随机特性

m 序列的随机特性主要是指码序列的平衡性、游程平衡性和移位相加特性。

在 m 序列的一个周期内，码元"1"的数目和码元"0"的数目只相差 1 个。这一特性称为平衡性。

在一个序列中把相同的相邻的码元称为一个游程。在一个游程中，相同码元的个数称为游程的长度。

一般来说，在 m 序列的一个周期内，共有 2^{n-1} 个元素游程，其中码元"0"的游程和码元"1"的游程数目各占一半。当 $1 \leqslant k \leqslant n-2$ 时，长为 k 的游程占游程总数的 $1/2^k$。长为 $n-1$ 的游程只有一个，为码元"0"的游程；长为 n 的游程也只有一个，为码元"1"的游程。这些称为 m 序列的游程平衡特性。

例如级数 $n=4$，码长 $P=2^4-1=15$ 时，起始状态为"1111"，查表 2-1 得

$$C_i=(23)_8=(10011)_2$$

对应的生成多项式为

$$G(x)=1+x^3+x^4$$

产生的 m 序列为 111100010011010，其中，"1"为 8 个，"0"为 7 个，"1"与"0"相差 1 个，且"1"比"0"多 1 个，此为码的平衡性。表 2-5 列出了该 m 序列的游程分布。

m 序列和其移位后的序列逐位模 2 相加，所得的序列还是该 m 序列，只是起始位不同而已，这一特性称为 m 序列的移位相加特性。例如原 m 序列 $\{x_i\}=1110100$，那么右移 2 位的序列 $\{x_{i-2}\}=0011101$，把它们模 2 加后为 1101001。观察可见这个序列只是原 m 序列的左移一位序列。

表 2 - 5　m 序列"111100010011010"的游程分布

游程长度/比特	游程数目		所包含的比特数
	"1"	"0"	
1	2	2	4
2	1	1	4
3	0	1	3
4	1	0	4
游程总数为 8			

2. 周期性

m 序列周期或称长度 $P = 2^n - 1$，n 为线性反馈移位寄存器的级数。

3. m 序列的自相关函数

自相关函数的定义式为

$$R_x(j) = \frac{1}{P} \sum_{i=1}^{P} x_i x_{i+j} \tag{2-11}$$

由于序列电平的乘法运算等价于序列负逻辑映射前码元的模 2 加，所以自相关函数实际上是序列与逐位移位后序列相似性的一种度量。

当 $j \neq 0$ 时，根据移位相加特性，m 序列 $\{x_i\}$ 与移位后的 m 序列 $\{x_{i+j}\}$ 进行模 2 加后，仍然是一个 m 序列，依据 m 序列的平衡性，码元"1"和"0"的个数相差一个，所以有

$$R_x(j) = -\frac{1}{P}, \qquad j \neq 0 \tag{2-12}$$

当 $j = 0$ 时，因为序列 $\{x_i\}$ 与 $\{x_{i+j}\}$ 完全相同，经模 2 加后，全部为"0"，负逻辑映射后的电平为 $+1$，所以

$$R_x(j) = 1, \qquad j = 0 \tag{2-13}$$

因此，m 序列的自相关函数为

$$R_x(j) = \frac{1}{N} \sum_{i=1}^{N} x_i x_{i+j} = \begin{cases} 1, & j = 0 \\ -\dfrac{1}{N}, & j \neq 0 \end{cases} \tag{2-14}$$

假设码序列周期为 P，码元宽度(常称为码片宽度，以便于区别信息码元宽度)为 T_c，那么自相关系数是以 PT_c 为周期的函数，如图 2 - 5 所示。图中横坐标以 τ/T_c 表示，如 $\tau/T_c = 1$，则移位 1 比特，即 $\tau = T_c$；若 $\tau/T_c = 2$，则 $\tau = 2T_c$，即移位 2 比特。依此类推。

在 $|\tau| \leqslant T_c$ 的范围内，自相关系数为

$$R_x(\tau) = 1 - \left(\frac{P+1}{P}\right) \frac{|\tau|}{T_c}, \qquad |\tau| \leqslant T_c \tag{2-15}$$

由图 2 - 5 可知，m 序列的自相关系数在 $\tau = 0$ 处出现尖峰，并以 PT_c 时间为周期重复出现。尖峰底宽 $2T_c$。T_c 越小，相关峰越尖锐。周期 P 越大，$|-1/P|$ 就越小。在这种情况下，m 序列的自相关特性就越好。

自相关函数既是周期函数又是偶函数，即 $R(\tau) = R(-\tau)$。

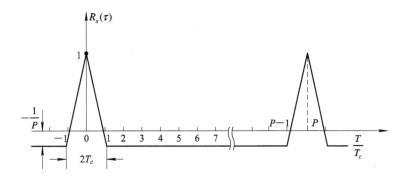

图 2-5　m 序列的自相关系数

由于 m 序列自相关函数在 T_c 的整数倍处取值只有 1 和 $-1/P$ 两种，所以 m 序列称为二值自相关序列。

4. m 序列的互相关函数

两个码序列的互相关函数是两个不同码序列一致程度（相似性）的度量，它也是位移量的函数。其计算如下：

$$R_{xy}(j) = \frac{1}{P}\sum_{i=1}^{P} x_i y_{i+j} = \frac{A-D}{A+D} \tag{2-16}$$

式中，A 为两序列对应位相同的个数，即两序列模 2 加后"0"的个数；D 为两序列对应位不同的个数，即两序列模 2 加后"1"的个数。

研究表明，两个长度（周期）相同，由不同反馈系数产生的两个 m 序列，其互相关函数与自相关函数相比，没有尖锐的二值特性，是多值的。作为地址码而言，希望选择互相关函数越小的越好，这样便于区分不同用户，或者说抗干扰能力强。为了理解上述指出的互相关函数问题，下面举例予以详细说明。

由表 2-1 可知，不同的反馈系数可以产生不同的 m 序列，其自相关函数均满足上述特性，但它们之间的互相关函数是多值的。例如 $n=5$，$C_i=45$ 的 m 序列为

$\{x\}$ = 1000010010110011111000110111010

下面求 $C_i=75$ 的 m 序列，设它为 $\{y\}$，求出 $\{y\}$ 后，即能求互相关函数。

根据反馈系数 C_i，先画出 m 序列发生器的组成。由于 $C_i=(75)_8=(111101)_2$，其对应的生成多项为 $G(x)=1+x+x^2+x^3+x^5$，因此 m 序列发生器的组成原理图如图 2-6 所示。

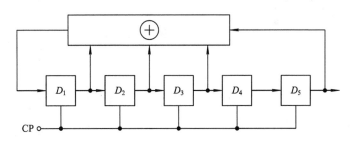

图 2-6　$n=5$，$C_i=75$，m 序列发生器原理图

由图 2-6 不难求得输出 m 序列{y}为

$$\{y\}=111101110001010110100001100100$$

这样{x}序列和{y}序列的互相关函数如表 2-6 所示。

表 2-6　{x}和{y}序列及其相关函数表

{x}	1	0	0	0	0	1	0	0	1	0	1	1	0	0	1	1	1	1	0	0	0	1	1	0	1	1	1	0	1	0	
{y}	1	1	1	1	1	0	1	1	1	0	0	0	1	0	1	0	1	1	0	1	0	0	0	0	1	1	1	0	1	0	0
$\pm\dfrac{\tau}{T_c}$	0	1	2	3	4	5	6	7	8	9	10	11	12	13	14	15	16	17	18	19	20	21	22	23	24	25	26	27	28	29	30
$R_{xy}(\tau)$	−9	−1	7	−1	−9	9	7	−1	7	−1	−1	−1	−9	7	−9	7	7	−1	−1	7	7	−1	7	7	−1	7	−1	−1	−9	−1	−1

根据表 2-6 可画出周期长度 $P=31$ 的两个 m 序列的互相关函数曲线，如图 2-7 所示。

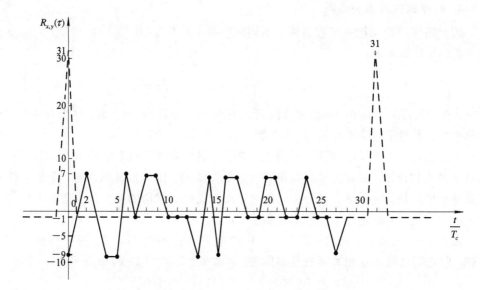

图 2-7　两个 m 序列($P=31$)的互相关函数曲线

图 2-7 中，实线为互相关函数 $R_{xy}(j)$，显然它是一个多值函数，有正、有负；虚线示出了自相关函数，其最大值为 31，而互相关函数最大值的绝对值为 9。

2.2.3　m 序列的功率谱

信号的自相关函数和功率谱之间形成一傅立叶变换对，即

$$\begin{cases} G(\omega)=\displaystyle\int_{-\infty}^{+\infty} R_x(\tau)\mathrm{e}^{-\mathrm{j}\omega\tau}\,\mathrm{d}\tau \\ R_x(\tau)=\dfrac{1}{2\pi}\displaystyle\int_{-\infty}^{+\infty} G(\omega)\mathrm{e}^{\mathrm{j}\omega\tau}\,\mathrm{d}\omega \end{cases} \tag{2-17}$$

由于 m 序列的自相关函数是周期性的，因而对应的频谱是离散的。自相关函数的波形是三角波，对应的离散谱的包络为 $\mathrm{Sa}^2(x)$。由此可得 m 序列的功率谱 $G(\omega)$ 为

$$G(\omega) = \frac{1}{N^2}\delta(\omega) + \frac{N+1}{N^2}\sum_{\substack{n=-\infty \\ n\neq 0}}^{\infty}\left(\frac{\sin\dfrac{T_c}{2}\omega}{\dfrac{T_c}{2}\omega}\right)^2\delta\left(\omega - \frac{2\pi n}{NT_c}\right) \tag{2-18}$$

图 2-8 给出了 $G(\omega)$ 的频谱图，其中 T_c 为伪码码片的持续时间。

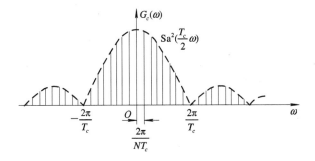

图 2-8 $G(\omega)$ 的频谱图

由此可得：

（1）m 序列的功率谱为离散谱，谱线间隔 $\omega_1 = 2\pi/(NT_c)$；

（2）功率谱的包络为 $Sa^2(T_c\omega/2)$，每个分量的功率与周期 N 成反比；

（3）直流分量与 N^2 成反比，N 越大，直流分量越小，载漏越小；

（4）带宽由码元宽度 T_c 决定，T_c 越小，即码元速率越高，带宽越宽；

（5）第一个零点出现在 $2\pi/T_c$ 处；

（6）增加 m 序列的长度 N，减小码元宽度 T_c，将使谱线加密，谱密度降低，更接近于理想噪声特性。

2.2.4　m 序列的个数

理论分析给出 n 级线性移位寄存器能够生成的 m 序列的个数为

$$N_m = \frac{\Phi(2^n - 1)}{n}$$

其中，欧拉函数定义为

$$\Phi(n) = \begin{cases} 1, & n = 1 \\ \prod_{i=1}^{k} p_i^{a_i - 1}(p_i - 1), & n = \prod_{i=1}^{k} p_i^{a_i} \text{（素数分解）} \\ p - 1, & n = p \text{ 为素数} \end{cases} \tag{2-19}$$

式中，p、$p_i(i=1,2,\cdots,k)$ 为素数。

例如 $n=6$ 时，可得

$$N_m = \frac{\Phi(2^6 - 1)}{6} = \frac{\Phi(63)}{6} = \frac{\Phi(7\times 3^2)}{6} = \frac{36}{6} = 6$$

再如 $n=9$ 时，可得

$$N_m = \frac{\Phi(2^9 - 1)}{9} = \frac{\Phi(511)}{9} = \frac{\Phi(73\times 7)}{9} = \frac{72\times 6}{9} = 48$$

2.3 Gold 序列

利用扩频技术进行码分多址通信要求可用的地址码数量要多，互相关值要小，码发生器的结构简单等。m 序列的抗干扰能力较强，有优良的相关特性，易产生。但不足的是 m 序列的数目少，为 $\Phi(2^n-1)/n$ 条，不能满足作为地址码的要求。1967 年，R. Gold 提出了一类伪随机序列，后来人们命名为 Gold 序列。Gold 码是在 m 序列的基础上得到的，但它的条数远远超过了 m 序列，并具有良好的自相关和互相关特性，在工程上得到了广泛的使用。

2.3.1 m 序列的优选对

Gold 码是基于 m 序列优选对产生的，首先来看 m 序列的优选对。

m 序列优选对是指在 m 序列集中，其互相关函数最大值的绝对值 $|R_{ab}|_{max}$ 小于或等于互相关值下限(最小值)的一对 m 序列。

设序列 $\{a\}$ 是对应 n 阶本原多项式 $f(x)$ 产生的 m 序列，序列 $\{b\}$ 是对应 n 阶本原多项式 $g(x)$ 产生的 m 序列；若它们的互相关函数值 $R_{ab}(\tau)$ 满足不等式

$$|R_{ab}(k)| \leqslant \begin{cases} 2^{\frac{n+1}{2}}+1, & n \text{ 为奇数} \\ 2^{\frac{n+2}{2}}+1, & n \text{ 为偶数}, n \text{ 不是 4 的整数倍} \end{cases} \tag{2-20}$$

则 $f(x)$ 和 $g(x)$ 产生的 m 序列 $\{a\}$ 和 $\{b\}$ 就构成一优选对。

例如，$n=6$ 的本原多项式 103 和 147，对应的本原多项式为

$$103 \qquad f(x)=1+x+x^6$$
$$147 \qquad g(x)=1+x+x^2+x^5+x^6$$

分别产生出 m 序列 $\{a\}$ 和 $\{b\}$，经计算它们的互相关特性得 $|R_{ab}|_{max}=17$。

由式(2-19)计算出：$n=6$ 时，$2^{(6+2)/2}+1=17$，满足条件，因而产生的 m 序列 $\{a\}$ 和 $\{b\}$ 构成一 m 序列优选对。而 103 和 155 产生的序列 $\{a\}$ 和 $\{b\}$，其互相关函数的最大值 $|R_{ab}(\tau)|_{max}=23>17$，不满足条件，故不能构成 m 序列优选对。表 2-7 列出了不同码长的 m 序列的最大互相关值，表 2-8 给出了部分 m 序列优选对。

表 2-7 不同码长的 m 序列的最大互相关值

移位寄存器级数	码长	互相关函数值	归一化
3	7	≤5	5/7
5	31	≤9	9/31
6	63	≤17	17/63
7	127	≤17	17/127
9	511	≤33	33/511
10	1023	≤65	65/1023
11	2047	≤65	65/2047

表 2 - 8　部分优选对码表

级数	基准本原多项式	配对本原多项式
7	211	217, 235, 277, 325, 203, 357, 301, 323
	217	211, 235, 277, 325, 213, 271, 357, 323
	235	211, 217, 277, 325, 313, 221, 361, 357
	236	217, 203, 313, 345, 221, 361, 271, 375
9	1021	1131, 1333
	1131	1021, 1055, 1225, 1725
	1461	1743, 1541, 1853
10	2415	2011, 3515, 3177
	2641	2517, 2218, 3045
11	4445	4005, 5205, 5337, 5263
	4215	4577, 5747, 6765, 4563

2.3.2　Gold 序列的产生

Gold 码是 m 序列的复合码序列，它是由两个码长相等、速率相同的 m 序列优选对的模 2 和序列构成的。每改变两个 m 序列的相对位移就可得到一个新的 Gold 序列。当相对位移 1，2，…，2^n-1 个比特时，就可得到一族 2^n-1 个 Gold 序列，加上原来的两个 m 序列，共有 2^n+1 个 Gold 序列。

产生 Gold 序列的结构形式有两种。一种是乘积型或称串联型，它将 m 序列优选对的两个特征多项式的乘积多项式作为新的特征多项式，根据此 $2n$ 次特征多项式构成新的线性移位寄存器。另一种是模 2 和型或称并联型，它直接求两个 m 序列优选对输出序列的模 2 和。

例如，$n=6$ 时，生成 Gold 序列的 m 序列优选对的本原多项式分别为

$$f(x)=1+x+x^6$$
$$g(x)=1+x+x^2+x^5+x^6$$

理论证明，这两种结构是完全等效的，它们产生的 Gold 序列的周期都是 $P=2^n-1$。虽然对于串联型的特征多项式 $f(x)g(x)=x^{12}+x^{11}+x^8+x^6+x^5+x^3+1$ 的最高次数是 12，但是由于 $f(x)g(x)$ 不是不可约多项式，更不是本原的，所以不能产生码长为 $P=2^{2n}-1$ 的序列，又由于 $f(x)$ 和 $g(x)$ 的周期都是 2^n-1，因此两者之积也必然是 2^n-1 的周期序列。

2.3.3　Gold 序列的特性

由 m 序列优选对模 2 和产生的 Gold 族中 2^n-1 个序列已不再是 m 序列，所以也不再具有 m 序列的特性。Gold 码族中任意两序列之间的互相关函数都满足

$$|R_{ab}(k)|=\begin{cases} 2^{\frac{n+1}{2}}+1, & n \text{ 为奇数} \\ 2^{\frac{n+2}{2}}+1, & n \text{ 为偶数}，n \text{ 不是 4 的整数倍} \end{cases} \qquad (2-21)$$

由于 Gold 码的这一特性，使得码族中任意码序列都可以作为地址码，这样就大大超过了用 m 序列作为地址码的数量，因此 Gold 序列在多址技术中得到了广泛应用。

Gold 码序列具有三值互相关函数的特性。当 n 为奇数时，码族中约有 50% 的码序列有很低的互相关函数值（-1）；当 n 为偶数且不是 4 的倍数时，码族中约有 75% 的码序列有很低的互相关函数（-1）。其三值互相关函数特性见表 2-9。

表 2-9　Gold 码互相关函数

寄存器长度	码长	归一化互相关函数值	出现概率
n 为奇数	$N=2^n-1$	$-\dfrac{1}{N}$	0.50
		$-\dfrac{2^{\frac{n+1}{2}}+1}{N}$	0.25
		$\dfrac{2^{\frac{n+1}{2}}-1}{N}$	0.25
n 为偶数，但不被 4 整除	$N=2^n-1$	$-\dfrac{1}{N}$	0.75
		$-\dfrac{2^{\frac{n+2}{2}}+1}{N}$	0.125
		$\dfrac{2^{\frac{n+2}{2}}-1}{N}$	0.125

Gold 码的自相关函数值的旁瓣也同互相关函数一样取三值，只是出现的位置不一样。Gold 码族同族内互相关函数取值已有理论结果，但不同族之间互相关函数的取值尚无理论结果。目前已发现，不同 Gold 码族之间的互相关值已不再是三值而是多值，且大大超过同族内的互相关函数值。

2.3.4　平衡 Gold 序列

从码的平衡性来看，Gold 码可以分为平衡码序列和非平衡码序列。在一个周期内，平衡 Gold 码序列中码元"1"的个数比码元"0"的多一个，非平衡码中码元"1"和"0"的个数之差多于 1。表 2-10(a) 和 (b) 分别列出了 n 为奇数和 n 为偶数时的平衡码与非平衡码的数量。

表 2-10(a)　n 为奇数时的平衡与非平衡 Gold 码数量表

类别	码序列中"1"的个数	码族中这种序列数	平衡性
1	2^{n-1}	$2^{n-1}+1$	平衡
2	$2^{n-1}+2^{\frac{n-1}{2}}$	$2^{n-2}-2^{\frac{n-3}{2}}$	非平衡
3	$2^{n-1}-2^{\frac{n-1}{2}}$	$2^{n-2}+2^{\frac{n-3}{2}}$	

表 2 - 10(b) n 为偶数时的平衡与非平衡 Gold 码数量表

类别	码序列中"1"的个数	码族中这种序列数	平衡性
1	2^{n-1}	$2^{n-1}+2^{n-2}+1$	平衡
2	$2^{n-1}+2^{\frac{n}{2}}$	$2^{n-3}-2^{\frac{n-4}{2}}$	非平衡
3	$2^{n-1}-2^{\frac{n}{2}}$	$2^{n-3}+2^{\frac{n-4}{2}}$	

例如：$n=9$，平衡码为 257 条，共有非平衡码 256 条，基本上各占 50%。

在扩频通信系统中，对系统质量的影响因素之一就是码的平衡性。平衡码具有更好的频谱特性。在直扩系统中，码的平衡性与载波抑制度有密切的关系。码的不平衡性增大，直扩系统的载漏增大，将破坏扩频系统保密性、抗干扰和抗侦破的能力。表 2 - 11 列出了 n 为奇数时码的平衡性与载波抑制的关系。由此可见，码的平衡与否对载波抑制有很大关系。如 $n=11$，采用平衡码和采用非平衡码，载波抑制之差达 18 dB 之多。

表 2 - 11 码平衡性与载波抑制的关系

级数 n	码长	码中"1"与"0"个数差值		载波抑制/dB	
		平衡	不平衡	平衡	非平衡
3	7	1	5	8.45	1.46
5	31	1	9	14.9	5.37
7	127	1	17	21.04	8.73
9	511	1	33	27.08	11.9
11	2047	1	65	33.11	15
13	8191	1	129	39.13	18.03
15	32，767	1	257	45.15	21.06
17	13，1，071	1	513	51.18	24.07

2.3.5 平衡 Gold 码的产生方法

1. 特征相位

为了寻找平衡 Gold 码，首先确定特征相位。每一条最长线性移位寄存器序列都具有特征相位。当序列处于特征相位时，序列每隔一位抽样后得到的序列与原序列完全一样，这是序列处于特征相位的特征。

设序列的特征多项式 $f(x)$ 为一 n 级线性移位寄存器产生 m 序列的本原多项式。序列的特征相位由 $g(x)/f(x)$ 的比值确定。$g(x)$ 为生成函数，为一阶数等于或小于 n 的多项式。$g(x)$ 的计算方法如下：

$$g(x) = \frac{\mathrm{d}[xf(x)]}{\mathrm{d}x}(n \text{ 为奇数}) \qquad (2-22)$$

$$g(x) = f(x) + \frac{\mathrm{d}[xf(x)]}{\mathrm{d}x}(n \text{ 为偶数}) \qquad (2-23)$$

序列多项式为

$$G(x) = \frac{g(x)}{f(x)} \qquad (2-24)$$

长除后就可得到处于特征相位的 m 序列。

例如 $n=3$ 的 m 序列的特征多项式为

$$f(x) = 1 + x + x^3 \qquad (2-25)$$

由此可得出生成多项式 $g(x)$ 为

$$g(x) = \frac{\mathrm{d}[xf(x)]}{\mathrm{d}x} = \frac{\mathrm{d}[x + x^2 + x^4]}{\mathrm{d}x} = 1 + 2x + 4x^2 \qquad (2-26)$$

经模 2 处理后，可得

$$g(x) = 1 \qquad (2-27)$$

$$G(x) = \frac{g(x)}{f(x)} = \frac{1}{1 + x + x^3}$$

$$= 1 + x + x^2 + x^4 + x^7 + x^8 + x^9 + \cdots \qquad (2-28)$$

可得产生的序列为 111010011101001…，则序列的特征相位为 111。下面我们对产生的序列隔位抽样，得到抽样序列：

$$11 \quad 10 \quad 10 \quad 01 \quad 11 \quad 01 \quad 00 \quad 1 \quad \cdots$$
$$1 \quad 1 \quad 1 \quad 0 \quad 1 \quad 0 \quad 0 \quad 1 \quad \cdots$$

由此可见，抽样序列与原序列完全一样，故原序列处于特征相位上，其特征相位 111 即为产生 m 序列的初始相位，即 $a_1 = a_2 = a_3 = 1$。

2. 相对相位

下面讨论由 m 序列优选对产生平衡 Gold 码的移位序列的相对相位。

令序列 $\{a\}$ 和 $\{b\}$ 为处于特征相位的 m 序列优选对。当 n 为奇数时，其序列生成多项式可表示为

$$G(x) = \frac{1 + c(x)}{1 + d(x)} \qquad (2-29)$$

这里 $d(x)$ 的阶数为 n，$c(x)$ 的阶数小于 n。进行长除后的结果将是 $1+\cdots$，这样处于特征相位的序列的第一位必定是"1"。

因此，处于特征相位上的序列 $\{a\}$ 和 $\{b\}$ 序列，以 $\{a\}$ 序列为参考序列，移动 $\{b\}$ 序列，使之第一位为"0"，对应于 $\{a\}$ 序列第一位"1"，两序列相加后得到的序列必定是平衡 Gold 码。那么，移动序列 $\{b\}$ 的第一位为"0"的序列的前 n 位，就是产生平衡 Gold 码的相对相位。

例如 $n=3$，m 序列优选对的本原多项式分别为

$$f_1(x) = 1 + x + x^3 \qquad (2-30)$$

$$f_2(x) = 1 + x^2 + x^3 \qquad (2-31)$$

则

$$g_1(x) = \frac{\mathrm{d}[xf_1(x)]}{\mathrm{d}x} = 1 \qquad (2-32)$$

$$g_2(x) = \frac{\mathrm{d}[xf_2(x)]}{\mathrm{d}x} = 1 + x^2 \qquad (2-33)$$

可得序列{a}和{b}为

$$\{a\}=1110100, \quad \{b\}=1001011$$

将{b}序列分别左移 1、2、5 位,使{b}序列的第一位为"0",然后与{a}序列模 2 加:

```
    1110100              1110100              1110100
⊕   0010111          ⊕   0101110          ⊕   0111001
    1100011              1011010              1001101
```

得到了平衡 Gold 码。对于其他的位移,即位移后第一位不为"0"时,产生的 Gold 序列为

```
    1110100            1110100            1110100            1110100
⊕   1001011        ⊕   1011100        ⊕   1110010        ⊕   1100101
    0111111            0101000            0000110            0010001
```

由此可以看出,产生平衡 Gold 码的相对相位为 001、010、011,其他的相位不能产生平衡 Gold 码。$n=3$ 的 Gold 码共有 9 条,其中平衡码有 5 条(3 条由{a}与{b}的位移产生,2 条为{a}与{b}自身),非平衡码有 4 条,如表 2-12 所列。

表 2-12　$n=3$ 的 Gold 平衡码与非平衡码

序号	码序列	平衡性
1	1110100	平衡码(m 序列)
2	0010111	平衡码(m 序列)
3	1100011	平衡 Gold 码
4	1011010	平衡 Gold 码
5	1001101	平衡 Gold 码
6	0111111	非平衡 Gold 码
7	0101000	非平衡 Gold 码
8	0000110	非平衡 Gold 码
9	0010001	非平衡 Gold 码

由此我们可以总结出产生平衡 Gold 码的一般步骤为:

(1) 选一参考序列,其本原多项式为 $f_a(x)$,求出生成多项式 $g_a(x)$。

(2) 由 $G(x)=g_a(x)/f_a(x)$ 求出序列多项式,使得序列{a}处于特征相位上。

(3) 求位移序列{b},使位移序列的初始状态的第一位为"0",即处于相对相位,对应于{a}的第一位"1"。

(4) 将处于特征相位的{a}序列与处于相对相位的{b}序列模 2 加,可得到平衡 Gold 码序列。

例 2-1　构成 $n=11$ 的 Gold 码序列产生器,已知 m 序列的优选对为 4005 和 7335。

解　首先求出两序列的本原多项式为

4005　$f_a(x)-1+x^2+x^{11}$

7335　$f_a(x)=1+x^2+x^3+x^4+x^6+x^7+x^9+x^{10}+x^{11}$

以序列{a}作为参考序列,其生成函数 $g_a(x)$ 为

$$g_a(x) = \frac{\mathrm{d}[xf_a(x)]}{\mathrm{d}x} = 1 + x^2 \qquad (2-34)$$

则

$$G(x) = \frac{g_a(x)}{f_a(x)} = 1 + x^{11} + \cdots \qquad (2-35)$$

故序列的特征相位为 10000000000，由此可得 $n=11$ 的 Gold 码序列发生器如图 2-9 所示。图中上面的线性移位寄存器产生参考序列 $\{a\}$，下面的产生位移序列 $\{b\}$。在序列产生器中，其初始条件如图中所示，处于特征相位，而 $\{b\}$ 序列产生器处于相对相位。如图中所示，序列 $\{b\}$ 右边第一位寄存器的状态为"0"，其余 10 位任意，只要不全为"0"即可。由此可见，$n=11$ 的相对相位共有 $2^{10}-1=1023$ 个，可产生 1023 条平衡 Gold 码序列。加上 $\{a\}$ 和 $\{b\}$ 序列，共得 1025 条平衡 Gold 码序列。

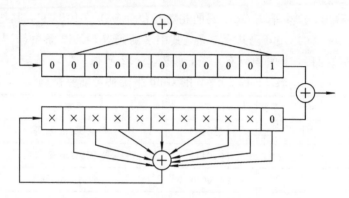

图 2-9　$n=11$ 的 Gold 码序列发生器

在某些应用场合，需同时产生两条 Gold 码序列，且是同族的，一般采用两个 Gold 码序列发生器。如美国国家航空和宇宙航空局（NASA）研制的跟踪和数据中继卫星系统（TDRSS）的正交信号发生器就是一例，如图 2-10 所示。$n=11$ 产生的 Gold 序列长为 2047，m 序列优选对为 4445 和 4005。两个移位序列发生器的相对相位不同，因而产生的 Gold 码序列不同，但又同为一族。

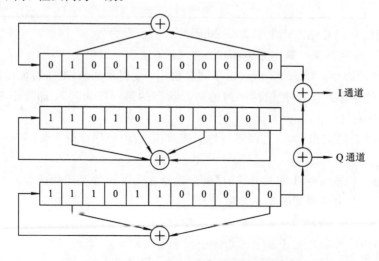

图 2-10　Gold 码序列对发生器

2.4 M 序列

M 序列是最长序列，它是由非线性移位寄存器产生的码长为 2^n 的周期序列。M 序列已达到 n 级移位寄存器所能达到的最长周期，所以又称为全长序列。

2.4.1 M 序列的产生

M 序列的构造也可以在 m 序列基础上实现。因为 m 序列已包含了 2^n-1 个非 0 状态，缺少由 n 个 0 组成的一个 0 状态，所以，由 m 序列构成 M 序列时，只要在适当的位置插入一个 0 状态（n 个 0），即可使 m 序列码长由 2^n-1 增长至码长为 2^n 的 M 序列。显然应在状态 $100\cdots0$ 之后，使之出现 0 状态，同时还必须使 0 状态的后续为原 m 序列状态后续 $0\cdots01$。产生 M 序列的状态为 $\bar{x}_1\bar{x}_2\cdots\bar{x}_{n-1}$（即 $000\cdots0$），加入反馈逻辑项后，反馈逻辑为

$$f(x_1, x_2, \cdots, x_n) = f_0(x_1, x_2, \cdots, x_n) + \bar{x}_1\bar{x}_2\cdots\bar{x}_{n-1} \tag{2-36}$$

其中：$f_0(x_1, x_2, \cdots, x_n)$ 为原 m 序列反馈逻辑函数。

将本原多项式 $f(x) = 1 + x^3 + x^4$ 产生的 2^n-1 长度的 m 序列加长为码长 2^n 的 M 序列，其反馈逻辑函数为

$$f(x_1, x_2, \cdots, x_n) = x_4 + x_3 + \bar{x}_1\bar{x}_2\bar{x}_3 \tag{2-37}$$

其 M 序列发生器电路如图 2-11 所示。

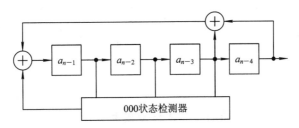

图 2-11　4 级 M 序列发生器电路

设初始状态为（0100），其状态流程为：

$0100 \rightarrow 1001 \rightarrow 0011 \rightarrow 0110 \rightarrow 1101 \rightarrow 1010 \rightarrow 0101 \rightarrow 1011 \rightarrow 0111 \rightarrow 1111 \rightarrow 1110 \rightarrow 1100 \rightarrow 1000 \rightarrow 0000 \rightarrow 0001 \rightarrow 0010 \rightarrow 0100$（初态）

由上述循环移位过程，我们看到 $\bar{x}_1\bar{x}_2\bar{x}_3$ 为 000 的三状态检测器，同时起到检测 1000 和 0000 两个状态的作用。当它检测到 1000 状态时，检测器输出为 1 状态。此状态和反馈输入 a_n（为 1 状态）模 2 加，输入到 a_{n-1} 状态为 0，使后续状态为 0 状态。在 0 状态时检测器继续输出 1 状态，此状态和反馈输入 a_n（此时为 0 态）模 2 加，输入到 a_{n-1} 状态为 1，使 0 状态的后续为 0001，其结果就是把 0 状态插进。在上述过程中，检测器起到检测 1000 和 0000 两个状态的作用。

下面我们举 ·个 $n=6$ 的 M 序列发生器的例子，其反馈线为（6，5），检测状态为 00000。如图 2-12 所示，它由 D 触发器组成 6 级 M 序列移位寄存器。$n-1$ 个 0 的检测和 0 状态的插入由一个五输入与非门和模 2 加电路来完成。时钟 CK 端送入时钟信号来完成

状态移位。其反馈逻辑可用下式表示：

$$f(x_1, x_2, \cdots, x_6) = x_5 + x_6 + \overline{x}_1 \overline{x}_2 \overline{x}_3 \overline{x}_4 \overline{x}_5 \qquad (2-38)$$

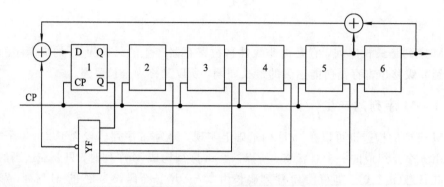

图 2-12　$P=64$ 的 M 序列发生器

2.4.2　M 序列的特性

M 序列的随机特性是：

（1）在每一个周期 $p=2^n$ 内，序列中 0 和 1 元素各占 1/2，即各为 2^{n-1}。

（2）在一个周期内共有 2^{n-1} 个游程，其中同样长度的 0 游程和 1 游程的个数相等。当 $1 \leqslant k \leqslant n-2$ 时，游程长度为 k 的游程数占总游程数的 2^{-k}，即等于 2^{n-1-k}。长度为 $n-1$ 的游程不存在。长度为 n 的游程有 2 个。

（3）M 序列不再具有移位相加性，因而其自相关函数不再具有双值特性，而是一个多值函数。对于周期 $p=2^n$ 的 M 序列，其归一化自相关函数 $R_M(\tau)$ 具有如下相关值：

① $R_M(0)=1$；

② $R_M(\pm \tau)=0$，$0<\tau<n$；

③ $R_M(\pm n) = 1-4W(f_0)/p \neq 0$。

其中：$W(f_0)$ 是 M 序列发生器的反馈逻辑函数表示为

$$f(x_1, x_2, \cdots, x_n) = f_0(x_1, x_2, \cdots, x_{n-1}) + x_n \qquad (2-39)$$

的形式时，其值为 $f_0(x_1, x_2, \cdots, x_{n-1})$ 的真值表中，函数所在序列中 1 的个数。通常把 $W(f_0)$ 称做 f_0 的权重。

2.4.3　M 序列的数量

M 序列的自相关函数不如 m 序列，但是 M 序列的数量远远比 m 序列大得多。由 n 级线性移位寄存器产生的 m 序列总数为

$$N_m = \frac{\Phi(2^n - 1)}{n} \qquad (2-40)$$

由 m 序加长构成的 M 序列也只取 $\Phi(2^n-1)/n$ 个，数量不多，但若将 2^n 个状态进行适当的排列，使每一种状态有唯一的先导和后续，且所有状态构成一个有 2^n 个顶点的圈，就能得到更多的 M 序列。迪布瑞茵·古德（de Bruijn Good）已证明：用 n 级移位寄存器产生的周期 $p=2^n$ 的 M 序列共有 $2^{2^{n-1}-n}$ 个（其中包含了由 m 序列加长的 M 序列数量 $N_m = \Phi(2^n-1)/n$ 个），且随着 n 的增大，M 序列数量急剧增大。表 2-13 列出了 n 级 m 序列和

M 序列数量。

从表中可以看出 M 序列数量相当大，可供选择的序列数多，在作跳频和加密码时具有极强的抗侦破能力，因此 M 序列在现代通信技术中得到了广泛应用。

表 2-13 M 序列和 m 序列数量与 n 的关系

n	1	2	3	4	5	6
$\Phi(2^n-1)/n$	1	1	2	2	6	6
$2^{2^{n-1}-n}$	1	1	2	16	2048	67 108 864

2.5 组 合 码

码分多址通信系统要求可供选用的地址码数量要多，系统抗干扰能力要强，同步速度要快。m 序列具有尖锐的二值相关特性，系统的同步实现也比较容易，因此，m 序列可以作为码分多址系统的地址码。但是，m 序列也存在一些缺点，例如可供选用的地址码数量少，且这种信号容易被截获。为此应加大周期，但这会使得系统的捕获时间较长。其原因在于它的自相关函数在相关搜索过程中不能提供一种指示，来控制移位方向和跳步位数，以实现快捕，它只能指示捕到或未捕到。而由 m 序列组合而形成的组合序列或组合码，又称复合序列或复码，其自相关函数除主峰外，还有一些有规律的边峰，故在搜索过程中可以提供更多的信息以加快捕获。为此，本节专讨论扩频通信中较常使用的组合码，主要讨论和分析这种码的特性、构造方法、相关函数、功率谱及产生方法等。

2.5.1 组合码的构造方法

组合码一般是由短码组合而成的，具体地说，它是由两个或更多个周期较短的码（称为子码）通过一定的逻辑函数关系构成的周期较长的长码，称为组合码。假定有 n 个子码，其周期分别为 p_1，p_2，$\cdots$，p_n，当它们的周期两两互素时，即 $(p_i, p_j)=1$，$i\neq j$，由它们构成的组合码的周期为

$$P = P_1 P_2 \cdots P_n \tag{2-41}$$

组合码的形式主要由逻辑函数的形式和子码的形式决定。构造组合码的一般方法是，将 i 个周期为 p_i 的子码重复 P/P_i 次，$i=1$，2，$\cdots$，n，然后根据给定的组合码与子码之间的逻辑函数关系，逐项地确定出组合码的各元素。

常用的组合码有两种形式，一种是逻辑乘组合码，另一种是模 2 和组合码。

2.5.2 逻辑乘组合码

下面通过一个例子来说明构造这种形式的组合码的方法。

假定有两个子码 a 和 b，分别为

$a=1\ 1\ 1\ 0\ 1\ 0\ 0$

$b=1\ 1\ 1\ 1\ 0\ 0\ 0\ 1\ 0\ 0\ 1\ 1\ 0\ 1\ 0$

要求按逻辑函数 $c=a \cdot b$ 构造一个长度为 p_c 的组合码。已知子码 a 的周期 $p_a=7$，子码 b 的周期 $p_b=15$，因此构造的组合码 c 的周期 $p_c=p_a \cdot p_b=7 \times 15=105$。

为了构造这种组合码，可采用两种不同的方法：

（1）将 a 重复 $p_c/p_a=105/7=15$ 次，将 b 重复 $p_c/p_b=105/15=7$ 次，然后求出对应元素之积，就可得到组合码 c。具体做法是：

a 重复 15 次：

1110100111010011101001110100111010011101001110100111010011101001110100111
0100111010011101001110100111010100

b 重复 7 次：

1111000100110101111000100110101111000100110101111000100110101111000100110
101111000100110101111000100011010

根据乘法规则

$$0 \cdot 0=1 \cdot 0=0 \cdot 1=0$$
$$1 \cdot 1=1$$

对应元素之积 $c=a \cdot b$ 为

1110000100010001101000100101010100010000010010000000001010010001100000
11000000110100011100000010000

（2）将其中一个子码，例如 a 各元素重复 $p_c/p_a=105/7=15$ 次，将另一子码 b 重复 $p_c/p_b=105/15=7$ 次，然后再求它们之间的对应元素的积，这相当于依次用 a 中各元素去与 b 相乘，反之亦然。由于

$$1 \cdot b=b$$
$$0 \cdot b=0$$

则有

$c=a \cdot b= b\ b\ b0_{15}\ b\ 0_{15}\ 0_{15}$

$=11110001001101011110001001101011110001001101000000000000000001111000100$
$110100000000000000000000000000000$

式中，0_{15} 表示 0 重复 15 次。

显然，当两个子码 a 和 b 的周期 p_a 与 p_b 互素，即 $(p_a, p_b)=1$ 时，分别用上述两种方法构成的组合码将具有相同的 0 元素和 1 元素。需要指出的是，这样构成的组合码 c 的自相关函数不再具有二值自相关特性，但在局部时间区间内仍有两个值。例如在上例中，用直线段将组合码序列的自相关函数离散值连接起来所构成的曲线，即组合码的自相关函数曲线如图 2-13 所示，其中图 (a) 为离散相关函数，图 (b) 为连续相关函数波形，图 (c) 为连续波形的分解波形。由图 2-13 看出

$$\rho'(\tau)=\rho'_1(\tau)+\rho'_2(\tau)+\rho'_3(\tau)+\rho'_4(\tau) \tag{2-42}$$

它们的傅立叶变换分别为

$$\varphi_1(\omega)=\frac{32}{105 \times 7}\mathrm{Sa}^2\left(\frac{\omega T_b}{2}\right)\sum_{n=-\infty}^{\infty}\delta\left(\omega-\frac{n2\pi}{7T_b}\right)$$

$$\varphi_2(\omega)=\frac{32}{105 \times 15}\mathrm{Sa}^2\left(\frac{\omega T_b}{2}\right)\sum_{n=-\infty}^{\infty}\delta\left(\omega-\frac{n2\pi}{15T_b}\right)$$

$$\varphi_3(\omega) = \frac{32}{105^2}\mathrm{Sa}^2\left(\frac{\omega T_b}{2}\right)\sum_{n=-\infty}^{\infty}\delta\left(\omega - \frac{n2\pi}{105\,T_b}\right)$$

$$\varphi_4(\omega) = \frac{9}{105}\delta(\omega)$$

组合码的功率谱为上式各等式之和，即

$$\varphi(\omega) = \varphi_1(\omega) + \varphi_2(\omega) + \varphi_3(\omega) + \varphi_4(\omega) \tag{2-43}$$

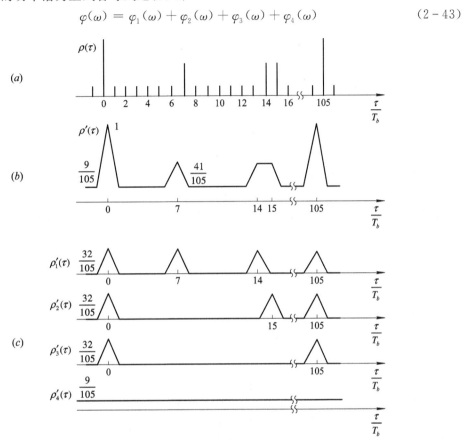

图 2-13　组合码的自相关波形

2.5.3　模 2 和组合码

由若干子码的模 2 和运算构成的组合码称为模 2 和组合码。模 2 和组合码的一个重要特性是它的自相关函数可以简单地表示成子码自相关函数的乘积，或者说，模 2 和组合码的自相关函数离散值可以表示成子码自相关函数离散值的乘积。由于序列之间的模 2 和对应于波形之间的乘积，因此模 2 和组合码实际上也是子码之间的调制组合码。

和讨论逻辑乘组合码一样，下面也通过实际例子来说明模 2 和组合码的构成方式，这里仍使用前面用过的两个子码。

$$a = 1\ 1\ 1\ 0\ 1\ 0\ 0$$
$$b = 1\ 1\ 1\ 1\ 0\ 0\ 0\ 1\ 0\ 0\ 1\ 1\ 0\ 1\ 0$$

构造模 2 和组合码也有两种不同方式，分别进行讨论。

（1）将子码 a 重复 $P_c/P_a = 105/7 = 15$ 次，将 b 重复 $P_c/P_b = 105/15 = 7$ 次，然后逐项

求对应元素的模 2 和，得

$c = a \oplus b$

= 0001100011100110010001010010010101011001111011011111101010001101100000
0011111001011010000010000101111101110

（2）将子码 a 中各元素依次重复 $P_c/P_a = 105/7 = 15$ 次，将 b 重复 $P_c/P_b = 105/15 = 7$ 次，然后再逐项求二序列的模 2 和，得

$c = a \oplus b = \bar{b} \, \bar{b} \, \bar{b} \, b \, b \, \bar{b} bb$

= 0000111011001010000111011001010000111011001011111000100110100000111011
00101111100010011010101111000100011010

式中 $\bar{b}$ 表示 b 的逻辑非。

图 2-14 示出了子码 a、b 及组合码 c 的自相关函数波形，其中图（a）为子码 a 的自相关波形，图（b）为子码 b 的自相关波形，图（c）为组合码 c 的自相关波形。它们是将自相关函数离散值用直线段连接起来形成的。模 2 和组合码序列自相关函数离散值等于其子码序列自相关函数离散值的乘积。这个结论具有普遍意义。例如，当两个子码 a 和 b 均为 m 序列，且它们的周期 P_a 和 P_b 互素时，可以证明，由它们构成的模 2 和组合码 c 的自相关函数为

$$\rho_c(\tau) = \rho_a(\tau)\rho_b(\tau), \quad \tau = 0, \pm 1, \pm 2, \cdots \tag{2-44}$$

这个结果还可以推广到多个子码的情况。假定

$$x = a \oplus b \oplus \cdots \oplus l \tag{2-45}$$

则组合码 x 的自相关函数为

$$\rho_x(\tau) = \rho_a(\tau)\rho_b(\tau)\cdots\rho_l(\tau), \quad \tau = 0, \pm 1, \pm 2, \cdots \tag{2-46}$$

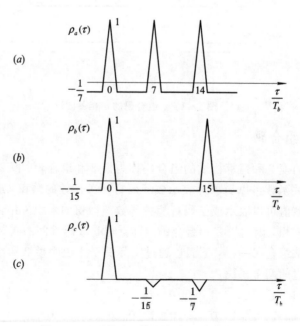

图 2-14 子码及组合码的自相关函数波形

2.6 其他扩频码

2.6.1 R-S 码

R-S 码即 Reed-Solomon 码,是在域 $GF(q) = GF(p^r)$ 上的一种特殊的 BCH 码,或者说是一种特殊的循环码。域 $GF(q) = GF(p^r)$ 是一个伽罗华域,域中元素个数 $q = p^r$,其中 p 是一任意素数,r 是一任意非负整数。这里仅限于讨论 $p = 2$ 的情况下的 R-S 码,即 $GF(q) = GF(2^r)$,$r > 1$。设 α 为 $GF(q)$ 的一个本原元,那么,该域中的全部非零元素可由 r 个元素 1,α,α^2,$\cdots$,α^{r-1} 的线性组合来表示。若把 1,α,α^2,$\cdots$,α^{r-1} 看做矢量的 r 个基矢量,则域 $GF(q)$ 中的全部元素都可以用一个 r 维矢量来表示,每个元素的相应分量有 0,1 两种取值。r 维矢量的 2^r 个取值恰好对应 $GF(q)$ 中的 q 个元素。

R-S 码的每个元素取自 $GF(q)$ 域中的 q 个元素之一,每位码都可以用模 2 域中的 r 维矢量来表示。其主要参数有:

元素总数	2^r
元素表示	r 维矢量
码序列长度	$n = q - 1 = 2^r - 1$
码距	$d = n - k + 1$
信息位数	$k = n - d + 1$
码序列总数	2^{kr}

R-S 码也是一种纠错码,它的码距是按纠错码定义的,码距 d 和纠正错误个数 t 之间的关系为 $d = 2t + 1$。

R-S 码也是一种循环码,循环移位后可得到另一个 R-S 码序列。例如,c 是一 R-S 码,如果 $(C_0, C_1, C_2, \cdots, C_{n-1})$ 是 c 中的码字,那么 $(C_{n-1}, C_0, C_1, \cdots, C_{n-2})$ 也是 c 中的码字。若将其中循环移位得到的序列相同的归并为一个等价类,相应的 R-S 码序列的总数会减少。

表征 R-S 码的最主要的参数是码长 n、信息位数 k 和码距 d,所以又常将 R-S 码记为 R-S$[n, k, d]$。我们所讨论的 R-S 码型为 R-S$[2^r - 1, k, d]$ 码。

R-S$[2^r - 1, k, d]$ 码是 $GF(q) = GF(2^r)$ 域上的 BCH 码。设 α 为 $GF(q)$ 的一个本原元,则其生成多项式为

$$g(x) = (x - \alpha)(x - \alpha^2) \cdots (x - \alpha^{d-1}) \tag{2-47}$$

该多项式的运算是在 $GF(q) = GF(2^r)$ 域上的加法和乘法运算。

R-S$[2^r - 1, k, d]$ 码的信息多项式为

$$p(x) = \alpha_0 + \alpha_1 x + \alpha_2 x^2 + \cdots + \alpha_{k-1} x^{k-1} \tag{2-48}$$

式中,$\alpha_i (i = 0, 1, 2, \cdots, k-1)$ 是 $GF(q)$ 域中的元素,它们可以表示成 r 维矢量。加法和乘法依 $GF(q)$ 域的运算规则进行,即加法按 r 维矢量加法进行,但乘法要按 $GF(q)$ 域的本原元方幂规则进行。

(n, k) 线性码的最小距离 d_0 达到最大值 $n - k + 1$ 时,就说线性码是最大距离可分码。

R-S 码就是一种最大距离可分码，它的最小距离 d_0 可达到最大值 $n-k+1$。

R-S 码具有许多性质，在此仅介绍以下几个。

（1）R-S 码是一种最佳的近似正交码。有限域 $GF(q)$ 上一个具有 n 个分量的序列 X 的模 $|X|$ 定义为非零分量的数目，如果两个序列 X、Y 有 b 个分量相同（又称重合），它们的代数差 $X-Y$ 有 b 个分量为 0，这样 $X-Y$ 的模 $|X-Y|$ 就是序列 X 与 Y 中的不同分量的数目。这个模称为 X 与 Y 之间的汉明距离。

若 d 是长度为 n 的两序列间的最小距离，且这两序列属于码 E，则 E 中任何两序列间的最大重合数 $b=n-d$，那么，码 E 称为 b 次近似正交码。

码长为 n，信息码元数为 k 的线性分组码 (n,k)，它的码字间最小距离 d_0 的最大值为 $n-k+1$，这种最佳的分组码是 $b=k-1$ 次近似正交码。或者说，如果有 k 个信息码元的某种分组码，当 $b=k-1$ 时，这种码是最佳的 b 次近似正交码。

R-S 码也是一种最佳的 b 次近似正交码。每个 R-S$[n,k,d]$ 码都是一个 $b=k-1$ 次近似正交码，该码的任何两序列间的重合数最多为 $k-1$。

（2）R-S 码是一种循环码，任何码字的循环移位仍在码集合中。该性质证明较繁，在此省略。想进一步了解该性质证明的读者，可通过查阅有关文献得到。

（3）R-S$[n,k,d]$ 码集中的任一码字的自相关旁瓣不大于 $(k-2)/n$。

（4）R-S$[n,k,d]$ 码集中的任何两个码字在任何时延下的自相关系数不大于 $(k-1)/n$。

（5）与同样长度的 m 序列相比，R-S 码可供选取的码数量更多。

码长 $n=2^r-1$ 的 m 序列可提供的码序列数为

$$\lambda(r) = \frac{\Phi(2^r-1)}{r} \tag{2-49}$$

式中，$\Phi(2^r-1)$ 为欧拉函数，r 为移位寄存器级数。码长 $n=q-1$ 的 R-S 码可提供的码序列数为

$$M \geqslant q^{b+1} - q^{\tau(b,q-1)} \tag{2-50}$$

式（2-50）中 b 为重合数，$\tau(b,q-1)$ 是在小于 $b+1$ 的整数中不互素的整数数目。

比较上两式发现，式（2-50）决定的码序列比式（2-49）决定的码序列多得多。例如，对于移位寄存器级数，$r=5$ 时，R-S 码所能提供的码序列多达 930 个，远远超过 m 序列。

2.6.2 Walsh 序列

Walsh 码是一个正交序列，即互相关函数为零，属于第二类广义伪随机码。它源自于哈达玛（Hadamard）矩阵。哈达玛矩阵 H 是由 +1 与 -1 两个元素组成的正交矩阵。也就是说，如果矩阵中两行（或两列）的对应位相乘之和等于 0，则此两行（或两列）是正交的。下面讨论阶数为 $N=2^n$（n 为正整数）的一类哈达玛矩阵。这种哈达玛矩阵 H 可由下面的递推关系生成：

$$H_n = \begin{bmatrix} H_{n-1} & H_{n-1} \\ H_{n-1} & -H_{n-1} \end{bmatrix} \tag{2-51}$$

其中，$n=1,2,3,\cdots$，$H_0=1$，从而推出

$$H_1 = \begin{bmatrix} 1 & 1 \\ 1 & -1 \end{bmatrix}$$

$$H_2 = \begin{bmatrix} 1 & 1 & 1 & 1 \\ 1 & -1 & 1 & -1 \\ 1 & 1 & -1 & -1 \\ 1 & -1 & -1 & 1 \end{bmatrix}$$

将哈达玛矩阵的每一行看做一个二元序列，则 $N = 2^n$ 阶矩阵 H，可得到一共 N 个序列，每个序列的长度仍为 N，所构成的正交序列集中任意两个序列互相正交，即两个序列之间的互相关函数为

$$R_{ab}(0) = \frac{1}{N} \sum_{i=0}^{N-1} a_i b_i = 0 \qquad (2-52)$$

这组序列称为沃尔什（Walsh）序列。沃尔什序列是一类正交序列，在密码学和通信领域中有着广泛的应用。沃尔什序列也是一种重要的扩频序列。

2.6.3 巴克码

巴克码是一种非周期序列，它的局部自相关特性良好，具有类似伪随机码性质。

巴克码定义如下：

设 $\{x_i \mid x_i = \pm 1, i = 1, 2, \cdots, p\}$ 为一有限长度的序列，当 $1 \leqslant \tau \leqslant p-1$ 时，它的局部自相关函数为

$$R(j) = \sum_{i=1}^{p-j} x_i x_{i+j}$$

并能满足下式

$$R(j) = \begin{cases} p, & j = 0 \\ 0, \pm 1, & j \neq 0 \end{cases}$$

这种序列称为巴克序列或巴克码。巴克码的自相关函数在原点（$j=0$）有峰值 p，在其他点上，则在 $0, 1, -1$ 之间变化。这说明它的自相关函数也和白噪声的自相关函数相类似，因此说它是一种非周期的伪随机码。

目前已知的巴克码只有很少几种，且长度较短，见表 2-14。

表 2-14 巴克码及其相关函数

p	x_i	$R(\tau)(\tau = 0, 1, 2, \cdots, p-1)$
2	1 1	1
2	1 −1	−1
3	1 1 −1	0 −1
4	1 1 −1 1	−1 0 1
4	1 1 1 −1	1 0 −1
5	1 1 1 −1 1	0 1 0 1
7	1 1 1 −1 −1 1 −1	0 −1 0 −1 0 −1
11	1 1 1 −1 −1 −1 1 −1 −1 1 1 −1	0 −1 0 −1 0 −1 0 −1 0 −1
13	1 1 1 1 1 −1 −1 1 1 −1 1 −1 1	0 1 0 1 0 1 0 1 0 1 0 1

已经证明，不存在 $p>13$ 的奇数长度的巴克码；偶数长度的巴克码的可能长度为 $4t^2$，t 为正整数，但 $16\leqslant p\leqslant 11\ 664(2\leqslant t\leqslant 54)$ 的偶数长度码不存在，至于 $t>54$ 的情况目前尚不清楚。

习　题

1. 解释一下为什么一个 n 级线性反馈移位寄存器可以产生一个最大周期不超过 2^n-1 的序列？

2. 10 级线性移位寄存器能产生多少个 m 序列？

3. 在一个周期为 $N=2^9-1$ 的 m 序列中，有多少个长度为 3 的码元"1"的游程？

4. 一个 5 级线性移位寄存器的特征多项式为 $f(x)=1+x^3+x^5$，试给出该线性移位寄存器的原理结构图。当初始状态为 00001 时，求该移位寄存器的输出序列。

5. 当 $\tau=0，1，2，\cdots，10$ 时，计算码序列 11100101110 与 01011100010 的自相关函数及互相关函数值。

6. 设子码 $a=1110101$ 和 $b=1110010$，求其逻辑乘组合码和模 2 和组合码。

7. 试用 m 序列的随机特性证明其二值自相关函数。

第 3 章 直接序列扩频系统

直接序列扩频系统(DS-SS，Direct Sequence Spread Spectrum)简称直扩系统，是目前应用较广泛的一种扩展频谱系统。比如在第三代蜂窝移动通信系统中，基于直扩的码分多址(CDMA)已是主流技术。另外，它在全球卫星定位系统(GPS)、卫星通信、短距离无线通信等领域也有着广泛应用。

直扩系统利用待传信息与伪随机码模 2 加(波形相乘)后，去直接调制射频载波，从而扩展传输的带宽。在接收端利用同步的伪码对接收信号进行相关处理后解调出所传信息。相关处理的使用使直扩系统比一般调制系统具有更好的抗干扰、抗衰落的特性。

3.1 直扩系统简介

图 3-1 为直扩系统的组成原理框图。由信源输出的信号 $a(t)$ 是码元持续时间为 T_a 的信息流，伪随机码产生器产生的伪随机码为 $c(t)$，每一伪随机码码元宽度或切普(chip)宽度为 T_c。将信码 $a(t)$ 与伪随机码 $c(t)$ 进行模 2 加，产生一速率与伪随机码速率相同的扩频序列，然后再用扩频序列去调制载波，这样就得到已扩频调制的射频信号。

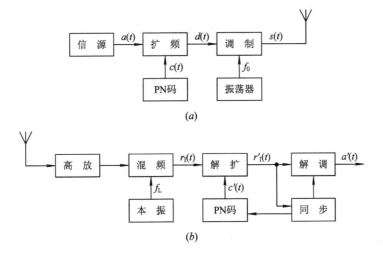

图 3-1 直扩系统的组成

(a) 发射；(b) 接收

在接收端，接收到的扩频信号经高放和混频后，用与发端同步的伪随机序列对中频的扩频调制信号进行相关解扩，将信号的频带恢复为信息序列 $a(t)$ 的频带，即为中频调制信号。然后再进行解调，恢复出所传输的信息 $a(t)$，从而完成信息的传输。对于干扰信号和噪声而言，由于与伪随机序列不相关，在相关解扩器的作用下，相当于进行了一次扩频。干扰信号和噪声频带被扩展后，其谱密度降低，这样就大大降低了进入信号通频带内的干扰功率，使解调器的输入信噪比和信干比得到提高，从而提高了系统的抗干扰能力。

3.2　直扩系统的数学分析

信号源产生的信号 $a(t)$ 为信息流，码元速率为 R_a，码元宽度为 T_a，$T_a = 1/R_a$，则 $a(t)$ 为

$$a(t) = \sum_{n=0}^{\infty} a_n g_n(t - nT_a) \tag{3-1}$$

式中：a_n 为信息码，以概率 P 取 $+1$ 或以概率 $1-P$ 取 -1，即

$$a_n = \begin{cases} +1, & \text{以概率 } P \\ -1, & \text{以概率 } 1-P \end{cases} \tag{3-2}$$

$$g_n(t) = \begin{cases} 1, & 0 \leqslant t \leqslant T_a \\ 0, & \text{其他} \end{cases} \tag{3-3}$$

为门函数。

伪随机序列产生器产生的伪随机序列 $c(t)$，速率为 R_c，切普宽度为 T_c，$T_c = 1/R_c$，则

$$c(t) = \sum_{n=0}^{\infty} c_n g_c(t - nT_c) \tag{3-4}$$

式中：c_n 为伪随机码码元，取值 $+1$ 或 -1；$g_c(t)$ 为门函数，定义与式(3-3)类似。

扩频过程实质上是信息流 $a(t)$ 与伪随机序列 $c(t)$ 的模 2 加或相乘的过程。伪随机码速率 R_c 比信息速率 R_a 大得多，一般 R_c/R_a 的比值为整数，且 $R_c/R_a \geqslant 1$，所以扩展后的序列的速率仍为伪随机码速率 R_c，扩展的序列 $d(t)$ 为

$$d(t) = a(t)c(t) = \sum_{n=0}^{\infty} d_n g_c(t - nT_c) \tag{3-5}$$

式中

$$d_n = \begin{cases} +1, & a_n = c_n \\ -1, & a_n \neq c_n \end{cases} \qquad (n-1)T_c \leqslant t \leqslant nT_c \tag{3-6}$$

用此扩展后的序列去调制载波，将信号搬移到载频上去。原则上讲，大多数数字调制方式均可用于直扩系统的调制，但应视具体情况，根据系统的性能要求来确定。用得较多的调制方式有 BPSK、MSK、QPSK、QAM 等。我们采用 PSK 调制，因为用一般的平衡调制器就可完成 PSK 调制。调制后得到的信号 $s(t)$ 为

$$s(t) = d(t)\cos\omega_0 t = a(t)c(t)\cos\omega_0 t \tag{3-7}$$

式中，ω_0 为载波频率。

接收端天线上感应的信号经高放的选择放大和混频后，得到包括以下几部分的信号：有用信号 $s_I(t)$、信道噪声 $n_I(t)$、干扰信号 $J_I(t)$ 和其他网的扩频信号 $s_J(t)$ 等，即收到的中

频信号(经混频后)为

$$r_1(t) = s_1(t) + n_1(t) + J_1(t) + s_J(t) \qquad (3-8)$$

接收端的伪随机码产生器产生的伪随机序列与发端产生的伪随机序列相同,但起始时间或初始相位可能不同,为 $c'(t)$。解扩的过程与扩频过程相同,用本地的伪随机序列 $c'(t)$ 与接收到的信号相乘,相乘后为

$$
\begin{aligned}
r_1'(t) &= r_1(t)c'(t) \\
&= s_1(t)c'(t) + n_1(t)c'(t) + J_1(t)c'(t) + s_J(t)c'(t) \qquad (3-9) \\
&= s_1'(t) + n_1'(t) + J_1'(t) + s_J'(t)
\end{aligned}
$$

下面分别对上面四个分量进行分析。首先看信号分量 $s_1'(t)$,则

$$s_1'(t) = s_1(t)c'(t) = a(t)c(t)c'(t)\cos\omega_1 t \qquad (3-10)$$

若本地产生的伪随机序列 $c'(t)$ 与发端产生的伪随机序列 $c(t)$ 同步,即 $c(t) = c'(t)$,则 $c(t) \cdot c'(t) = 1$,这样信号分量 $s_1'(t)$ 为

$$s_1'(t) = a(t)\cos\omega_1 t \qquad (3-11)$$

后面所接的滤波器的频带正好能让信号通过,因此可以进入解调器进行解调,将有用信号解调出来。

噪声分量 $n_1(t)$、干扰分量 $J_1(t)$ 和不同网干扰 $s_J(t)$ 经解扩处理后,被大大削弱。$n_1(t)$ 分量一般为高斯带限白噪声,因而用 $c'(t)$ 处理后,谱密度基本不变(略有降低),但相对带宽改变,因而噪声功率降低。$J_1(t)$ 分量是人为干扰引起的。由于它们与伪随机码不相关,因此,相乘过程相当于频谱扩展过程,即将干扰信号功率分散到了一个很宽的频带上,谱密度降低,相乘器后接的滤波器的频带只能让有用信号通过。这样,能够进入到解调器输入端的干扰功率只能是与信号频带相同的那一部分。解扩前后的频带相差甚大,因而解扩后干扰功率大大降低,提高了解调器输入端的信干比,从而提高了系统抗干扰的能力。至于不同网的信号 $s_J(t)$,由于不同网所用的扩频序列也不同,这样对于不同网的扩频信号而言,相当于再次扩展,从而降低了不同网信号的干扰。

图 3-2 和图 3-3 分别给出了扩频系统的波形和频谱示意图。

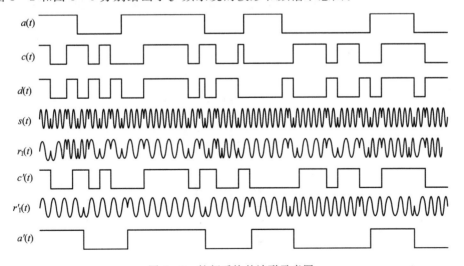

图 3-2 扩频系统的波形示意图

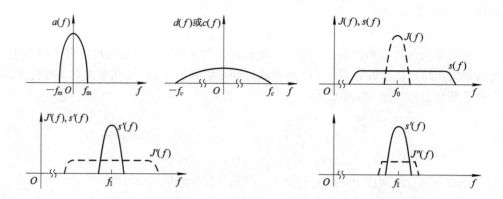

图 3-3　扩频系统频谱示意图

下面我们来分析直扩信号的功率谱。发送端发送的信号 $s(t)$ 为

$$s(t) = d(t)\cos\omega_0 t = a(t)c(t)\cos\omega_0 t$$

式中，$a(t)$、$c(t)$、和 $d(t)$ 分别由式(3-1)、式(3-4)和式(3-5)确定。分析的方法是先求出 $s(t)$ 的自相关函数 $R_s(\tau)$，再进行傅立叶变换，就可得到 $s(t)$ 的功率谱密度 $G_s(f)$。对 $s(t)$ 求自相关函数，有

$$R_s(\tau) = \frac{1}{T}\int_{-\frac{T}{2}}^{\frac{T}{2}} s(t)s(t-\tau)\mathrm{d}t = \frac{1}{2}R_d(\tau)\cos\omega_0\tau$$

由于 $a(t)$ 与 $c(t)$ 是由两个不同的信号源产生的，因而是相互独立的，则有

$$R_d(\tau) = R_a(\tau)R_c(\tau)$$

式中，$R_a(\tau)$ 和 $R_c(\tau)$ 分别为 $a(t)$ 与 $c(t)$ 的自相关函数。$c(t)$ 是长度为 N 的周期性伪随机序列，故其自相关函数也是周期为 N 的周期性函数，为

$$R_c(\tau) = \begin{cases} 1, & \tau = 0 \\ -\dfrac{1}{N}, & \tau \neq 0 \end{cases} \tag{3-12}$$

其波形如图 3-4 所示。对 $R_c(\tau)$ 进行傅立叶变换，得到 $c(t)$ 的功率谱密度为

$$P(\omega) = \frac{1}{N^2}\delta(\omega) + \frac{N+1}{N^2}\sum_{\substack{n=-\infty \\ n\neq 0}}^{\infty} \left[\frac{\sin\dfrac{T_c}{2}\omega}{\dfrac{T_c}{2}\omega}\right]^2 \delta\left(\omega - \frac{2\pi n}{NT_c}\right) \tag{3-13}$$

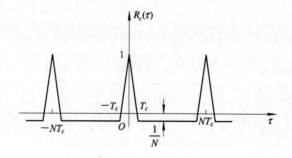

图 3-4　$R_c(\tau)$ 波形图

由式(3-13)可知，伪随机序列的功率谱是以 $\omega_1 = 2\pi/(NT_c)$ 为间隔的离散谱，其幅

度由 $\mathrm{Sa}^2(\omega T_c/2)$ 确定，如图 3－5(a) 所示。由傅立叶变换的性质可求出扩频信号 $s(t)$ 的功率谱密度为

$$G_s(\omega) = \frac{1}{8\pi^2}G_a(\omega) * G_c(\omega) * \pi[\delta(\omega - \omega_0) + \delta(\omega + \omega_0)]$$

$$= \frac{1}{8\pi}G_a(\omega) * [G_c(\omega - \omega_0) + G_c(\omega + \omega_0)]$$

(3－14)

将式(3－13)代入式(3－14)，并且考虑单边谱，则 $s(t)$ 的功率谱密度为

$$P(\omega) = \frac{1}{4\pi N^2}G_a(\omega - \omega_0) + \frac{N+1}{4\pi N^2}\sum_{\substack{n=-\infty \\ n\neq 0}}^{\infty}\mathrm{Sa}^2\left(\frac{\pi n}{N}\right)G_a\left(\omega - \omega_0 - \frac{2\pi n}{NT_c}\right)$$

(3－15)

如图 3－5(b) 所示。由图可见，N 越大，$G_c(\omega)$ 谱线越密，T_c 越小，功率谱的带宽越宽，谱密度越低，$c(t)$ 越接近白噪声。

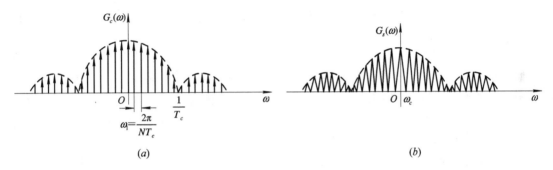

图 3－5　扩频信号功率谱

(a) $c(t)$ 的功率谱；(b) $s(t)$ 的功率谱

3.3　直扩系统的发送端

3.3.1　直扩系统的载波抑制

在直接序列扩频系统中，调制方式通常采用 PSK 调制，PSK 信号可等效为抑制载波的双边带调幅信号。通常采用平衡调制器作为载波调制器，载波平衡对称输入，就能抑制载波。常用的平衡调制电路有环型混频器（双平衡混频器）和双差分模拟乘法混频器等。图 3－6 给出了环型混频器的原理电路图。

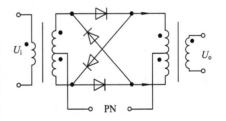

图 3－6　环型混频器原理电路示意图

在实际工程技术上，由于平衡调制电路中元件和参数的不对称或不平衡，使输入的幅度不是完全相等或两个相反的载波的相位不是严格地等于 0 和 π，从而出现载波泄露的现象，输出信号不再是理想的载波被抑制的信号。反映在频谱上，就是在输出信号的频谱中有载波分量的出现。输出信号中，未被完全抑制的载波通常称为载波泄露，简称"载漏"。

载波抑制的程度用载波抑制度（有时也称为载漏抑制度）表示，定义为平衡调制器输出

信号的功率 P_o 与残留载波的功率 P_c 之比，即

$$R = 10 \lg \frac{P_o}{P_c} \mathrm{dB} = 20 \lg \frac{U_o}{U_c} \mathrm{dB} \qquad (3-16)$$

式中，U_o 为平衡调制器输出信号的电压，U_c 为载漏电压。

载波抑制不好，在载波频率点就有明显的尖峰谱。载波抑制度最好与扩频处理增益大体相当，一般以 20～60 dB 为宜，这样可使载波频率谱线完全淹没在宽带信号频谱中，这是对反侦察(或抗截获)和抗窄带扫描式干扰方面而言的。

另外，作为扩频序列的伪随机编码信号，如果在一个周期内的"1"码元数和"0"码元数不一致，即码不平衡，也会造成载波抑制不好，这同平衡调制器中元件和参数不对称造成的结果是一样的，即在载波频率处会形成明显的频谱尖峰。在前面讨论 Gold 序列的平衡性时，我们已经指出了这一点，事实上，序列的不平衡性反映在频谱特性中就是存在直流分量。序列的平衡特性越差，直流分量越大。通过调制，基带信号中的直流分量反映在已调信号的频谱中，就变成了已调信号中的载波分量。

在一个实际系统中，进入平衡调制器的调制信号是扩频码序列，而扩频码序列的平衡性比平衡调制器中元器件的平衡性更难实现。由于码不平衡，在其频谱中有直流分量出现，这就使平衡调制器输出的扩频信号中载波信号不能得到很好的抑制。由于平衡调制器的输出信号中残留载波分量，因此输出信号频谱中不仅有扩频码平衡调制信号，而且还有寄生的调幅信号。所以，在实际工程设计中要注意，无论平衡调制器多么好，都应该注意扩频码的平衡性。如果使用 Gold 码作为扩频码，必须注意选用平衡 Gold 码，否则不能有效地抑制载波。

对于扩频发射机来说，扩频码序列编码时钟的泄露也需要特别注意。当发生扩频码序列编码时钟泄漏时，频谱中对应于扩频码序列编码时钟的频率点处会有尖峰出现，这会对扩频信号产生寄生调幅的现象。

载波和编码时钟泄露对系统工作将会产生一些不良影响。在发射机里，最重要的影响在于，输出扩频信号中有一些稳定的、易于被检测出来的信号。这就失去了扩频信号隐蔽的特点，同时浪费了发射机的输出功率。在接收端，未被抑制的载波分量作为一个同频同相的窄带干扰信号，将进入接收机，对接收信号造成干扰，影响信号的正确恢复。有关这方面的内容将在下面的章节中进行讨论。总之，载波和编码时钟的泄露是工程技术上必须注意且应当避免的。

3.3.2 直扩系统的射频带宽和处理增益

直接序列扩频系统中射频带宽直接影响系统的性能，系统的带宽和传送的信息速率决定了系统的扩频处理增益，也决定了系统的抗干扰能力。对于直接序列系统的射频带宽，通常只考虑功率谱的带宽。当调制信号为非归零码时，信号功率谱密度函数的包络是 $(\sin x/x)^2$ 型的，主瓣的带宽(单边)为 R_c，主瓣的 3 dB 带宽(单边)为 $0.44R_c$，R_c 为扩频码的传输速率。在任何情况下，直扩系统的射频带宽都是扩频码传输速率的函数。在采用 PSK 调制方式时，直扩信号的功率谱密度函数是 $(\sin x/x)^2$ 型的伪噪声谱，系统的射频带宽为 $2R_c$。实际上，直扩信号总功率的 90.3% 包含在 2 倍于扩频码传输速率的带宽($-R_c$～$+R_c$)内，总功率的 95.0% 包含在 4 倍于扩频码传输速率的带宽($-2R_c$～$+2R_c$)内，总功率的

96.6％包含在 6 倍于扩频码传输速率的带宽($-3R_c \sim +3R_c$)内。

但是信号能量的损失并不是带宽限制的唯一结果，旁瓣中丰富的高频分量来自调制信号陡峭的上升沿和下降沿，会使伪随机码尖锐的三角形自相关函数顶峰变得圆滑，这就影响了系统的抗干扰性能。特别是在直扩信号用于测距系统时，射频带宽受限将会导致测距精度的下降明显。

综合前面几个因素，在确定直扩系统带宽时，必须考虑功率损失、处理增益和信息速率以及系统抗干扰能力的要求。

直扩系统的处理增益可以用扩频码传输速率与基带信息传输速率的比值来衡量，即

$$G_P = 10 \lg \frac{(S/N)_{out}}{(S/N)_{in}} = 10 \lg \frac{R_c}{R_B} \qquad (3-17)$$

其中，R_c 为伪随机码传输速率，R_B 为基带信息传输速率。这一结果的获得是从系统抗干扰分析中得到的，后面章节将会讲到。从此可见有两个参数可以用来调整处理增益：一个是基带信息传输速率，它取决于奈奎斯特速率；另一个是射频带宽，它取决于用于扩频的伪随机码的传输速率。降低基带信息速率可以增加处理增益，但基带信息速率是由信源而不是传输系统决定的。信息传输速率不可能任意地减小，一旦信息传输速率下降到一定程度，再进一步下降信息速率就不能保证信息传输的实时性和有效性了，从而失去了通信的意义。另一方面，提高扩频用的伪随机码传输速率可以增大处理增益，但伪随机码的编码时钟不宜过高，因为伪随机码编码时钟越高，对伪随机码发生器的要求也越高，系统的工作频带越宽，要求调制器和混频器在较宽的频带内保证一定的线性度，在工程上是难以实现的。

另外，当伪随机码的传输速率不断增大，接收机输出的干扰信号电平不断下降，并将减小至与接收机热噪声电平相当时，若再进一步增大伪随机码的传输速率，并不能改善输出信号的信噪比。这是因为影响输出信噪比的主要因素已经不再是干扰信号的功率，而是接收机内部的热噪声了。

综合上面的因素，为了提高系统的处理增益，可以在兼顾系统硬件设计的复杂度的同时，适当提高伪随机码的传输速率，或者采用一些有效的语音或图像的压缩编码技术来降低所传的基带信息速率。目前国内外信源压缩的技术很多，如线性预测、矢量量化、语音识别及分形压缩等，都是可以用来降低信源信息速率的。

3.3.3　直扩系统的调制方式

以上所讲即为最简单的直接序列扩频形式，即二相相移键控（BPSK）调制方式。以下介绍 QPSK 直接序列扩频和 MSK 直接序列扩频。

1. QPSK 直接序列扩频系统

在一般数字通信系统中，利用 QPSK 的目的是节省频谱，即在相同总发射功率条件下，要得到与 BPSK 相同的误码率，所需传输带宽可节省一半。但在扩频系统中，带宽利用率并不是最重要的。这时利用正交调制的原因是由于在低概率检测的应用中它更难于检测，且正交调制对某些类型的干扰不敏感。

1）具有任意数据相位调制的 QPSK 直接序列扩频系统

图 3-7(a) 所示为一般 QPSK 直接序列扩频系统发端框图。其中数据调制可采用任意

数据相位调制方法。正交混合网络将输入功率在两个正交支路中均分。QPSK 调制器的输出为

$$s(t) = \sqrt{S}c_1(t)\cos[\omega_0 t + \theta_d(t)] + \sqrt{S}c_2(t)\sin[\omega_0 t + \theta_d(t)] \overset{\text{def}}{=} a(t) + b(t)$$

$$(3-18)$$

式中，$c_1(t)$ 和 $c_2(t)$ 分别为同相和正交扩频波形，扩频波形的取值为 ±1。假设这些扩频波形是切普（Chip）同步的，并且彼此独立。式（3 – 18）中两个正交项的功率谱均与 BPSK 信号的功率谱形式相同，故总 QPSK 信号的功率谱等于两项功率谱的代数和。这时可通过计算 $S(t)$ 信号自相关函数来求其功率谱。

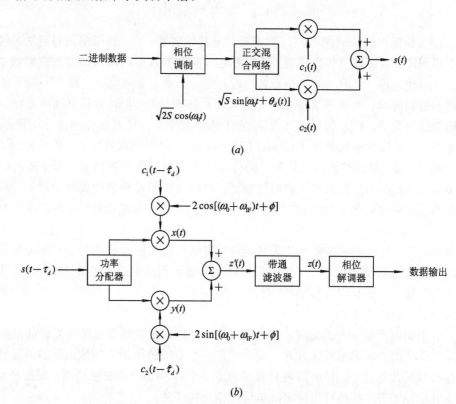

图 3 – 7　QPSK 扩频系统框图

（a）一般 QPSK 扩频系统发端框图；（b）一般 QPSK 扩频系统接收机框图

图 3 – 7(b) 所示为一般 QPSK 扩频接收机框图。其中带通滤波器的中心频率为 ω_{IF}，其带宽足以不失真地通过数据已调信号。利用简单的三角等式变换可得 $x(t)$ 和 $y(t)$：

$$x(t) = \sqrt{\frac{S}{2}}c_1(t-\tau_d)c_1(t-\hat{\tau}_d)\cos[\omega_{\text{IF}}t - \theta_d(t)]$$

$$-\sqrt{\frac{S}{2}}c_2(t-\tau_d)c_1(t-\hat{\tau}_d)\sin[\omega_{\text{IF}}t - \theta_d(t)] \qquad (3-19)$$

$$y(t) = \sqrt{\frac{S}{2}}c_1(t-\tau_d)c_2(t-\hat{\tau}_d)\sin[\omega_{\text{IF}}t - \theta_d(t)]$$

$$+\sqrt{\frac{S}{2}}c_2(t-\tau_d)c_2(t-\hat{\tau}_d)\sin[\omega_{\text{IF}}t - \theta_d(t)] \qquad (3-20)$$

如果接收机解扩码相位正确，则

$$c_1(t - \tau_d)c_1(t - \hat{\tau}_d) = c_2(t - \tau_d)c_2(t - \hat{\tau}_d) = 1 \qquad (3-21)$$

因此有用信号被解扩。解扩的有用信号通过带通滤波器，而式（3-19）和式（3-20）中的无用项被滤除，于是

$$z(t) = \sqrt{2S}\cos[\omega_{IF}t - \theta_d(t)] \qquad (3-22)$$

上述推导过程中已假设接收机载波相位已达到正确同步。由式（3-22）可见，数据已调信号已完全恢复。$z(t)$ 信号经解调后即可恢复原始数据。

2）平衡式 QPSK 直接序列扩频系统

当数据调制采用二相移相键控时，QPSK 直接序列扩频系统发端框图如图 3-8 所示，其中假设相位是相干的。由图 3-8(a) 可见，发射信号 $s(t)$ 为

$$s(t) = \sqrt{S}\,d(t)[c_1(t)\cos\omega_0 t + c_2(t)\sin\omega_0 t]$$

由于在同相和正交支路中数据调制是对称的，所以这种类型的调制叫做平衡 QPSK 调制。

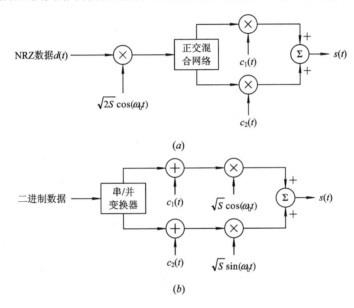

图 3-8　平衡式 QPSK 直接序列扩频系统发端框图

平衡 QPSK 直接序列扩频系统接收机框图如图 3-9 所示。由于假设系统是相干的，因此同相和正交本振波形的相位等于接收载波的相位。由图 3-9(a) 可得混频器输出差频分量为

$$x(t) = \sqrt{\frac{S}{2}}\,d(t - \tau_d)c_1(t - \tau_d)c_1(t - \hat{\tau}_d)\cos\omega_{IF}t$$
$$+ \sqrt{\frac{S}{2}}\,d(t - \tau_d)c_2(t - \tau_d)c_1(t - \hat{\tau}_d)\sin\omega_{IF}t \qquad (3-23)$$

$$y(t) = \sqrt{\frac{S}{2}}\,d(t - \tau_d)c_2(t - \tau_d)c_2(t - \hat{\tau}_d)\cos\omega_{IF}t$$
$$+ \sqrt{\frac{S}{2}}\,d(t - \tau_d)c_1(t - \tau_d)c_2(t - \hat{\tau}_d)\sin\omega_{IF}t \qquad (3-24)$$

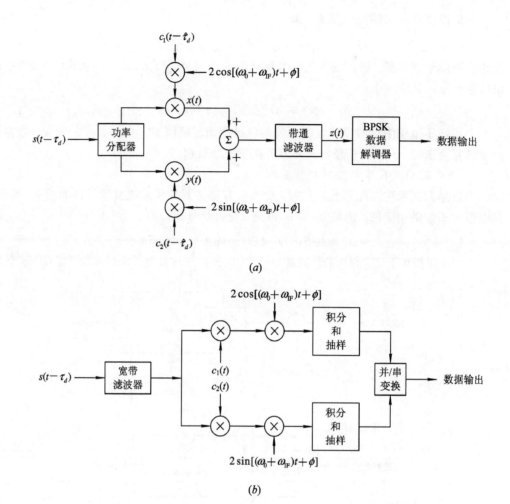

图 3-9　平衡式 QPSK 直接序列扩频系统接收机框图

当接收机解扩码相位正确时，带通滤波器输出为

$$x(t) = \sqrt{2S}d(t - \tau_d)\cos\omega_{IF}t \qquad (3-25)$$

这个信号恰好是数据调制已调中频信号，经 BPSK 数据解调以后即可恢复原始数据 $d(t)$。

3）双信道 QPSK 直接序列扩频系统

另一种 QPSK 扩频调制解调方案如图 3-10 所示。其中同相和正交支路中的功率可以不相同。这种调制叫做双信道 QPSK。其发射信号为

$$s(t) = \sqrt{S}d_1(t)c_1(t)\cos\omega_0 t + \sqrt{S}d_2(t)c_2(t)\sin\omega_0 t \qquad (3-26)$$

式中 S 为总功率。

双信道 QPSK 接收机方案如图 3-10(b) 所示。双信道 QPSK 和上述平衡 QPSK 调制解调器的工作原理是相似的。跟踪和数据中继卫星系统（TDRSS）中所用的扩频信号之一就是采用的这种方案，并且允许同相和正交信道有不同的功率。因此发射信号为

$$s(t) = \sqrt{2S_I}d_1(t)c_1(t)\cos\omega_0 t + \sqrt{2S_Q}d_2(t)c_2(t)\sin\omega_0 t \qquad (3-27)$$

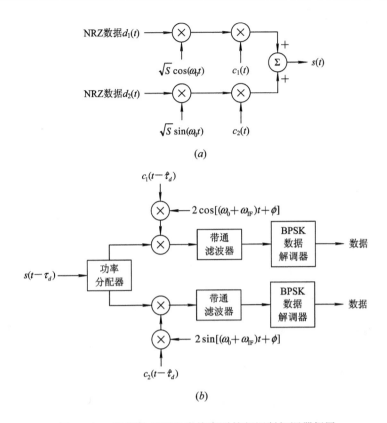

图 3-10　双信道 QPSK 直接序列扩频调制解调器框图

2. MSK 直接序列扩频系统

另一种实用的直接序列扩频调制方案是最小移频键控(MSK)。图 3-11 所示为一般并行 MSK 直接序列扩频调制解调器框图。其发射机输出信号为

$$s(t) = \sqrt{2S}\, d(t) \left[c_1(t)\cos\left(\frac{\pi}{T_c}t\right)\cos\omega_0 t + c_2(t)\sin\left(\frac{\pi}{T_c}t\right)\sin\omega_0 t \right] \tag{3-28}$$

当载波跟踪环和码跟踪环工作正常时，MSK 调制可由图 3-11(b)所示接收机解调，从而恢复原始数据。

图 3-11 所示并行 MSK 扩频系统方案的缺点是其硬件设备相当复杂，而串行 MSK 硬件设备要简单得多，因此在 MSK 扩频系统中串行 MSK 直接序列扩频技术比较适用。图 3-12 所示为串行 MSK(即 SMSK)扩频调制解调器框图。图 3-12(a)和(b)为两种发射机方案。两者的区别只是数据调制的位置不同，原理是一样的；它们都是在二相移相键控的基础上，用变换滤波器来形成 MSK 信号的。在接收端需进行类似的处理，以便得到最佳解调性能。在发射机和接收机中的 MSK 变换滤波器是一个无源、线性、时不变滤波器，该滤波器的设计是实现 MSK 的关键。与并行 MSK 扩频方案相比，SMSK 调制解调器只使用一个扩频码，而并行 MSK 调制解调器中要使用两个独立的扩频码，但是，在得到相同性能的条件下，SMSK 扩频码速率要比并行 MSK 方案的码速率提高一倍，因此实现起来可能更困难。

需要指出，在图 3-12(a)所示方案中，数据调制可能在输出信号中产生 $\pi/2$ 相位突变。这是由于每逢数据是一个“传号”时会增加 $\pi/2$ 的相移造成的。在图 3-12(b)所示方案

中，在 MSK 之前，数据码和扩频码可进行模 2 加，这时发射信号可不产生 π/2 的相位突变，并且发射信号的功率谱与扩频码速率 MSK 调制的功率谱相同，但这时接收机中只能近似恢复 BPSK 数据调制已调波形。对于高处理增益的系统来讲，这种近似是非常好的，因此这种电路非常实用。

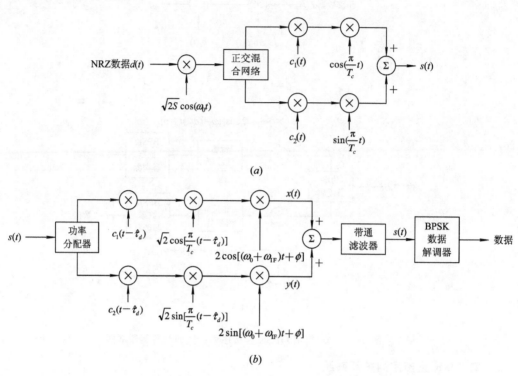

图 3-11　一般并行最小移频键控（MSK）扩频调制解调器

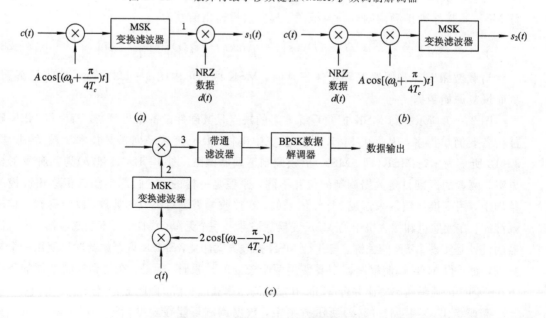

图 3-12　串行 MSK 扩频调制解调器

3.4　直扩系统的接收端

扩频系统接收到的信号一般是很微弱的，往往被噪声所淹没，可以允许在输入信噪比达$-50\sim-20$ dB 的恶劣条件下，从强干扰噪声中检测出微弱的信号。

直扩系统的接收一般分为两步进行，即解扩和解调，这是关系到系统性能优劣的关键。解扩与解调的顺序一般是不能颠倒的，通常是先进行解扩后进行解调。这是因为在未解扩之前的信噪比是很低的，用一般的解调方法很难实现。在伪随机码同步的情况下，解扩通过对接收信号的相关处理来获得处理增益，提高解调器输入端的信噪比（或信干比），使系统的误码性能得以改善。图 3 - 13 给出了直扩系统接收机的组成。

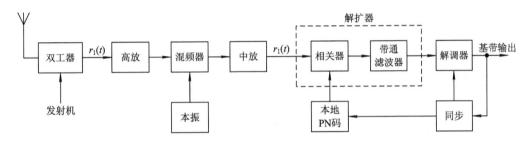

图 3 - 13　直扩系统接收机组成

本节讨论扩频信号的相关接收，主要讨论直扩系统的相关接收原理和性能分析。这些讨论都是建立在系统同步的基础之上。至于同步问题，留待后面一章讨论。

3.4.1　相关接收机

扩频通信系统与一般通信系统一样，通常采用信号的相干性来检测淹没在噪声中的有用信号。所谓信号的相干性，就是指信号的某个特定标记（如振幅、频率、相位等）在时间坐标上有规定的时间关系，我们把具有这种性质的信号称为相干信号。由于相干信号具有这样的特性，就可以对相干信号与噪声（或干扰）的混合波形进行某种时域的运算，然后再根据某种法则进行判别，从而把原来的相干信号与噪声（或干扰）加以分离。上述处理称为相干检测，实现相干检测的常用方法是相关接收。

设发送端发送的信号为 $s_1(t)$ 和 $s_2(t)$，持续时间为 $(0, T)$，且具有相等的能量，即

$$E = \int_0^T s_1^2(t)\mathrm{d}t = \int_0^T s_2^2(t)\mathrm{d}t \tag{3-29}$$

接收机输入端的噪声 $n(t)$ 为高斯白噪声，单边功率谱为 n_0。我们的目的是要设计一个接收机，能在噪声干扰下以最小错误概率检测信号。

接收机接收到的信号为

$$r(t) = \begin{cases} s_1(t) + n(t) \\ s_2(t) + n(t) \end{cases}, \quad 0 \leqslant t \leqslant T \tag{3-30}$$

由此可以得到发射 $s_1(t)$ 或 $s_2(t)$ 时出现 $r(t)$ 的概率密度 $f_{s_1}(r)$ 和 $f_{s_2}(r)$ 分别为

$$f_{s_1}(r) = F \exp\left\{ -\frac{1}{n} \int_0^T [r(t) - s_1(t)]^2 \mathrm{d}t \right\} \tag{3-31}$$

和

$$f_{s_2}(r) = F \exp\left\{-\frac{1}{n}\int_0^T [r(t)-s_2(t)]^2 dt\right\} \tag{3-32}$$

式中，F 为一常数。$f_{s_1}(r)$ 与 $f_{s_2}(r)$ 示意图如图 3-14 所示。

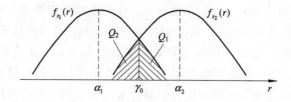

图 3-14 $f_{s_1}(r)$ 和 $f_{s_2}(r)$ 示意图

判决法则为

$$\left. \begin{aligned} r > r_0, & \quad 判\ s_2(t) \\ r < r_0, & \quad 判\ s_1(t) \end{aligned} \right\} \tag{3-33}$$

由此可见，当发射 $s_1(t)$ 而判为 $s_2(t)$ 的错误概率 Q_1 和发射 $s_2(t)$ 而判为 $s_1(t)$ 的错误概率 Q_2 分别为

$$Q_1 = \int_{r_0}^{\infty} f_{s_1}(r) dr \tag{3-34}$$

$$Q_2 = \int_{-\infty}^{r_0} f_{s_2}(r) dr \tag{3-35}$$

总的判错概率为

$$P_e = P(s_1)Q_1 + P(s_2)Q_2 \tag{3-36}$$

式中，$P(s_1)$ 和 $P(s_2)$ 分别为发送 $s_1(t)$ 和 $s_2(t)$ 的先验概率。由上式可知，P_e 是判决门限值 r_0 的函数，求其导数

$$\frac{\partial P_e}{\partial r_0} = -P(s_1)f_{s_1}(r_0) + P(s_2)f_{s_2}(r_0) = 0 \tag{3-37}$$

故最佳门限值应满足

$$\frac{f_{s_1}(r_0)}{f_{s_2}(r_0)} = \frac{P(s_2)}{P(s_1)} \tag{3-38}$$

最佳判决为

$$\left. \begin{aligned} \frac{f_{s_1}(r_0)}{f_{s_2}(r_0)} > \frac{P(s_2)}{P(s_1)}, & \quad 判\ s_1(t) \\ \frac{f_{s_1}(r_0)}{f_{s_2}(r_0)} < \frac{P(s_2)}{P(s_1)}, & \quad 判\ s_2(t) \end{aligned} \right\} \tag{3-39}$$

如果 $P(s_1)=P(s_2)=1/2$，则式(3-39)可转化为

$$\left. \begin{aligned} f_{s_1}(r) > f_{s_2}(r_0), & \quad 判\ s_1(t) \\ f_{s_1}(r) < f_{s_2}(r_0), & \quad 判\ s_2(t) \end{aligned} \right\} \tag{3-40}$$

式(3-40)称为最大似然判决准则，$f_{s_1}(r)$ 和 $f_{s_2}(r)$ 称为似然概率密度函数。

由以上可得两个检测量，若

$$\int_0^T r(t)s_1(t) dt > \int_0^T r(t)s_2(t) dt \tag{3-41}$$

判为 $s_1(t)$，否则判为 $s_2(t)$。由此得到的接收机为最佳接收机，如图 3-15 所示。图中的比较器是在 $t=T$ 时刻进行比较的，即可将其理解为一抽样判决电路。

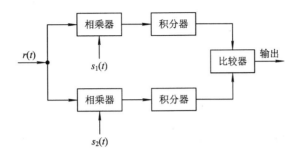

图 3-15 最佳接收机结构

由此可见，完成 $\int_0^T r(t)s_1(t)\mathrm{d}t$ 和 $\int_0^T r(t)s_2(t)\mathrm{d}t$ 运算的部件是最佳接收机的关键部件。由于它们可看成 $r(t)$ 与 $s_1(t)$ 或 $s_2(t)$ 的互相关函数，即

$$R_{rs_1} = \int_0^T r(t)s_1(\tau-t)\mathrm{d}t \tag{3-42}$$

$$R_{rs_2} = \int_0^T r(t)s_2(\tau-t)\mathrm{d}t \tag{3-43}$$

故称之为相关器，得到的接收机也称为相关接收机。

如果 $r(t)$ 是 $s_1(t)$ 或 $s_2(t)$，则上述两式正好是 $s_1(t)$ 或 $s_2(t)$ 的自相关函数。

3.4.2 相关解扩

相关解扩过程对扩频通信至关重要，正是这一解扩过程把有用的宽带信号变换成窄带信号，把无用的干扰信号变成宽带的低功率谱信号，从而提高了窄带滤波器（中频或基带滤波器）输出端的信干比，同时提高了系统的抗干扰能力。或者说，扩频系统的处理增益都是在相关解扩过程中，通过相关器的相干检测或匹配滤波器的匹配滤波获得的。因此，相关器是扩频系统的核心和关键。根据在扩频接收机中的位置，相关器有下述三种相关方式。

1. 直接式相关

直接式相关又称高频相关，它是指接收到的扩频信号在接收机的高频电路里直接与本地参考信号进行相关处理的相关器，其相关原理如图 3-16 所示。这里的本地参考信号指的是与发端同步的伪码。图 3-16(a) 为扩频调制器，用于产生一相移键控的扩频信号。在接收端接收到该信号后，用一个与发端同步的伪随机序列 $c'(t)$ 与接收信号相乘，其效果与发端调制用的伪随机序列 $c(t)$ 互补。每当本地相关器伪随机序列发生 $0{\rightarrow}1$ 或 $1{\rightarrow}0$ 的跳变时，输入已调信号的载波反相。如果发送端的伪随机序列与接收端的伪随机序列相同且同步，那么每当发射信号相移时，接收机中的本地码再把它相移一次，这样两个互补的相移结合，就相互抵消了扩展频谱的调制，达到了解扩的目的，剩下的是原始信息调制的载波信号 $a(t)\cos\omega_0 t$，如图 3-16(b) 所示。图 3-17 给出了这种解扩方式的波形图，图中未考虑所传输的信息 $a(t)$。

应当指出，这里的相关器的本地参考信号是与发送端相同且同步的伪随机序列，因此这个相关器只能实现扩频信号的相关解扩，而没有用相干载波对原始调制信号进行相干解调。

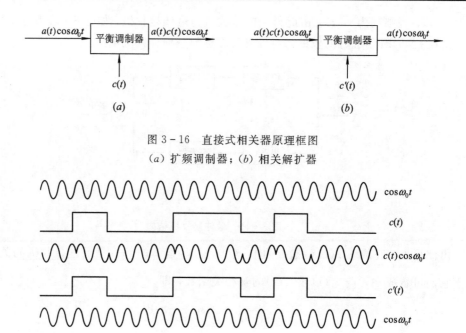

图 3-16　直接式相关器原理框图
(a) 扩频调制器；(b) 相关解扩器

图 3-17　直接式相关解扩波形图

　　直接式相关器的优点是结构简单，缺点是对干扰信号有直通和码速泄漏现象。由直接式相关器原理图我们可以看到，如果相关器的相移键控已调输入信号中心频率为 f_0，则相关后的载波频率也是 f_0。对于扩频接收机的相关器而言，干扰信号应该不能越过，至少不是以原始形式越过。否则，一个窄带干扰信号就能进入相关器后的电路并有效地假冒所需要的信号，对解调产生影响。由于直接式相关器的相关处理是在高频电路中进行的，且输入中心频率与输出中心频率一样，因此一个比较强的干扰信号就有可能渗透或绕过相关器而直接进入信息解调器。这时，相关器的抗干扰能力（载波抑制能力）是很低的，也得不到本应得到的信干比的改善。由于这个原因，直接式相关器是不经常使用的，仅用于一些对抗干扰能力要求不高的扩频系统中。

2. 外差式相关

　　外差式相关器中的外差的概念与外差式接收机中的外差的概念相同，即都需要有混频器来对输入信号变频，只不过外差式相关器中还要有相关器。由于有混频器的变频作用，载有信息的信号被变换到中频上，输出与输入的中心频率不同，这就避免了直接馈通的可能性；同时这也简化了接收机的设计，使外差式相关器后面的电路可在较低的频率下工作，且性能稳定。根据混频器与相关器是否为一个部件，外差式相关器可以分为两种形式，即一般外差相关方式和中频相关方式。

　　一般外差相关方式的原理如图 3-18 所示。在图中，本地参考信号是用与发送端发射信号完全相同的方法产生的，它与所接收的信号相差一个中频 f_{IF}，与发射信号的区别在于本地参考信号没有被信息码调制。本地产生的 PN 码先与本地振荡器产生的、与接收信号差一个中频信号的本地振荡信号在下面一个平衡调制器中进行调制，产生本地参考信号。它是一个展宽了的信号。然后，此本地参考信号与接收信号在上面一个平衡调制器中调制成中频输出信号。这时平衡调制器实际上起的是混频器的作用。由于它的输入信号与输出信号不同，也就不会发生强干扰信号直接绕过去的泄漏了，并且后面还有一个中频带通滤波器，可以起到滤除干扰的作用。

　　所谓中频相关方式，就是把载有信息的高频扩频信号，首先经过混频，变成中频的扩频信号，相关处理在中频上完成，如图 3-19 所示。这样不仅克服了高频干扰信号直接馈通的缺点，而且使解扩在较低频率上实现，性能可靠，同时实现起来也比较容易。所以，在实际中大都采用中频相关的方法，特别是直扩相关器。在中频相关器中，相关处理的实现可以采用通常的相乘积的方法，也可采用匹配滤波器（如 SAW 匹配滤波器或数字匹配滤波器）的方法。前者与直接式相关器电路类似，但 SAW 匹配滤波器的制作有一定的难度，主要是插入损耗较大，且工艺要求很严，特别是在码位长时更是如此。一般情况下，根据 PN 码序列结构做成固定的抽头，就不能适应码序列需要改变的情况。如果在输出端加上控制电路，也可做成可编程的 SAW 匹配滤波器。这样应用起来就很方便，但制作起来就更困难了，要求有 VLSI 制作工艺的精密度。

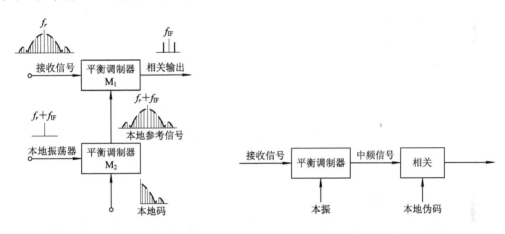

图 3-18　一般外差相关方式原理图　　　　　　图 3-19　中频相关方式框图

　　图 3-18 和图 3-19 两种实现外差式相关处理的结构可实现相同的作用。从时域上看，它们将接收到的信号和本地伪码逐一比较，去掉了伪码对有用信号的调制，相关后有用信号中不再含有伪码了。从频域上看，它们利用伪码尖锐的自相关特性，把有用的宽带信号的频谱进行压缩，将能量集中在后续固定中频的窄带滤波器，这样有用信号能量将几乎无所损失地进入后续中频解调器；而干扰信号与本地伪码不相关，其频谱被扩展，只有小部分能量通过窄带滤波器进入解调器，即被抑制了。相对于常规通信系统，直扩系统在接收端多了相关处理，这无疑增加了系统的复杂度，但它却获得了系统的处理增益，提高了系统的抗干扰能力。

3. 基带相关

　　基带相关器是一种在基带完成相关运算的部件。与中频相关类似，基带相关器可以利用混频器，采用零中频技术，把输入的扩频信号的中心频率搬移到零中频上，得到基带的扩频信号，然后再进行相关处理。也可以先对扩频信号进行伪码的恢复，在得到基带伪码信号的基础上进行数字相关或数字匹配滤波。

相关器在硬件实现上通常可以分为两大类，即模拟相关器和数字相关器。对于模拟相关器，根据采用器件的不同可以分为以下几种：

(1) 声表面波(SAW)相关器，即 SAW 相关器、SAW(抽头)延迟线、SAW 卷积器；

(2) 电荷耦合器件(CCD)延迟线；

(3) 模拟乘法器和环形混频器。

对于数字相关器，根据工作原理的不同可以分为以下几种：

(1) 全并行数字相关器；

(2) 滑动数字相关器；

(3) 混合数字相关器；

(4) 基于 DSP 算法的数字相关器。

对相关器的技术要求一般有：

(1) 无伪码泄漏；

(2) 无载波泄漏或弱载波泄漏；

(3) 对无源相关器，要求插入损耗要小，对于有源相关器，要求有一定的增益。

3.4.3 相关器的性能

理想的相关器的输出应该是信号相关的理论值，但实际的相关器，多多少少总存在着一些不理想的地方。因此，其输出不可能达到理论值，与理论值之间必然存在着一定的差值。我们希望这个差值尽量小，但我们也知道，相关器是一个三端口器件，影响其性能的因素很多，除了输入信号质量的好坏(主要指输入信号的扩频调制质量、信噪比情况、中心频率及载波抑制度等)以外，还有本地参考信号质量的好坏。所以，讨论相关器的性能就转化为讨论影响相关器性能的因素。

1. 码定时偏移对相关处理的影响

相关器的主要任务是使本地参考信号与输入信号匹配，使隐藏的载有信息的信号再现，得到最大的输出。然而，在实际系统中，本地参考信号的码序列和接收机收到的信号的码序列在码图案和时间上都很难完全匹配。收发双方的振荡器的振荡频率稳定度和初始相位的差别，或者在发射机和接收机之间传播过程中干扰影响及传播迟延而产生的差别，使系统的同步发生码定时偏移。这种码定时偏移在相关处理过程中必然导致相关损失(即转换为噪声)，相关损失的大小取决于码定时偏移的多少。因此我们需要对此种情况进行研究，看看不是码同步最好状态时相关器的输出。

在第 2 章中我们讲过，最长线性序列的自相关波形为图 3-20 中的三角形。这种序列有优良的自相关特性，即它们的自相关函数在所有位移时都表现得很好。当零比特位移时，自相关函数为最大值；当位移在 ±1chip 范围内时，自相关函数沿三角形斜边直线下降。因此用 m 序列编码的信号，相关器产生最大输出是在两个码序列的位移为零的时刻

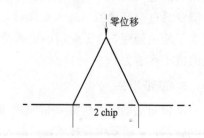

图 3-20 二进制序列在同步区域的自相关波形

发生的。也就是说，当本地码序列严格对准（严格同步）时，输出信号最大，此时有最佳信噪比，这时所有的信号都不会转换为噪声。当输出信号与本地参考信号不同步或者不完全同步（即码定时有偏移）时，所需信号的一部分与本地参考信号不同步或者不完全同步（即码定时有偏移）时，所需信号的一部分与本地伪码卷积而被展宽为伪噪声输出，输出噪声总量取决于同步程度，当完全不同步（即本地信号与输入信号之差为一个比特以上）时，相关器输出全部为噪声。

由此可见，从相关器的输出端看，噪声有如下几个方面：

（1）大气和电路系统内部噪声×本地码调制；

（2）不需要的信号×本地码调制；

（3）所需信号×本地码调制。

大气和电路系统内部噪声在存在无用信号（人为干扰或其他干扰）时，是可以忽略的，这是因为扩频信号能够在无用信号的功率比所需信号的功率大得多的环境下工作。大气和电路内部噪声只有在最大传输距离没有干扰条件时才需考虑。

图 3 - 21 给出了一对相同码没有完全同步时对相关器输出的影响。对于被同步的信号，由码调制（FSK）所产生的许多相应的频率，是重叠的，并且被变换成中频，然而在比特时间内不重叠部分，输入信号与本地参考信号的乘积位于这两个信号的协方差所限制的区域内的某处，这部分输出就是噪声。这些噪声一部分将落入中频频带之内，从而降低系统的输出信噪比。因此，扩频系统的相关处理过程，对于位同步提出了十分严格的要求。

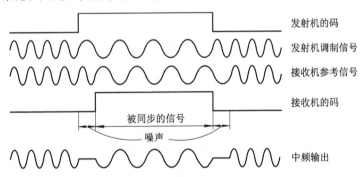

发射机的码

发射机调制信号

接收机参考信号

接收机的码

被同步的信号

噪声

中频输出

图 3 - 21　码定时偏移对相关器输出的影响

观察图 3 - 21 可知，当两个码相对于精确同步有滑动时，相关器输出码噪声相应地增加。码定时偏移每增加 τ，就使噪声有 2τ 的增加，结果信号比噪声的函数为

$$f(\tau) = A\frac{T - \tau}{2\tau} \qquad (3 - 44)$$

式中，A 为最大输出；T 为一个比特的持续时间；τ 为定时偏移。图 3 - 21 所示是在没有干扰且所需信号在门限以上的情况。如果有相当大的干扰，信噪比就按照同步准确性的线性函数增加。因为码和所产生的噪声干扰与码定时准确性的关系不很大，在任何对于抗干扰系统有意义的情况下，它都非常大，远远超过了自身噪声的影响。图 3 - 22 比较了输入信号被干扰与不被干扰时信号噪声比的函数（高斯噪声条件下的信噪比函数与码相关函数相同）。

从宽度上看，图 3 - 22 中两条曲线的不同似乎意味着在高的信噪比（即无干扰，大信号）条件下，要更精确地测距是可能的，这无疑是真实的也是所希望的。总之，任何用于检测同步对信噪比敏感的器件在强信号条件下都将被迫在零位移附近大约0.2 chip范围内识别同步信号，对于同样的门限点，当受到干扰时就只能分辨0.8 chip。

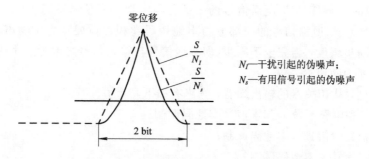

图3-22　码定时偏移时相关器输出的信噪比

2. 载波抑制度不足和码不平衡对相关器输出的影响

如果发射端的双平衡调制器的载波抑制度不足或直扩信号的码不平衡(伪码一周期内的"1"和"-1"的码元数不一致)，都会使载波产生泄漏，在载波频率点上有明显的谱尖峰，形成窄带干扰。对发射机来讲，浪费了发射功率；对接收机来讲，对相关器的输出有影响；对整个系统来讲，失去了扩频信号的隐蔽性。另外，扩频序列编码时钟的泄漏，会使扩频信号在频谱上产生寄生调制，同样会产生窄带干扰，从而对发射机和接收机以及整个系统产生危害。

不论是对直接相关器，还是对外差式相关器，发射载波抑制度不足或码不平衡都可能会使锁相检测器错锁在假信号上，从而使接收机工作不正常。

在相关处理过程中，本地参考信号的平衡调制器也应该具有良好的抑制寄生信号的能力，否则，同样会对相关处理产生影响。假设本地参考信号的中心频率为 $f_0+f_{IF}\pm f_{时钟}$，即有时钟泄漏寄生信号，则相关处理后的组合干扰可能落在接收机的中频带宽之内。如果把这个带干扰的信号送至下一级检测器，就可能也发生错误现象。由于外差式相关器本身的特点，它比直接式相关器发生错误的概率要低一些。

为了提高相关器的性能，通常使系统的平衡调制器的载波抑制度与系统的处理增益相当，一般以20~60 dB为宜。若系统处理增益很高，则可以用几个平衡调制器级联的办法来达到所需要的载波抑制度(现有平衡调整器载波抑制度一般为30~40 dB)。

克服由于码不平衡而使接收机窄带检波器错锁在寄生信号上的技术措施，是在相关器前(或窄带检测器前)加带通滤波器。对带通滤波器通带特性的要求为：超出主瓣之外的频谱衰减较大，以防止由于码不平衡而错锁在 $f_0\pm f_{时钟}$ 频率上。一般地，滤波器的单边带宽与码速相等，然后急速衰减。

3. 前置滤波器特性对相关器性能的影响

相关器之前的射频或中频带通滤波器(称为前置滤波器)对相关器的相关输出也有一定的影响。设前置滤波器的传输特性 $H_B(\omega)=H_{BB}(\omega-\omega_c)$，$H_{BB}(\omega)$ 具有以下低通特性：

$$H_{BB}(\omega)=\begin{cases}e^{-j\omega\tau}, & |\omega|\leqslant 2\pi f_c \\ 0, & 其他\end{cases} \tag{3-45}$$

$H_B(\omega)$ 的中心频率为 f_c，带宽为 $2f_c$，带前置滤波器的相关器等效为图3-23所示的电路形式。

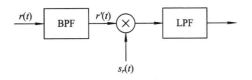

图 3 - 23　带前置滤波器的相关器的等效电路

若前置滤波器的带宽与扩频信号的主瓣宽度 $2/T_c$ 相同，则能通过 90% 的扩频信号能量。这样，相关器的相关处理将会有 $20\lg(R(\tau)/R(0))=0.92$ dB 的损失，其输出相关峰的形状和位置也将发生变化，如图 3 - 23 所示。若前置滤波器带宽为两倍扩频信号的主瓣宽度（主瓣＋两个旁瓣）$4f_c$，则能通过 93% 的扩频信号能量，相关处理输出损失为 0.89 dB。若前置滤波器带宽为 3 倍的扩频信号主瓣宽度 $6f_c$，则能通过 95% 的扩频信号能量，相关处理输出损失为 0.54 dB。

应当指出，前置滤波器的传输特性若不是理想带通特性，则相关输出也不会是如图 3 - 24 所示的形式。不同的前置滤波器的传输特性，会有不同的相关器输出形式，但是，以理想带通特性对应的相关输出为最佳。另外还可以证明，本地参考信号的扩频序列通过前置滤波，也将提高相关器的输出性能。

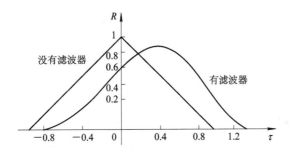

图 3 - 24　$BT_c=2$ 时的相关峰输出

4. 中频频偏对相关处理的影响

伪码定时的偏移会对相关处理产生影响，而中频频率的偏移同样会对相关器产生影响。中频频偏越大，相关器输出的相关峰的主峰下降得越多，主旁峰的比值也下降得越多，从而使相关器的相关处理增益降低。

当然，干扰对于相关器输出的影响是不能忽视的，这部分内容我们后面会专门讨论。

3.4.4　基带解调（基带恢复）与载波同步

扩展频谱信号经解扩（去掉伪码调制）之后，剩下的问题就是从已被解扩了的带有信息的中频信号中检测出发射端发送的基带数字信号。在扩频技术中，直接序列系统常用的解调器有锁相环调频反馈解调器、科思塔斯（Costas）环解调器等。DS 系统接收机中的基带恢复过程是一个相干过程。因为接收机信号和本地参考信号必须是发送信号的准确估计，其次还由于相干检测器别的类型的检测器有优良的阈值特性，因而 DS 系统中总是使用相干检测器。此外平方环也是常用的，它的优点是把双边带抑制载波信号经平方后产生二倍频的载波，便于载波提取，实现载波的跟踪与同步。它的性能与科思塔斯环等效，缺点是必须分辨由于二倍频引起的相位模糊。

1. 锁相环解调器原理

前面在相干通信基本概念的叙述中，从对信号相位相关处理的物理概念上引出的锁相环路，在噪声干扰条件下，从均方误差最小的角度来看，它是信号相位的最佳估计设备。对相位估计的统计分析，这种环路必然导致为一个锁相环。

图 3－25 是锁相环解调器解调已被解扩后的中频 PSK 信号的原理图及各点波形图。

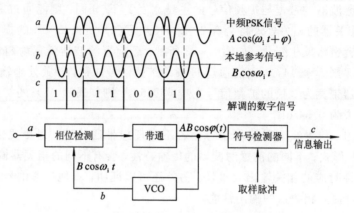

图 3－25　锁相环解调器原理图及各点波形图

输入到锁相环解调器 a 点的信号为 $A\cos[\omega_i t+\varphi(t)]$，与经锁相环锁定且同步了的压控振荡器（VCO）输出（$B\cos\omega_i t$）相乘，滤波器输出为 $AB\cos\varphi(t)$。在二进制移相键控信号中，当 $\varphi(t)=0$ 时，符号检测器输出"1"码；当 $\varphi(t)=\pi$ 时，符号检测器输出"0"码，这样就把基带数字信号恢复出来了。

如果锁相环跟踪输入信号的频率而不是它的相位，它就变成了一个调频解调器或 FSK 解调器，再稍加扩展就可构成为一个相干调幅检测器。如图 3－26 所示，虚线上部为调频信号（或 FSK）解调器，虚线下部是有附加电路的输出振幅信号的解调器。当环路锁定时，输入信号与压控振荡器（VCO）信号相差 90°。在附加电路中，90°移相器把压控振荡器的输出信号再相移 $\pi/2$ 后送到第二个鉴相器。经移相后的信号就与输入信号同相，两个信号相乘的结果，在低通滤波器后的输出就是所要求的振幅信息 A；而未加附加电路的锁相环解

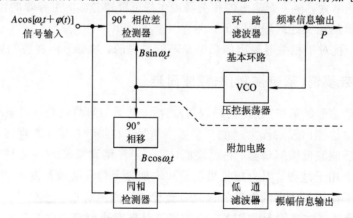

图 3－26　调频信号锁相环解调器和有附加电路的输出振幅信号解调器原理图

调器从 P 点输出调频信息 $\varphi(t)$。解调振幅信息时，$\varphi(t)$ 为已知值；解调调频信息时，A 为已知值。

尽管在基带解调器之前的相关解扩过程中，对输入到扩频接收机的各种干扰都已进行了处理，但解调器之前的中频滤波是带通型的，落到通带内的噪声和干扰信号必然要进入解调器中，环路在有干扰条件下能否完成最佳解调任务，取决于锁相环路的参数和部件的设计。已有许多书专门对锁相技术进行了分析，本书不再重述。我们仅就扩频通信中完成解调、载波提取与同步所需要的特殊环路进行讨论。

2. 平方环

在直接序列扩频系统(DS-SS)中，扩频调制方式是用抑制载波双平衡调制产生二相移相键控信号。对于二相键控信号，不管是绝对相移还是差分相移(DPSK)，其载波分量都被抑制了几十分贝。通常，DS 扩频信号中载波被抑制的分贝数很大，因而用一般的锁相环是难于提取载波的。

要获得相干参考信号，应将输入的二相移相键控信号进行非线性变换，使之产生离散的频率分量，再用窄带环路将载波分量提取出来。一种常用的非线性变换方法是将输入信号平方或全波整流，产生二倍频分量，输入到鉴相器，让环路跟踪二倍频的载波，被跟踪的二倍频载波经二分频并相移 90°，再与输入信号相乘，就把它解调了，这种环路就称为平方环，其原理框图及各点波形如图 3-27 所示。二分频可能出现两个相位，这对解调差分码并没有影响，因为差分码与初相无关，只与相邻码的相位变化量有关。如果需要产生绝对相移的参考信号，则应将二分频后的两个状态加以分辨。例如可以规定一组编码信号，根据对该编码信号解出的极性，来判断参考相位是否正确。若极性与规定的相反，则将二分频加上或减去一个输入脉冲，从而使相位变化 180°，如图 3-27 中虚线所示。

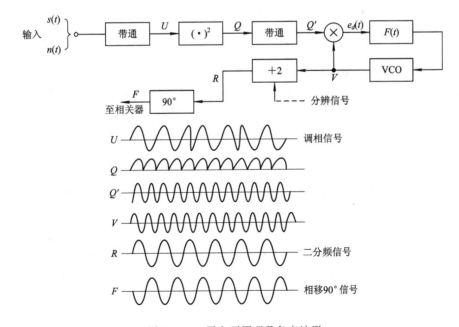

图 3-27　平方环原理及各点波形

这种环路的特点在于输入噪声与信号一起经过非线性变换后，产生的相位噪声谱密度不同于一般环路。环路参数的选择应结合数字通信的特点。

二相键控信号可以看成是幅度为 $\pm A$ 的正弦波,对应于二进制信号,

对 PSK:"1"码时,信号为 $A\sin\omega_0(t)$;

"0"码时,信号为 $A\sin(\omega_0 t+\pi)$;

对 DPSK:"1"码时,相位不变;

"0"码时,反相。

输入滤波器(带通)对噪声而言是个窄带滤波器。于是滤波器输出端 U 点的信号为

$$U(t)=Ac_1(t)\sin(\omega_0 t+\varphi_s)$$
$$+X(t)\cos(\omega_0 t+\varphi_s)$$
$$+Y(t)\sin(\omega_0 t+\varphi_s) \tag{3-46}$$

式中:$c_1(t)$ 为复合数字信号(对扩频系统来说为信息码与伪码波形相乘的复合波形)取 ± 1 波形经滤波后的归一化波形;φ_s 是信号的初始相位,它是一个慢变化量;$X(t)$ 和 $Y(t)$ 为窄带噪声的两个低频正交分量。式(3-46)经平方后在 Q 点的信号为

$$Q(t)=U^2(t)$$
$$=\frac{1}{2}[Ac_1(t)+Y(t)]^2[1-\cos(2\omega_0 t+2\varphi_s)]$$
$$+\frac{1}{2}X^2(t)[1+\cos(2\omega_0 t+2\varphi_s)]$$
$$+[Ac_1(t)+Y(t)]X(t)\sin(2\omega_0 t+2\varphi_s) \tag{3-47}$$

再经带通滤波器,并将直流分量隔掉,只取二倍频分量,得 Q' 点的输出为

$$Q'(t)=\left[-\frac{1}{2}A^2c_1^2(t)-Ac_1(t)Y(t)-\frac{1}{2}Y^2(t)+\frac{1}{2}X^2(t)\right]\cos(2\omega_0 t+2\varphi_s)$$
$$+[Ac_1(t)+Y(t)]X(t)\sin(2\omega_0 t+2\varphi_s) \tag{3-48}$$

当环路锁定时,压控振荡器的输出为

$$U(t)=2\sin(2\omega_0 t+2\varphi_r) \tag{3-49}$$

式中,$2\varphi_r$ 为压控振荡器的输出相位,包括相位抖动在内。将 $Q'(t)$ 与 $U(t)$ 相乘,可得到直流误差电压(假定乘法器增益常数 $K_m=1$,这不影响相位抖动的计算):

$$e_d(t)=\frac{A^2}{2}c_1^2(t)\left\{\sin2(\varphi_s-\varphi_r)+\frac{2}{A^2c_1^2(t)}\left[\frac{Y^2(t)}{2}-\frac{X^2(t)}{2}+Ac_1(t)Y(t)\right]\sin2(\varphi_s-\varphi_r)\right.$$
$$\left.+\frac{2}{A^2c_1^2}[Ac_1(t)X(t)+X(t)Y(t)]\cos2(\varphi_s-\varphi_r)\right\} \tag{3-50}$$

输入滤波器一般能让绝大部分信号能量通过,因此设 $c_1^2(t)\approx 1$,则式(3-50)第一项,即 $\frac{A^2}{2}c_1^2(t)\sin2(\varphi_s-\varphi_r)$ 为环路误差控制电压,其他项为相位抖动。

3. 科思塔斯环解调器(载波恢复解调环)

科思塔斯环是用来解调双边带抑制载波的信号的,也是二相或四相移相键控信号解调的专用环路。如果使用码反转调制,则它是一种最好的选择方案。科思塔斯环的工作频率就是载波频率。

科思塔斯环的基本结构如图 3-28 所示。它类似于图 3-26 那样有附加电路的普通锁相环,而且在某些方面这两者确实一样。压控振荡器(VCO)也用来产生载波参考信号,它

与输入信号同相相乘及相移 90° 再相乘，相乘器再经低通滤波器输出。它们的差别在于增加了第三个相乘器，而两路低通滤波器的输出都加到第三个相乘器上，用它的输出经环路滤波后去控制环路的压控振荡器。

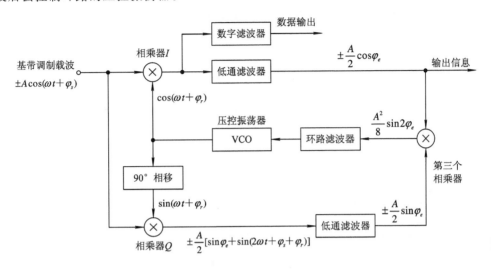

图 3-28　科思塔斯环解调器

先不考虑噪声时，输入信号 $\pm A\cos(\omega t + \varphi_s)$（双相调制）加到 I 和 Q 两个相乘器，它们分别和环路 VCO 产生的 $\cos(\omega t + \varphi_r)$ 和 $\sin(\omega t + \varphi_r)$ 相乘，则这两个相乘器的输出，对 I 相乘器为

$$\pm \frac{A}{2}[\cos\varphi_e + \cos(2\omega t + \varphi_s + \varphi_r)]$$

对 Q 相乘器为

$$\pm \frac{A}{2}[\sin\varphi_e + \sin(2\omega t + \varphi_s + \varphi_r)] \tag{3-51}$$

其中，$\varphi_e = \varphi_s - \varphi_r$。当它们通过低通滤波器之后，就变为 $\pm \frac{A}{2}\cos\varphi_e$ 和 $\pm \frac{A}{2}\sin\varphi_e$。

这两个包含相移键控信息和载波相位的信号再加到第三个相乘器，相乘就得到 $A^2\sin2\varphi_e/8$，经滤波之后，这个信号就用来校正环路 VCO 的振荡频率和相位，使它跟踪输入载波（实际上没有输入载波信号，科思塔斯环解调器就是用于解调双边带抑制载波信号）。

信息可以从两个地方得到，这取决于调制方法。由数据传输产生的 PSK 信息在相乘器 I 的数据滤波器的输出端得到；调制信息由环路内低通滤波器输出端点得到。科思塔斯环没有幅度输出，也不能得到任何"存在信号""锁定"或相干自动增益控制信号。滤波器 I 的输出为 $\pm \frac{A}{2}\cos\varphi_e$，当 φ_e 很小时，输出等于 $\pm \frac{A}{2}$，而 $\pm \frac{A}{2}$ 就是所要的二进制信号。要着重指出的是，这时环路不知道，也无法知道哪个是"1"码，哪个是"0"码。因此必须使用本身不会模糊的 DPSK 或确定极性比特字传输调制方式。科思塔斯环性能超过一般锁相环的主要优点是它能够解调移相键控信号和抑制载波的信号。

科思塔斯环又称"I-Q"环，它在噪声性能上与平方环完全等效，为说明这一点，我们采用与平方环一样的分析方法。在考虑噪声对环路影响时，我们假设输入到环路的信号为

$$s(t) = Ac_1(t)\cos(\omega_0 t + \varphi_s)$$

加性窄带噪声为

$$n(t) = n_c(t)\cos(\omega_0 t + \varphi_s) + n_s(t)\sin(\omega_0 t + \varphi_s)$$

在 $s(t)+n(t)$ 的作用下，图 3-28 中相乘器 I 的输出为 Z_I，经低通滤波后为 U_I；相乘器 Q 的输出为 Z_Q，经低通滤波后输出为 U_Q。U_I 与 U_Q 在第三个相乘器相乘输出为 $e_d(t)$。如同平方环一样的分析方法，相乘器 I 的输出为

$$Z_I(t) = [s(t) + n(t)]\cos(\omega_0 t + \varphi_r) \tag{3-52}$$

经低通滤波器后成为

$$U_I(t) = \frac{1}{2}[Ac_1(t) + n_c(t)]\cos(\varphi_s - \varphi_r) + \frac{1}{2}n_s\sin(\varphi_s - \varphi_r) \tag{3-53}$$

同理

$$Z_Q(t) = [s(t) + n(t)]\sin(\omega_0 t + \varphi_r) \tag{3-54}$$

$$U_Q(t) = -\frac{1}{2}[Ac_1(t) + n_c(t)]\sin(\varphi_s - \varphi_r) + \frac{1}{2}n_s(t)\cos(\varphi_s - \varphi_r) \tag{3-55}$$

第三个乘法器输出为

$$e_d(t) = -\frac{1}{8}[Ac_1(t) + n_c(t)]^2 \sin2(\varphi_s - \varphi_r)$$

$$+ \frac{1}{4}n_s(t)[Ac_1(t) + n_c(t)]\cos2(\varphi_s - \varphi_r) + \frac{1}{8}n_s^2(t)\sin2(\varphi_s - \varphi_r) \tag{3-56}$$

式(3-56)经整理合并可化为与平方环路中鉴相器输出低频误差电压的公式(3-50)完全一样的形式。只要"I-Q"环采用的低通滤波器特性相当于平方环输入滤波器的低通特性，则这两种环路完全等效。

平方环和"I-Q"环都存在 $180°$ 相差的模糊问题（即前面所说的无法区别哪个是"1"码，哪个是"0"码问题）。这对解调 DPSK 没有影响。

3.5　直扩系统的抗干扰能力

在实际中我们遇到的干扰主要有下面几种：加性白噪声干扰或宽带噪声干扰、部分频带噪声干扰、单频干扰及窄带干扰、正弦脉冲干扰以及多径干扰等。在实际应用中，应根据干扰情况，确定直扩系统的处理增益和其他参数，使之达到可靠通信的目的。

3.5.1　加性白噪声干扰

扩频信号在传输过程中必然会受到噪声干扰，这种干扰一般为加性高斯白噪声（AWGN）或带限白噪声。设噪声的单边功率谱密度为 n_0，经混频后为一带限白噪声，带宽为扩频信号带宽 B_c，谱密度仍为 n_0，故相关器输入噪声功率为

$$N_i = n_0 B_n \tag{3-57}$$

由上面的分析可知，相关器输出噪声功率为

$$N_o = \frac{1}{2\pi}\int_{W_a} G'_{n_I}(\omega)\,\mathrm{d}\omega \tag{3-58}$$

式中，W_a 为信息带宽（$W_a = 2\pi B_a$）。考虑到 $B_a \ll B_c$，只考虑 f_I 附近的噪声功率，则 $G'_{n_1}(\omega)$ 近似为 Kn_0，其中 K 为与调制方式有关的一个常数。对 PSK 调制，$K = 0.903$。对 MSK 调制，$K = 0.995$。所以

$$N_o = \frac{1}{2\pi} Kn_0 W_a = Kn_0 B_a \tag{3-59}$$

由于解扩前后信息能量不变，因此处理增益为

$$G_{P_n} = \frac{S_o/N_o}{S_i/N_i} = \frac{N_i}{N_o} = \frac{B_c}{KB_a} = \frac{G_P}{K} \tag{3-60}$$

上述结论是否意味着扩频系统具有抗白噪声的能力，而且是否具有随伪码速率的增加，其抗白噪声的能力也随之增加的性能，因此它相对于不扩频的窄带系统就可以提高通信距离，或者可以降低发射功率呢？答案是否定的。由于处理增益表征的是相关器处理信号所获得的信噪比增益，并不是度量不同类型通信系统性能的标准，因此不能把扩频处理增益与衡量不同系统性能的"制度增益"或"系统增益"相混淆。衡量扩频系统与非扩频系统性能好坏的标准是，在信息传输速率相同的条件下，扩频系统解扩后的中频信噪比 $(\text{SNR})_S$ 与非扩频系统的中频信噪比 $(\text{SNR})_{NS}$ 之比 G_S，即制度增益。对于非扩频系统，因为没有扩频与解扩过程，所以也不会有处理增益，但中频信噪比与扩频系统相同，即 $G_S = 1$。这也就是说，就白噪声而言，把窄带系统改为宽带系统并不会带来好处，或者说，直扩系统不能抗白噪声。实际上，由于扩频系统不可避免地存在着伪码同步误差，故扩频系统的抗白噪声性能比非扩频系统还要差一些。

3.5.2 窄带干扰和单频干扰

设窄带干扰信号中心频率为 f_J，带宽为 B_J，且 $f_J = f_I$，$B_J = B_a$，输入相关器的干扰功率为 N_J，功率谱密度为 $G_J(\omega)$，那么，解扩后干扰信号的输出功率为

$$N_{J_o} = \frac{1}{2\pi} \int_{W_a} G_J(\omega) * G_c(\omega) \mathrm{d}\omega \tag{3-61}$$

由于 $G_J(\omega)$ 的带宽为 B_a，$G_c(\omega)$ 的带宽（主瓣带宽）为 B_c，$B_c \gg B_a$，因此 $G_J(\omega)$ 与 $G_c(\omega)$ 卷积后的带宽应为 $B_c + B_a \approx B_c$，可以认为是将干扰信号的功率重新分配到 B_c 频带上，且基本上是均匀的。图 3-29 所示为直扩系统对干扰信号的相关处理过程。

对干扰而言，干扰功率在解扩后基本不变，则解扩后干扰信号功率谱密度必然降低，且与其扩展的频带的倍数成反比。所以

$$N_{J_o} = B_a \frac{1}{B_c} N_J \tag{3-62}$$

由此可得直扩系统抗窄带干扰的能力为

$$G_{PJ} = \frac{N_J}{N_{J_o}} = \frac{B_c}{B_a} = G_P \tag{3-63}$$

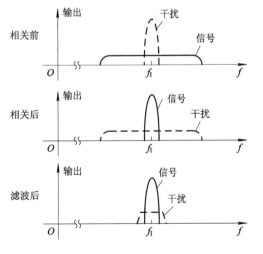

图 3-29 直扩系统对窄带干扰的处理过程

应当指出，式（3-63）是在干扰与有用信号同频等带宽条件下得到的，如果干扰信号的

频率和带宽与有用信号相偏离,其结论需有一定的修正。但总而言之,直扩系统抗窄带干扰的性能可由系统的处理增益描述。

单频干扰可看成窄带干扰的特例。因此,直扩系统对单频干扰的抗拒能力也可用其处理增益表示。

3.5.3 正弦脉冲干扰

中心频率为 f_J 的正弦脉冲调制波对直扩系统的干扰效应与上述分析方法类似,当这种干扰脉冲出现时,接收机相关器的输出信干比为

$$\frac{S_o}{N_{J_o}} = \frac{B_c}{B_a}\left[\frac{S}{N_m}\right] = \frac{B_c}{B_a}\left[\frac{S_i D_m}{N_J}\right] \tag{3-64}$$

式中,N_m 为干扰峰值功率;D_m 为占空比;N_J 为干扰脉冲的平均功率。所以,直扩系统抗正弦脉冲干扰的能力为

$$G_{PJ} = \frac{S_o/N_{J_o}}{S_i/N_J} = \frac{B_c}{B_a}D_m = G_P D_m \tag{3-65}$$

由式(3-65)知,G_{PJ} 与 G_P 成正比。

3.5.4 多径干扰和 RAKE 接收

多径干扰是一种在通信中,特别是移动通信中常见的且影响很严重的干扰,它属于乘性干扰。抗多径干扰的方法很多,扩频技术就是其中的一种。下面我们先分析多径干扰形成的原因,然后再看直扩系统如何抗多径干扰。

1. 多径干扰的概念

多径干扰是由于电波在传播过程中遇到各种反射体(如电离层、对流层、高山和建筑物等)引起的反射或散射,在接收端收到的直接路径信号与反射路径信号产生的群反射信号之间的随机干涉形成的,如图 3-30 所示。图 3-31 为多径传输基带合成波形。多径的形成与电台所处的环境、地形、地物等有关。由多径干扰信号的频率选择性衰落和路径差引起的传播时延 τ,使信号产生严重的失真和波形展宽并导致信息波形重叠。这不但能引起噪声增加和误码率上升,使通信质量降低,而且可能使某些通信系统无法工作。

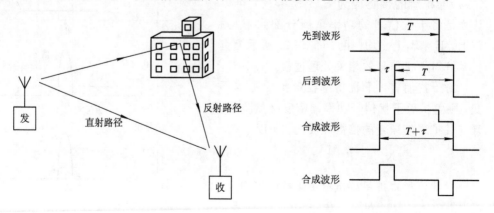

图 3-30 多径传输示意图　　　　图 3-31 多径传输基带合成波形

下面我们来分析多径传输对接收的影响。设发射信号为 $A\cos\omega_0 t$,则经过几条路径传

播后的接收信号可表示为

$$r(t) = \sum_{i=1}^{n} \mu_i(t)\cos\omega_0\left[t - \tau_i(t)\right] = \sum_{i=1}^{n} \mu_i(t)\cos\left[\omega_0 t - \varphi_i(t)\right] \qquad (3-66)$$

式中，$\mu_i(t)$、$\tau_i(t)$、$\varphi_i(t)$ 分别为第 i 条路径的接收信号的振幅、传播时延、附加相位，$\varphi_i(t) = -\omega_0\tau_i(t)$。大量观察表明，$\mu_i(t)$ 和 $\varphi_i(t)$ 随时间的变化与发射载频的周期相比通常要缓慢得多。因此，上式可改写为

$$\begin{aligned}
r(t) &= \sum_{i=1}^{n} \mu_i(t)\cos\varphi_i(t)\cos\omega_0 t - \sum_{i=1}^{n} \mu_i(t)\sin\varphi_i(t)\sin\omega_0 t \\
&= X_c(t)\cos\omega_0 t + X_s(t)\sin\omega_0 t \\
&= U(t)\cos\left[\omega_0 t + \varphi(t)\right]
\end{aligned} \qquad (3-67)$$

其中

$$U(t) = \sqrt{X_c^2(t) + X_s^2(t)} \qquad (3-68)$$

$$\varphi(t) = \arctan\frac{X_s(t)}{X_c(t)} \qquad (3-69)$$

$$X_c(t) = \sum_{i=1}^{n} \mu_i(t)\cos\varphi_i(t) \qquad (3-70)$$

$$X_s(t) = \sum_{i=1}^{n} \mu_i(t)\sin\varphi_i(t) \qquad (3-71)$$

由于 $\mu_i(t)$ 与 $\varphi_i(t)$ 可认为是缓慢变化的随机过程，因此 $U(t)$ 与 $\varphi(t)$ 以及 $X_c(t)$ 与 $X_s(t)$ 均是缓慢变化的随机过程，$r(t)$ 为一窄带过程。

　　由式(3-67)可知：第一，从波形看，多径传播的结果使单一频率的确知信号变成了包络和相位受到调制的信号，如图 3-32(a)所示，这样的信号称为衰落信号；第二，从频谱上看，多径引起了频率弥散，即由单个频率变成了一个窄带频谱，如图 3-32(b)所示。

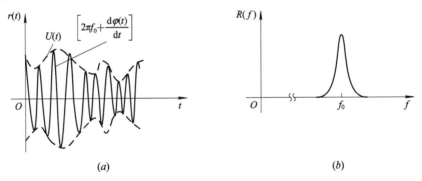

图 3-32　多径信号波形与频谱示意图

　　一般情况下，$U(t)$ 服从瑞利分布，$\varphi(t)$ 服从均匀分布，则可将 $r(t)$ 看成窄带高斯过程。多径传播造成了衰落及频率弥散，同时还可能发生频率选择性衰落。所谓频率选择性衰落，就是信号频谱中某些分量的一种衰减现象，这是多径传播的又一特征。频率选择性衰落与多径传播的相对时延差有关，多径传播的时延差(简称多径时延)通常用最大多径时延表征。设最大多径时延差为 τ_m，则定义

$$\Delta f = \frac{1}{\tau_m} \qquad (3-72)$$

式中，Δf 为多径传播媒质的相关带宽。如果传输波形的频谱宽于 Δf，则该波形将产生明显的频率选择性衰落。由此可见，为了不引起明显的频率选择性衰落，传输波形的频带必须小于多径传输媒质的相关带宽 Δf。

一般来说，数字信号传输时希望有较高的传输速率，而较高的传输速率对应有较宽的信号频带。因此，数字信号在多径媒质中传输时容易因存在选择性衰落而引起严重的码间干扰。为了减小码间干扰的影响，通常要限制数字信号的传输速率。表 3 - 1 给出了在移动通信中多径传播的典型数据。

表 3 - 1　移动通信中多径传播的典型数据

参　数	市　区	郊　区
平均时延	$1.5 \sim 2.5 \ \mu s$	$0.1 \sim 2.0 \ \mu s$
相应路径长度	$450 \sim 750$ m	$30 \sim 600$ m
最大时延(-30 dB)	$5.0 \sim 12.0 \ \mu s$	$0.3 \sim 7.0 \ \mu s$
相应的路径长度	$1.5 \sim 3.0$ km	$0.9 \sim 2.1$ km
传播时延	$1.0 \sim 3.0 \ \mu s$	$0.2 \sim 2.0 \ \mu s$
传播时延均值	$1.3 \ \mu s$	$0.5 \ \mu s$
最大有效时延扩展	$3.5 \ \mu s$	$2.0 \ \mu s$

2. 直扩系统的抗多径能力

下面首先介绍哈尔凯维奇提出的抗多径干扰的伪噪声通信概念。

如果采用香农曾提出的假设，在高斯信道上，传输的最佳信号形式是具有白噪声统计特性的信号 $\xi(t)$ 的情形，同样在双径传播的场合，接收机接收到的两路信号分别为 $\xi(t)$ 和 $\xi(t+\tau)$。假定这两路信号除存在时延差 τ 之外完全相同，于是合成信号的功率为

$$
\begin{aligned}
P &= E[\xi(t) + \xi(t+\tau)]^2 \\
&= E[\xi(t)]^2 + E[\xi(t+\tau)]^2 + 2E[\xi(t)\xi(t+\tau)] \\
&= 2P_0[1+r(\tau)]
\end{aligned}
\tag{3-73}
$$

式中，$r(\tau)$ 是 $\xi(t)$ 的归一化自相关函数，且

$$
r(\tau) = \frac{R(\tau)}{R(0)}
$$

其中，$R(\tau)$ 是 $\xi(t)$ 的自相关函数，且

$$
R(\tau) = E[\xi(t)\xi(t+\tau)]
$$

$R(0)$ 是 $\tau = 0$ 时 $\xi(t)$ 的自相关函数，也就是 $\xi(t)$ 的平均功率，即

$$
R(0) = E[\xi(t)]^2
$$

高斯白噪声的自相关函数具有 $\delta(t)$ 函数的形式，在 $\tau \neq 0$ 时有

$$
r(\tau) = 0
$$

这样就得到

$$
P = 2P_0[1+r(\tau)] = 2P_0
$$

由此可见，利用具有白噪声统计特性的信号来传输信息，当取 $\tau \neq 0$ 的任何值时，$r(\tau)$ 都为零，即这种通信系统不会发生干涉衰落，因此接收信号的平均功率因为没有干涉现象而恒

定不变，所以这种通信系统是抗多径干扰的理想系统。在实际应用中，不可能找到理想的高斯白噪声信号，因而只能使用伪随机码来逼近白噪声统计特性(当伪随机码周期 N 足够长时)，它具有与白噪声相类似的自相关函数

$$R_c(\tau) = \begin{cases} 1 - \dfrac{|\tau|}{T_c}, & |\tau| < T_c \\ 0, & |\tau| \geqslant T_c \end{cases} \tag{3-74}$$

在直接序列系统中，载荷信息的载波不再是单频正弦波 $A\cos(2\pi f_0 t)$，而是一受扩频伪随机码调制的近似带限白噪声的信号

$$\xi(t) = Ac(t)\cos(2f_0 t)$$

同样考虑两径的情况，接收机接收到的两路信号分别为 $\xi(t)$ 和 $\xi(t+\tau)$，仍然假定这两路信号除存在时延差 τ 之外完全相同，于是合成信号的功率为

$$\begin{aligned} P &= E[\xi(t) + \xi(t+\tau)]^2 \\ &= E[\xi(t)]^2 + E[\xi(t+\tau)]^2 + 2E[\xi(t)\xi(t+\tau)] \\ &= 2P_0[1 + R_c(\tau)\cos(2\pi f_0\tau)] \end{aligned} \tag{3-75}$$

式中，$P_0 = A^2/2$。

将式(3-74)代入式(3-75)中，可得

$$P = \begin{cases} 2P_0\Big[1 + \Big(1 - \dfrac{|\tau|}{T_c}\Big)\cos(2\pi f_0\tau)\Big], & |\tau| < T_c \\ 2P_0, & |\tau| \geqslant T_c \end{cases} \tag{3-76}$$

式(3-76)说明，伪随机码尖锐的自相关特性使多径波束完全独立。当 $|\tau| < T_c$ 时，反射信号与有用信号叠加，使合成信号的功率发生起伏，起伏的大小与 $|\tau|$ 和 T_c 的比值有关。所以只有当路径传播时延 $|\tau|$ 小于伪随机码的码片宽度 T_c 时，直接序列系统才发生轻度衰落(相对于常规通信体制而言)。例如当 $R_c = 10$ Mb/s，即 $T_c = 0.1\ \mu s$ 时，反射路径时延大于直达路径时延 $0.1\ \mu s$，即路程差在 30 m 以内的时候，才会出现接收信号功率发生衰落的现象。但这种衰落体现在信号幅度的变化上，不影响伪码宽度的展宽或压缩，所以不影响系统的信息传输。当多径时延 $|\tau| \geqslant T_c$ 时，反射信号与有用信号叠加，但接收信号的功率不会发生起伏衰落，此时 $R_c(\tau) = 0$，多径反射信号被直接序列系统当做噪声处理掉了。因而直扩系统具有抗多径干扰的能力，也即直扩系统对多径干扰不敏感。

3. RAKE 接收机

当多径时延 $|\tau| \geqslant T_c$ 时，接收机内如果只有一个相关器的话，那么它只能与一路信号保持伪码同步并对其进行相关处理。而其他路径信号则由于伪随机码完全不同步而被处理为噪声，对信号的解调毫无帮助。可以设想在接收机内设置多个相关器，每个相关器分别与不同的路径保持同步并对其进行相关解扩，如图 3-33 所示。

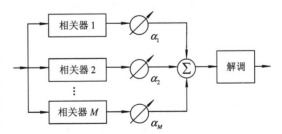

图 3-33　RAKE 接收原理图

图 3-33 所示通过调整不同相关器的伪码相位分别与不同路径信号保持同步，对其进

行解扩。之所以可以将各个路径信号分离出来，是因为伪随机码具有尖锐的自相关函数。然后按照其到达接收机的时间先后进行相应的延迟后同相合并，这就提高了进入解调电路的输入信噪比，改善了系统的误码性能，将有害的多径信号变为有利的有用信号。上面的接收机结构即为 RAKE 接收机，是一种路径分集技术。"RAKE"一词意为耙子，形象地描述了这种接收机的多分支结构。

4. 直扩系统的抗截获性能

截获敌方信号的目的在于：① 发现敌方信号的存在；② 确定敌方信号的频率；③ 确定敌方发射机的方向。

理论分析表明，信号的检测概率与信号能量和噪声功率谱密度之比成正比，与信号的频带宽度成反比。直扩信号正好具有这两方面的优势，它的功率谱密度很低，单位时间内的能量就很小，同时它的频带很宽。因此，它具有很强的抗截获性。

如果满足直扩信号在接收机输入端的功率低于或比拟于外来噪声及接收机本身的热噪声功率这个条件，则一般接收机发现不了直扩信号的存在。另外，由于直扩信号具有宽频带特性，截获时需要在很宽的频率范围进行搜索和监测，很难被发现。因此，直扩信号可以用来进行隐藏通信。

3.6　直扩系统的多址能力

多址技术是指一个系统如何使众多用户共享传输媒体，分别建立可靠的通信信道，而又使各个用户之间的信号互不干扰。在一个通信系统所能获得的频谱资源有限的情况下，多址技术即解决如何高效率地分享给定频率资源的问题。利用无线电信号的不同参量区分用户，可以实现的多址方式主要有频分多址（FDMA）、时分多址（TDMA）、码分多址（CDMA）等。FDMA 是把系统总的宽频带分成若干窄的子频带，每个子频带再分配给每个用户；TDMA 是把通信的时长分为更小的若干时隙，把每个时隙再分配给每个用户；CDMA 则是给每个用户分配一个不同的伪随机码（地址码），这些码具有优良的自相关和互相关特性，即使用户均使用同一频段且在同一时隙内通信，仍然能够利用伪码有效地区分开。

CDMA 技术正是基于直接序列扩频的。在 CDMA 系统中，每个用户使用宽带的伪随机码，可以任意长时间地占用整个给定的频带。因而影响所有用户的背景干扰和噪声来自每一个用户，即 CDMA 系统是一个自干扰系统。其通信容量受到用户间的干扰和噪声的影响，但时间和频带资源没有受到限制，在蜂窝系统中其通信容量比 FDMA 和 TDMA 的容量要大得多。

用户间的干扰称为多址干扰。多址干扰是因为区分用户的伪随机码的互相关函数不理想，即不是处处为零所造成的。下面分析孤立系统内的多址干扰情况。假设信道为高斯白噪声信道，系统内有 M 个用户，每个用户发射机输出的功率都受到控制，因而基站接收机接收到的所有用户的功率都相等。

基站接收的信号为

$$r(t) = s(t) + J(t)$$
$$= Ad_1(t - T_{1d})c_1(t - T_{1d})\cos(2\pi f_0 t + \varphi_1)$$
$$+ A\sum_{m=2}^{M} d_m(t - T_{md})c_m(t - T_{md})\cos(2\pi f_0 t + \varphi_m) \quad (3-77)$$

式中第一项为用户 1 的有用信号，即

$$s(t) = Ad_1(t - T_{1d})c_1(t - T_{1d})\cos(2\pi f_0 t + \varphi_1)$$

多址干扰信号为

$$J(t) = A\sum_{m=2}^{M} d_m(t - T_{md})c_m(t - T_{md})\cos(2\pi f_0 t + \varphi_m)$$

式中，$c_m(t)$ 为第 m 个用户的扩频码，T_{md} 为第 m 个用户的信号到达基站接收机的传播延迟。

假设基站已与用户 1 取得了同步，即 $\hat{T}_d = T_{1d}$，$c_1(t - \hat{T}_d) = c_c(t - T_{1d})$，$\hat{\varphi} = \varphi_1$，这样基站相关器输出的用户 1 的信号为

$$v_s(t) = A\int_{-\infty}^{+\infty} d_1(\alpha - T_{1d})h(t - \alpha)\mathrm{d}\alpha \quad (3-78)$$

其他多址干扰信号通过相关器后为

$$v_J(t) = A\sum_{m=2}^{M}\cos(\varphi_1 - \varphi_m)\int_{-\infty}^{+\infty} d_m(\alpha - T_{md})c_m(\alpha - T_{md})c_1(\alpha - T_{1d})h(t - \alpha)\mathrm{d}\alpha$$

$$(3-79)$$

由于低通滤波器的频带很窄，$c_m(\alpha - T_{md})c_1(\alpha - T_{1d})$ 中的大部分能量不能通过，只有其中的低频分量与 $d_m(\alpha - T_{md})$ 频谱的卷积才能通过，因而式(3-79)可近似为

$$v_J(t) = A\sum_{m=2}^{M}\cos(\varphi_1 - \varphi_m)\int_{-\infty}^{+\infty} d_m(\alpha - T_{md})R_{c_m c_1}(T_{md} - T_{1d})h(t - \alpha)\mathrm{d}\alpha$$

式中，$R_{c_m c_1}(T_{md} - T_{1d})$ 为扩频码 $c_m(\alpha - T_{md})$ 和 $c_1(\alpha - T_{1d})$ 的互相关函数。

若系统内各用户所使用的扩频码比较理想，不仅具有尖锐的自相关特性，而且具有处处约等于 0 值的互相关特性，即 $R_{c_m c_n}(\tau) \approx 0$ 对于任意的 τ，$m \neq n$ 都成立，则由式(3-79)可以看出，$v_J(t) \approx 0$，多址干扰信号不会对系统的工作造成影响。但在实际工程中，具有尖锐自相关特性同时又具有处处接近于 0 的互相关特性的扩频码很难找到，因而多址干扰在相关器后的输出不可能为 0，下面求解 $v_J(t)$ 的功率。

假设离散变量 $\varphi_m(m = 2, 3, \cdots, M)$ 在 $0 \sim 2\pi$ 上均匀分布，$v_J(t)$ 的均值为

$$E[v_J(t)] = 0$$

$v_J(t)$ 的方差为

$$D[v_J(t)] = E[v_J^2(t)]$$
$$= \frac{A^2}{2}\sum_{m=2}^{M} E[R_{c_m c_1}^2(T_{md} - T_{1d})]\int_{-\infty}^{+\infty}\int_{-\infty}^{+\infty} R_{d_m}(\alpha - \beta)h(\alpha)h^*(\beta)\mathrm{d}\alpha\mathrm{d}\beta$$
$$= \frac{A^2}{2}\sum_{m=2}^{M} E[R_{c_m c_1}^2(T_{md} - T_{1d})] \quad (3-80)$$

若系统中各用户所用的扩频码均为 m 序列码，长度为 N 的 m 序列码的互相关函数的均值和方差分别为

$$E[R_{c_m c_1}(\tau)] = \frac{1}{N^2}$$

$$D[R_{c_m c_1}] = \frac{N^3 + N^2 - N - 1}{N^4}$$

从而求得

$$E[R_{c_m c_1}^2(\tau)] = D[R_{c_m c_1}(\tau)] + \{E[R_{c_m c_1}(\tau)]\}^2 = \frac{N^2 + N - 1}{N^3} \tag{3-81}$$

将式(3-81)代入式(3-80)中，在 N 很大时

$$P_J = D[v_J(t)] \approx \frac{A^2}{2} \frac{M-1}{N} = (M-1)\frac{P}{G_P} \tag{3-82}$$

式中，$G_P = N$ 是系统的扩频处理增益。式(3-82)表明，系统中其他 $M-1$ 个用户形成的多址干扰影响，可等效为 $M-1$ 个平稳干扰源对扩频接收机的影响。每一个多址干扰信号的带宽在相关解扩过程中被扩展了，通过相关器后功率下降为 $1/G_P$，而 $M-1$ 个多址干扰又使得相关器输出的干扰信号功率增大了 $M-1$ 倍。

下面粗略估计一下码分多址直扩系统的容量。

假设一个孤立系统由一个基站和 M 个用户组成。由式(3-82)知

$$M-1 = \frac{P_J G_P}{P} \tag{3-83}$$

式中，P_J 是多址干扰信号通过相关器后的功率值。假设其功率谱均匀分布在解扩后全部信号的带宽内，则功率谱密度为

$$N_0 = \frac{P_J}{R_b} \tag{3-84}$$

接收信号的功率等于每比特能量与数据速率的乘积，即

$$P = E_b R_b \tag{3-85}$$

将式(3-84)和式(3-85)代入式(3-83)中，可得

$$M-1 = \frac{N_0 R_b G_P}{E_b R_b} = \frac{G_P}{E_b/N_0} \tag{3-86}$$

式中，E_b/N_0 为基站解调器的品质因素。上式给出了扩频系统用户数与解调时所要求的 E_b/N_0 之间的关系表达式。

可以定性地说，在码分多址直接序列扩频系统中，用户容量数 M 和扩频处理增益 G_P 成正比(当 $M \gg 1$ 时)，即系统内的用户数量随着系统扩频处理增益的增加而增加。

以上讨论的是一个孤立系统的情况。而在一个实际系统中，有两个因素应当考虑：

(1) 对一个蜂窝码分多址直扩系统来讲，小区中的全部用户都占有同一频带。所以在分析系统容量时，必须考虑其他小区的用户对本小区中的每个用户的干扰。理论研究与经验表明，如果所有用户均匀分布在每个小区内，并且基站能恰当地控制用户发送的功率，那么所有其他小区产生干扰的总和大约是本小区内所有其他用户产生干扰的 2/3，即相对干扰因子 $\xi = 0.6$。

(2) 当话音(或数据)停顿或减小的时候，停止传送或至少应该降低传输速率或功率。对于均匀分布的所有用户来说，这样做可以减小用户的平均输出功率，可以减小每个用户所受到的干扰。只要用户总数足够大，则由大数定理表明，干扰在大多数情况下将保持在均值附近。这样，系统用户容量随着总的传送速率的减小而成比例地增大。这一比率称为

话音激活增益 G_V。大量的双向电话通话统计数据已经证实，话音活动只占全部通话时间的 $3/8$，即 $G_V = 8/3 = 2.67$。

考虑相对干扰因子的影响，式(3-86)所示的系统容量需降低为 $1/(1+\xi)$；考虑到话音激活增益 G_V 的影响，式(3-86)所示的系统容量可以增大 G_V 倍。这样式(3-86)可修正为

$$M - 1 = \frac{G_P}{E_b/N_0} \cdot \frac{G_V}{1+\xi} \tag{3-87}$$

通常 $M \gg 1$，上式可简化为

$$M = \frac{G_P}{E_b/N_0} \cdot \frac{G_V}{1+\xi} \tag{3-88}$$

以上分析给出的码分多址直扩系统可容纳用户数的公式(3-88)，只是一个粗略的估计，其目的是概括说明码分多址直扩系统用户数量的基本参数，给出用户容量和系统处理增益之间的基本关系。

3.7　直扩系统的测距能力

利用伪随机码进行通信，最早是从测距和导航方面发展起来的。对目标的探测有很多方法，最主要的方法是利用无线电测距。距离是根据无线电波往返时延 τ 和其速度 c 求出的。但是，测量距离越大，由目标处反射回来的信号就越弱，接收检测也就越困难。如果要加大发射功率，又受到一定的限制，因为脉冲功率的加大，必须加宽发射脉冲的宽度，所以测量脉冲持续时间也加大了，测量距离的精度也随着脉冲宽度的加宽而下降。显然测距要远，发射脉冲宽度就得大；测距精度(分辨率)要高，发射脉冲宽度就得小。这是互相矛盾的要求，消除这个矛盾的新技术方法就是采用扩频通信技术。这方面应用最成功的例子就是导航卫星定时测距全球定位系统(GPS)。

应用直扩系统传送测距脉冲，可以利用伪随机码尖锐的自相关特性，采用相关检测的方法，使测距收、发信机的抗干扰能力大大加强，测距的精度得到提高。图 3-34 是直扩技术在无线电测距系统中的应用原理图。

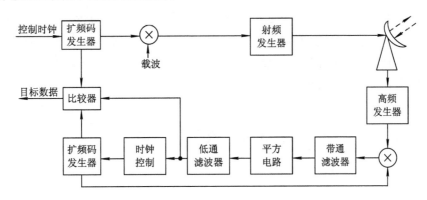

图 3-34　直扩测距原理图

发送端利用 m 序列对发射机进行直接扩展频谱调制，经放大后，通过双工器和天线将

测距信号发射出去。扩频码码片宽度为 T_c，周期为 P。设 $T=PT_c$，即扩频码周期正好是雷达发射脉冲的宽度，则发射信号为

$$s(t) = \sqrt{2P}c(t)\cos(2\pi f_0 + \varphi_0)$$

由目标反射的回波信号是发射信号的衰减延迟和噪声，则接收信号为

$$r(t) = \alpha\sqrt{2P}c(t-\tau)\cos(2\pi f_0 + \varphi) + n(t)\cos(2\pi f_0 + \varphi)$$

用接收参考扩频码 $c(t-\hat{\tau})$ 对接收信号进行相关解扩，其输出为

$$U(t) = \alpha\sqrt{2P}c(t-\tau)c(t-\hat{\tau})\cos(2\pi f_0 + \varphi) + n(t)c(t-\hat{\tau})\cos(2\pi f_0 + \varphi)$$

设相关解扩后的低通滤波器的带宽为 $2/T$。这样经过平方电路和低通滤波器后，输出的信号为

$$v(t) = \alpha^2 PTR_c^2(\tau - \hat{\tau}) + n'(t) \qquad (3-89)$$

该信号只有当 $\tau=\hat{\tau}$ 时，解扩后的输出信号才有最大值。如果 $n(t)$ 为高斯白噪声，其双边功率谱密度为 $N_0/2$，则接收回波的解调信噪比为 $(S/N)_0 = 2\alpha^2 PT/N$。可见 T 越大，信噪比越高，测距越远。低通滤波器的输出作为控制信号不断调整着本地伪码的时钟，直到找到与接收的伪码同步的相位。这是一个捕获的过程，捕获完成的标志就是低通滤波器输出最大的相关峰。这时本地 m 序列与发送端 m 序列的相位差就表明了收发 m 序列之间的时间差，也就是测量信号的传播时延 τ，利用公式

$$d = \frac{1}{2}c\tau \qquad (3-90)$$

其中 c 为光速，便可算出与目标的距离。

既然利用伪码的相位差计算传输时延，那么可度量的最小的伪码相位差就是一个码片，其对应的时间为 T_c，则距离测量分辨率为

$$\Delta d = \frac{1}{2}cT_c \qquad (3-91)$$

显然测距分辨能力仅与扩频码的码元宽度 T_c 有关。另外，可度量的最大的伪码相位差为一个伪码长度（周期）P，那么对应的最大测量距离就为

$$d_{max} = \frac{cPT_c}{2} = \frac{cT}{2} \qquad (3-92)$$

可见在发射功率一定的情况下，其最大测量距离与扩频码周期 T 有关，T 越大，d_{max} 越大。因此，在测距中要求 T_c 尽可能小，码长 P 尽可能大，这样可以达到既使测量距离大，又使测量精度高的目的。这就解决了常规脉冲雷达系统测量距离与距离分辨能力之间的矛盾。这是扩频技术广泛用于测距中的重要原因。

3.8 软 扩 频

在一些系统中，如 TDMA、CDMA、无线局域网等，由于数据率很高，其速率可达数兆比特每秒甚至更高，为了提高系统的抗干扰性能，应采用扩频技术。若采用一般的扩频技术，其伪随机码速率就很高，射频带宽就非常宽，在一些频带受限的情况下，难以满足

系统的要求，故多采用一种软扩频技术。

所谓的软扩频又称为缓扩频，即进行频谱的某种缓慢扩展变化。它与上面讲的直扩技术有如下不同之处：一般的直扩实现是将信息码与伪随机码进行模 2 加来获得扩展后的序列，并且一般的扩频伪随机码的切普速率 R_c 远大于信息码元速率 R_a，$R_c/R_a = N$ 为整数。而软扩频则不然，软扩频一般采用编码的方法来完成频谱的扩展，即用几位信息码元对应一条伪随机码，扩展的倍数不大且不一定是整倍数。图 3-35 为软扩频的实现框图。

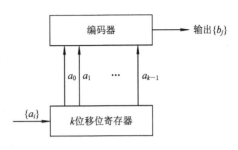

图 3-35　软扩频的实现框图

软扩频实际上是一种 (N,k) 的编码，用长为 N 的伪随机码去代表 k 位信息。k 位信息有 2^k 个状态，则需 2^k 条长为 N 的伪随机码代表 k 位信息码的 2^k 个状态，其扩展频率为 N/k。如美国的 JTIDS 为 $(32,5)$，扩频系数为 6.4，它由一条长为 32 chip 的伪随码去对应位信息码。一条长为 32 chip 的伪随机码的 32 条位移序列，正好对应 5 位信息码的 32 个状态，即伪随机码的 32 条位移序列与 5 位信息码的 32 个状态一一对应。由此可见，软扩频就是实现 (N,k) 的编码，用 k 位信息码的状态，去确定这 k 位信息码的状态对应的长为 N 的伪随机码，不同的状态对应于不同的伪随机码，从而完成扩频。所用 2^k 条长为 N 的伪随机码，可以是 2^k 条伪随机码，也可以是一条或多条伪随机码及其位移序列。

设信息码为 $a(t)$：

$$a(t) = \sum_{n=0}^{\infty} a_n g_a(t - nT_a) \tag{3-93}$$

将 $a(t)$ 分段，每 k 位为一段，可得

$$a(t) = \sum_{i=0}^{\infty} a_k(t - iT) \tag{3-94}$$

这里

$$a_k(t) = \sum_{l=0}^{k-1} a_l g_a(t - lT_a) \tag{3-95}$$

$T = KT_a = NT_c$，为一伪随机码的周期，求 $a_k(t)$ 的权值，得

$$m = \sum_{l=0}^{k-1} a_l 2^l \tag{3-96}$$

则 m 就是对应的 2^k 条伪随机码的编号。若所用伪随机码为 $c_j(t)$，$j = 0,1,2,\cdots,2^k-1$，则

$$c_j(t) = \sum_{n=0}^{\infty} c_{jn} g_c(t - nT_c) \tag{3-97}$$

式中：c_{jn} 为伪随机码的码元（切普）；$g_c(t)$ 为门函数。

这样，经扩展后的扩频序列为

$$b(t) = \sum_{i=0}^{\infty} c_m(t - iT) \tag{3-98}$$

式中，$c_m(t)$ 的下标 $a_k(t-iT)$ 对应的权值，即由式（3-96）确定。

由于采用 (N,k) 编码，共需 2^k 条长为 N 的伪随机码作为扩频码，因此要求用的伪随

机码的条数要多，可供选择的余地要大。由于用不同的伪随机码去表示 k 位信息的不同状态，因此所用的 2^k 条伪随机码之间的码距要大，相关特性要好。确切地讲，希望这 2^k 条伪随机码的自相关特性要好、互相关特性以及部分相关特性都要好，这样才能保证在接收端较好地完成扩频信号的解扩或解码。换句话说，要求这 2^k 条伪随机码正交。因此在某些场合，又把这种软扩频称为正交码扩频。

3.9　直扩系统的特点

直扩系统的特点主要有以下几个方面：

（1）具有较强的抗干扰能力。扩频系统通过相关接收，将干扰功率扩展到很宽的频带上去，使进入信号频带内的干扰功率大大降低，提高了解调器输入端的信干比，从而提高了系统的抗干扰能力，这种能力的大小与处理增益成正比。

（2）具有很强的隐蔽性和抗侦察、抗窃听、抗测向的能力。扩频信号的谱密度很低，可使信号淹没在噪声之中，不易被敌方截获、侦察、测向和窃听。直扩系统可在 $-15 \sim -10$ dB 乃至更低的信噪比条件下工作。

（3）具有选址能力，可实现码分多址。扩频系统本来就是一种码分多址通信系统。用不同的码可以组成不同的网，组网能力强，其频谱利用率并不因占用的频带扩展而降低。采用多址通信后，频带利用率反而比单频单波系统的频带利用率高。

（4）抗衰落，特别是抗频率选择性能好。直扩信号的频谱很宽，一小部分衰落对整个信号的影响不大。

（5）抗多径干扰。直扩系统有较强的抗多径干扰的能力，多径信号到达接收端，由于利用了伪随机码的相关特性，只要多径时延超过伪随机码的一个切普，则通过相关处理后，可消除这种多径干扰的影响，甚至可以利用这些多径干扰的能量，提高系统的信噪比，改善系统的性能。

（6）可进行高分辨率的测向、定位。利用直扩系统伪随机码的相关特性，可完成精度很高的测距和定位。

习　　题

1. 直接序列扩频信号具有 $\mathrm{Sa}^2(x)$ 型功率谱，信号的 3 dB 带宽是多少？与主瓣峰值比较，第一个旁瓣的峰值功率电平是多少？

2. 若相关器输入的干扰/信号功率比为 20 dB，处理增益为 33 dB，系统的处理损耗为 3 dB，则相关器的滤波器输出信噪比为多少？

3. 一直扩系统采用 BPSK 调制，其扩频码速率为 R_c，信息速率为 R_b，则在接收端前置滤波器的带宽通常取为多少？相关解扩器后的带通滤波器的带宽通常取为多少？

4. 试以窄带干扰为例，解释一下直扩系统抗干扰的机理。

5. 一多径信号的多径时延 $\tau = 1~\mu\mathrm{s}$，则直扩系统为了克服这样的多径干扰需要扩频码的速率至少为多少？为什么？

6. 多径干扰和多址干扰是一回事吗？对于直接序列扩频系统，抗多径干扰和抗多址干扰对扩频码的要求一样吗？

7. 直扩系统中，影响相关解扩性能的因素有哪些？如何克服不利影响？

8. 什么是远近效应问题？直扩系统如何克服远近效应？

9. 扩频处理增益为 20 dB 的直扩系统，若接收机解调器要求的 E_b/n_0 是 7 dB，可容纳的最大用户数是多少？

10. 利用直扩技术测距，若要提高测距精度和最大测量距离，应该改变直扩技术的什么参数？

11. RAKE 接收技术为什么能够分离不同路径的信号？各个路径信号的合并技术有哪些？

第 4 章　跳频通信系统

扩频方式除了直接序列扩频外，还有跳频、跳时以及线性调频等。每种方式都有其特点和应用领域。本章以跳频系统为主，将继续分析应用面最广泛的跳频系统、线性调频以及混合系统的技术原理和技术特点，以期读者能够对扩频技术有较全面和深入的理解。

4.1　跳频系统简介

跳频系统的载频受一伪随机码的控制，不断地、随机地跳变，可看成载频按照一定规律变化的多频频移键控(MFSK)。与直扩系统相比较，跳频系统中的伪随机序列并不直接传输，而是用来选择信道。跳频系统从 20 世纪 60 年代后期开始，发展便非常迅速。不少专家预言，未来的战术通信设备非跳频电台莫属。

跳频系统的组成如图 4-1 所示。用信源产生的信息流 $a(t)$ 调制频率合成器产生的载频，得到射频信号。频率合成器产生的载频受伪随机码的控制，按一定规律跳变。跳频系统的解调多采用非相干或者差分解调，因而调制方式多采用模拟的 FM 和数字的 MFSK 等可进行非相干解调的调制方式。

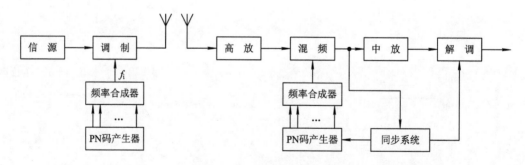

图 4-1　跳频系统的组成框图

在接收端，接收到的信号与干扰信号经高放滤波后送至混频器。接收机的本振信号也是一频率跳变信号，跳变规律是相同的。两个频率合成器产生的频率相对应，但对应的频率有一频差 f_1，正好为接收机的中频。只要收发双方的伪随机码同步，就可使收发双方的跳频源——频率合成器产生的跳变频率同步，经混频器后，就可得到一不变的中频信号，然后对此中频信号进行解调，就可恢复出发送的信息。而对干扰信号而言，由于不知道跳频频率的变化规律，与本地的频率合成器产生的频率不相关，因此，不能进入混频器后面的中频通道，不能对跳频系统形成干扰，这样就达到了抗干扰的目的。在这里，混频器实际上担当了解跳器的角色，只要收发双方同步，就可将频率跳变信号转换成一固定频率（中频 f_1）的信号。

4.2　跳频系统的信号分析

设信源产生的信号 $a(t)$ 为双极性数字信号，则

$$a(t) = \sum_{n=0}^{\infty} a_n g_a(t - nT_a) \tag{4-1}$$

式中：a_n 为信息码，取值为 $+1$ 或 -1。

$$g_a(t) = \begin{cases} 1, & 0 \leqslant t \leqslant T_a \\ 0, & \text{其他} \end{cases} \tag{4-2}$$

T_a 为信息码元宽度。

调制采用 FSK 调制。由频率合成器产生的频率为 f_i，则

$$f_i \in \{f_1, f_2, f_3, \cdots, f_N\} \tag{4-3}$$

即 f_i 在 $(i-1)T_h \leqslant t < iT_h$ 内的取值为频率集 $\{f_1, f_2, f_3, \cdots, f_N\}$ 中的一个频率，由伪随机码确定，T_h 为每一频率（每一跳）的持续时间或驻留时间。这样，用 $a(t)$ 去调制频率合成器产生的频率 f_i，可得射频信号为

$$s(t) = a(t)\cos\omega_i t \tag{4-4}$$

接收端收到的信号为

$$r(t) = s(t) + n(t) + J(t) + s_J(t) \tag{4-5}$$

式中：$s(t)$ 为信号分量；$n(t)$ 为噪声分量（高斯白噪声）；$J(t)$ 为干扰信号分量；$s_J(t)$ 为不同网的跳频信号。

接收端频率合成器产生的频率受与发端相同的伪随机码产生器的控制，产生的频率 f_j' 为接收频率合成器产生的频率集中的一个，即有

$$f_i \in \{f_1 + f_1, f_2 + f_1, f_3 + f_1, \cdots, f_N + f_1\} \tag{4-6}$$

在混频器中，接收到的信号与本振相乘，得

$$\begin{aligned} r(t)\cos\omega_j' t &= s(t)\cos\omega_j' t + n(t)\cos\omega_j' t + J(t)\cos\omega_j' t + s_J(t)\cos\omega_j' t \\ &= s'(t) + n'(t) + J'(t) + s_J'(t) \end{aligned} \tag{4-7}$$

下面分别讨论式(4-7)中的四个分量。首先看信号分量 $s'(t)$，即

$$s'(t) = s(t)\cos\omega_j' t = a(t)\cos\omega_i t\,\cos\omega_j' t \tag{4-8}$$

现已知收发两端的频率合成器产生的频率是一一对应的，且受相同的伪随机码的控制，控制方式是相同的，只是两个伪随机码的初始相位可能不同。若使两伪随机码的初始相位相同，即同步，就可使收发双方的频率合成器产生的频率同步，即有 $i=j$。这样，收端频率合成器产生的频率正好比发端的频率高出一个中频 f_1（也可低一个中频），经混频，取下边带，可得信号分量为

$$\begin{aligned} s'(t) &= a(t)\cos\omega_i t \cdot \cos\omega_j' t \\ &= \frac{1}{2}a(t)[\cos(\omega_j' - \omega_i)t + \cos(\omega_j' + \omega_i)t] \end{aligned} \tag{4-9}$$

经滤波后为

$$s''(t) = \frac{1}{2}a(t)\cos(\omega_j' - \omega_i)t = \frac{1}{2}a(t)\cos\omega_i t \qquad (4-10)$$

为一固定中频信号，与非跳频系统送入解调器的信号是相同的，经解调后，可恢复出传送的信息 $a(t)$，从而完成信息的传输。

对 $n'(t)$ 分量，由于 $n(t)$ 为高斯白噪声，经混频后，噪声分量与一般的非跳频系统一样，没有变化，也就是说，跳频系统对白噪声无处理增益。

对干扰分量 $J'(t)$，由于不知道跳频频率的变化规律，即不能得到跳频系统的信息，经混频后，被搬移到中频频带以外，不能进入解调器，也就不能形成干扰，从而达到了抗干扰的目的。$J(t)$ 要有效地干扰跳频信号 $s(t)$，就必须与 $s(t)$ 的频率始终相同，否则是无能为力的。

$s_j'(t)$ 分量是由其他网产生的跳频信号，不同网有不同的跳频图案。在组网时，已考虑到了不同网之间的相互干扰问题，即应使其频率跳变是正交的，互不重叠。不同网的信号由于频率跳变的规律不同，故不能形成干扰。

从跳频系统的信号分析来看，跳频系统的抗干扰机理是这样的：发送端的载频受伪随机码的控制，不断地、随机地改变，躲避干扰。在接收端，用与发端相同的伪随机码控制本地频率合成器产生的频率，使之与发端的载频同步跳变，混频后使之进入中频频带内；对于干扰信号，由于不知道跳频系统的载频变化规律，经接收机接收，不能进入中频频带内，也就不能形成干扰。这样，跳频系统就达到了抗干扰的目的。由此可见，跳频系统的抗干扰机理与直扩系统是不同的。跳频系统以躲避干扰的方式抗干扰，可以认为是一种主动式抗干扰方式；而直扩系统用把干扰功率分散的方法来降低干扰功率，提高解调器的输入信干比，以此来达到抗干扰的目的，故可以认为是一种被动式的抗干扰方式。

下面讨论跳频系统抗干扰性能的指标——处理增益。

设在一射频频带 $B_{射频}$ 内，等间隔地分为 N 个频道，即可用频率数为 N，频率间隔为 Δf，信息带宽为 B_a。在计算处理增益时应该考虑相邻瞬时频带是否交叠的影响。如果各个瞬时频带相邻或者互相重叠，则按照处理增益为射频带宽与信息带宽之比可得

$$G_P = \frac{B_{射频}}{B_a} \leqslant N$$

由此可见，跳频系统的抗干扰性能即处理增益是与跳频系统的可用频道数 N 成正比的，N 越大，射频带宽 $B_{射频}$ 越宽，抗干扰能力越强。

4.3　跳频系统的跳频图案

4.3.1　跳频图案的概念和设计要求

跳频系统中载波频率的跳变规律是关乎跳频系统性能的关键问题，它决定了系统的抗干扰能力和组网能力。用来控制载频跳变的多值序列通常称为跳频序列。载波频率跳变的规律称为跳频图案或跳频图样。因此，控制频率跳变的规律有两种表示方法。一种是时频

矩阵表示法,如图 4 - 2 所示,横轴是时隙,纵轴是频隙。另一种是序列表示法,用符号或数字表示。图 4 - 2 对应的序列表示为{2,4,1,5,3,6}。

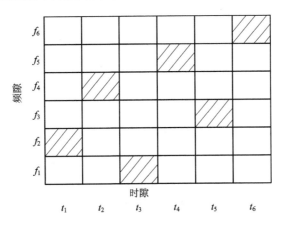

图 4 - 2　跳频系统的时频矩阵图

在跳频序列控制下,载频以某种既随机又确定的方式跳变,载频跳到某一频率时,已调信号占据了中心频率在跳频点附近的一个狭窄的频带,也称频隙,在下一个跳频时刻又跳到另一个频隙。发射机和接收机以同样的规律控制频率在较宽的范围内变化,虽然瞬时信号带宽较窄,但宏观信号带宽很宽,这就实现了频谱的扩展。另一方面,跳频组网时跳频序列可作为地址码,即给每个用户分配一个跳频序列作为地址码,发射机根据接收机的地址码选择通信对象。当许多用户在同一频段同时跳频工作时,跳频序列是区分每个用户的标志。

根据跳频系统的实际应用和出于对跳频序列应具有的性质的考虑,在设计跳频序列时,通常要考虑以下几个方面:

(1)每一个跳频图案都可以使用频隙集合中的所有频隙,以实现最大的处理增益。

(2)跳频序列集合中的任意跳频序列,在允许的时延情况下,各种跳频图案间可能重叠的频隙数最小。

(3)为了实现多址通信要求,提高跳频系统的保密性能,给定一个允许的重叠准则,其构成的跳频图案的数目应是最大的。

(4)在某些工程应用中,要求跳频序列能控制实现宽间隔跳频,即要求在相邻的时隙内发射的两个载频间隔大于某个规定的值。

(5)为了使跳频系统具有良好的抗干扰性能,应使各频率在一个序列周期中出现的次数基本相同,即要求跳频序列具有均匀性。

(6)跳频序列应具有较好的随机性和较大的线性复杂度,以保证系统的安全性。

(7)跳频序列产生的电路比较简单。

目前,作为跳频序列用得较多的伪随机码是 m 序列、M 序列和 R - S 码。m 序列是跳频图案常用的控制码,它容易产生,但从保密的观点看,这种跳频图案用在通信系统中是有不足之处的,因为如果采用计算机模拟,人们就能够较为容易地找到其规律性,而且 m 序列的密钥量也不够大,故这种跳频图案用在高保密跳频通信系统中不是很理想,但在一般情况下还是可用的。M 序列条数比 m 序列多得多,是非线性移位寄存器序列,因而可产生的跳频图案也就多，保密性强。R－S码是一种最佳的近似正交码，用户数多，实现容易，是一种理想的跳频控制码。

实际应用中，跳频图案并不是简单地由伪随机码直接产生，而是通过一种复杂的变换关系得到的。如许多战术跳频电台，其跳频图案的产生是由带时间信息的参量（TOD，Time of Day）、原始密钥（PK，Prime Key）和伪随机码一起（模 2 加后）经非线性变换后，确定出跳频图案的。这种跳频图案由于考虑了时间信息，因而是一种时变的跳频图案，经过多重加密，大大增加了破译跳频图案的难度。

4.3.2 m序列生成跳频序列

利用 m 序列构造跳频序列最常用的方法是抽头选取方法。1974 年，A. Lempel 和 H. Greenberger 提出了著名的 L－G 模型来构造跳频序列，即用基于有限域上的 n 级 m 序列发生器上的 r 个相邻级与某个 r 重序列逐项模 2 相加后产生的跳频序列去控制频率合成器，如图 4－3 所示。

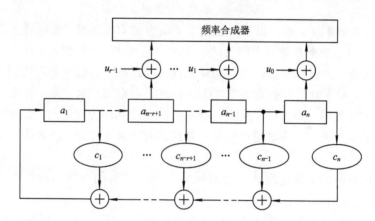

图 4－3 Lempel－Greeenberger 模型

下面我们举例说明利用 L－G 模型构造跳频序列的方法。

例如，有一个 $n=6$ 级 m 序列发生器，其本原多项式为 $f(x)=x^6+x+1$，利用其寄存器的第 1 级、第 2 级和第 3 级 3 个连续的相邻级和 3 重序列 $u_0 u_1 u_2$ 逐项模 2 相加后产生的跳频序列去控制频率合成器，跳频序列生成规则为

$$s_u(j) = 4\big[(a_j+u_0)\bmod 2\big] + 2\big[(a_{j+1}+u_1)\bmod 2\big] + \big[(a_{j+2}+u_2)\bmod 2\big]$$

$$(4-11)$$

这样得到的跳频序列族的 8 个（即 2^3 个）序列如下：

$S_0=\{7,7,7,7,6,5,2,5,2,5,3,6,4,1,3,6,5,3,7,6,5,3,6,5,2,4,1,$
$\quad 2,4,1,3,7,6,4,0,1,2,5,3,7,7,6,4,1,2,5,2,4,0,1,3,6,4,0,$
$\quad 0,1,2,4,0,0,0,1,3\}$

$S_1=\{6,6,6,6,7,4,3,4,3,4,2,7,5,0,2,7,4,2,6,7,4,2,7,4,3,5,0,$
$\quad 3,5,0,2,6,7,5,1,0,3,4,2,6,6,7,5,0,3,4,3,5,1,0,2,7,5,1,$
$\quad 1,0,3,5,1,1,1,0,2\}$

$\quad \vdots$

$S_7 = \{0, 0, 0, 0, 1, 2, 5, 2, 5, 2, 4, 1, 3, 6, 4, 1, 2, 4, 0, 1, 2, 4, 1, 2, 5, 3, 6,$
$\qquad 5, 3, 6, 4, 0, 1, 3, 7, 6, 5, 2, 4, 0, 0, 1, 3, 6, 5, 2, 5, 3, 7, 6, 4, 1, 3, 7,$
$\qquad 7, 6, 5, 3, 7, 7, 7, 6, 4\}$

可以看出，按 L - G 模型所得跳频序列的最长游程为 4，并且在一个频率上滞留的时间较长，易于被非法接收机检测，不利于对抗敌方的截获和干扰。实际上依据 m 序列的特性，序列中会出现连续 n 位相同的码元 x，这样输入到频率合成器的是连续 $n-r+1$ 次跳变的相同的 r 位 x，所以跳频信号会在某个频率上滞留相当长的时间。针对这个问题，人们又提出非连续抽头模型，可以部分解决频率滞留问题。

图 4 - 4 给出了非连续抽头模型。

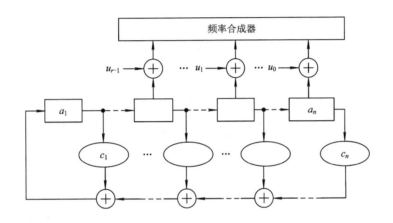

图 4 - 4　非连续抽头模型

仍以本原多项式 $f(x) = x^6 + x + 1$ 产生的 m 序列为例，按照非连续抽头模型选取 3 个非相邻级作为抽头，产生跳频序列，跳频序列生成规则为

$$s_u(j) = 4[(a_j + u_0)\bmod 2] + 2[(a_{j+2} + u_1)\bmod 2] + [(a_{j+4} + u_2)\bmod 2] \quad (4-12)$$

得到的跳频序列族的 8 个序列如下：

$S_0 = \{7, 7, 6, 7, 4, 7, 0, 7, 1, 6, 2, 5, 5, 2, 3, 5, 7, 2, 7, 5, 6, 3, 4, 6, 1, 4, 2,$
$\qquad 1, 5, 3, 2, 6, 4, 5, 0, 3, 1, 7, 3, 6, 6, 5, 4, 3, 0, 6, 0, 5, 1, 2, 2, 4, 4, 1,$
$\qquad 0, 2, 0, 4, 0, 1, 1, 3, 3\}$

$S_1 = \{6, 6, 7, 6, 5, 6, 1, 6, 0, 7, 3, 4, 4, 3, 2, 4, 6, 3, 6, 4, 7, 2, 5, 7, 0, 5, 3,$
$\qquad 0, 4, 2, 3, 7, 5, 4, 1, 2, 0, 6, 2, 7, 7, 4, 5, 2, 1, 7, 1, 4, 0, 3, 3, 5, 5, 0,$
$\qquad 1, 3, 1, 5, 1, 0, 0, 2, 2\}$

$\vdots$

$S_7 = \{0, 0, 1, 0, 3, 0, 7, 0, 6, 1, 5, 2, 2, 5, 4, 2, 0, 5, 0, 2, 1, 4, 3, 1, 6, 3, 5,$
$\qquad 6, 2, 4, 5, 1, 3, 2, 7, 4, 6, 0, 4, 1, 1, 2, 3, 4, 7, 1, 7, 2, 6, 5, 5, 3, 3, 6,$
$\qquad 7, 5, 7, 3, 7, 6, 6, 4, 4\}$

可以看出，上述各序列的最长游程为 2，小于连续抽头 L - G 模型的游程，相对减少了频隙滞留时间，性能更好。

另外，基于 m 序列构造跳频序列的方法还有时钟采样模型和一般模型，图 4 - 5 和图

4-6分别给出了这两种模型结构。其中，时钟采样模型利用 m 序列发生器的 r 个相邻级去控制频率合成器，控制 m 序列的时钟和驱动频率合成器的时钟不同（即对序列进行采样）；而一般模型利用 m 序列发生器的任意 r 级（相邻级和非相邻级均可）去控制频率合成器，并且控制 m 序列的时钟和驱动频率合成器的时钟可以不同（即对序列进行采样）。在构造跳频序列族时，要注意选取采样时钟 R，使之满足 $\gcd(2^n-1, R)=1$，这样才能得到周期为 $P=2^n-1$ 的跳频序列，否则序列周期降为 $P=(2^n-1)/\gcd(2^n-1, R)$。

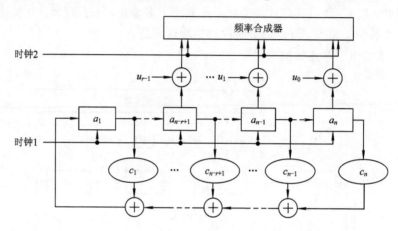

图 4-5 时钟采样模型

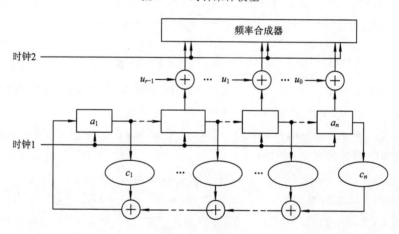

图 4-6 一般模型

上述对 L-G 模型改进的三种模型，均可以解决 L-G 模型中存在的最严重的频率滞留问题。依据一个 m 序列只能构造一族 L-G 序列，依据非连续抽头模型共有 $C_{n-1}^{r-1}-1$ 种选择，依据时钟采样模型共有 $\Phi(2^n-1)-1$ 种选择，而依据一般模型共有 $C_{n-1}^{r-1}\Phi(2^n-1)$ 种选择，因而改进模型具有更大的灵活性和更大的可选择性，有利于通信的保密性。

4.3.3 R-S 码生成跳频序列

R-S 码可由产生 m 序列的 n 级线性移位寄存器状态与编码选取寄存器状态作模 2 加来产生。利用生成的 R-S 码控制频率合成器可以产生跳频序列，原理如图 4-7 所示。各求和值与跳变频率相一致，则本次频率与前次频率之间的间隔，是求和值之间的间隔。如

4 级移位寄存器，其频率最大间隔为 8，一周期中仅发生一次，其余频率间隔为 7、6、5、4、
3、2、1，每周期各发生 2 次，如表 4-1 所示。

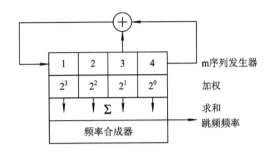

图 4-7 用 m 序列作跳频频率合成器

表 4-1 R-S 码生成的频率间距表

状态	加权				求和	频率间隔	状态	加权				求和	频率间隔
	2^3	2^2	2^1	2^0				2^3	2^2	2^1	2^0		
1	1	1	1	1	15	1	9	1	0	0	1	9	6
2	0	1	1	1	7	8	10	0	1	0	0	4	5
3	1	0	1	1	11	4	11	0	0	1	0	2	2
4	0	1	0	1	5	6	12	0	0	0	1	1	1
5	1	0	1	0	10	5	13	1	0	0	0	8	7
6	1	1	0	1	13	5	14	1	1	0	0	12	4
7	0	1	1	0	6	7	15	1	1	1	0	14	2
8	0	0	1	1	3	3							

又如利用 R-S 码构造可供 8 个用户使用的跳频序列族，每个用户有 8 个跳频点，且
按规律跳变，如图 4-8 和表 4-2 所示。每个用户使用不同的编码选取，构造的跳频序列
都是正交的，即不会重叠。

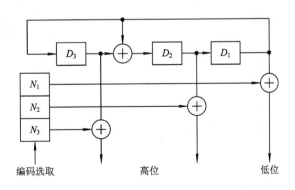

图 4-8 3 阶 R-S 码发生器

表 4 - 2　3 阶 R - S 码

编码选取				R - S 编码							
0　0　0	1		7	6	5	2	4	1	3
1　0　0	2		6	7	4	3	5	0	2
0　1　0	3		5	4	7	0	6	3	1
1　1　0	4		4	5	6	1	7	2	0
0　0　1	5		3	2	1	6	0	5	7
1　0　1	6		2	3	0	7	1	4	6
0　1　1	7		1	0	3	4	2	7	5
1　1　1	8		0	1	2	5	3	6	4

4.4　跳频系统的发送端

由于很难做到使频率合成器的相位保持相干性，并且信号在信道中传播时，若从一个频率经过很宽的带宽跳到另一个频率，要保持相位相干也是很困难的，因此，许多跳频系统采用非相干或差分相干数据调制方案，最常用的是 MFSK、FM 等调制方式。数字调制时，系统可选的载频很多，利用数字信息与伪码序列的状态控制频率合成器的输出频率，使发射信号的载频不断跳变，所以跳频系统实际上是一个"多频、选码和频移键控"系统。

4.4.1　信息的调制方式

跳频系统中信息的调制方式是很灵活的，无论是模拟信息还是数字信息均可调制。而在直扩系统中必须先把模拟信息数字化后才能进行调制。在跳频系统中，通常采用 2FSK 或者 MFSK 来传输数字信号。

在 2FSK 跳频系统中，频率合成器输出信号的频率不仅受跳频序列的控制，同时还受信息信号的控制，即当跳频序列一定时，频率合成器输出信号的频率取决于当前信息信号是比特"0"还是比特"1"。信息比特"1"控制输出传号频率，而信息比特"0"控制输出空号频率，传号频率和空号频率可能相邻也可能相隔很远，它们代表了相同的生成跳频序列的伪码状态，但同时又分别表示不同的信息比特"1"或者"0"。

在多进制的 MFSK 跳频系统中，发射机在每一跳的时间内从对应的数据输入的一组 M 个频率信号中选择一个发射信号，而不是只从两个频率信号中选择一个。例如对于 2 比特信息，发射机某个瞬时从 4 个候选的频率信号中选择一个来发射，这时每一跳将能传输 2 比特信息。4 个候选的频率信号中每一个都对应于 4 个可能的二进制 2 比特数据组 00，01，10，11 中的一个。这 4 个频率围绕某个中心频率分布，它们之间有确定的关系。频率的跳变是从一跳的中心频率跳变到另一跳的中心频率，中心频率的跳变受生成跳频序列的伪码控制。由于有数据调制，中心频率会发生偏移，根据传送的数据，中心频率偏移到 4 个频率中的某一个频率。因此，除非为了实现同步，否则每一跳的中心频率从不发射。

4.4.2　常用的非相干跳频系统

一般跳频系统可根据跳频速率(简称跳速)分为快速跳频(FFH)、中速跳频(MFH)和慢速跳频(SFH)。有两种划分方式可确定快、慢速跳频。第一种是将跳速(R_h)与信息速率(R_a)相比较来划分,若跳速 R_h 大于信息速率 R_a,即 $R_h > R_a$,则为快速跳频;反之,$R_h < R_a$,则为慢速跳频。另一种划分方式是以跳速来划分:

SFH:R_h 的范围是 10～100 h/s;

MFH:R_h 的范围是 100～500 h/s;

FFH:R_h 大于 500 h/s。

跳频速率不同,抗干扰性能不同,复杂程度和成本也就不同。

1. 非相干慢跳频系统

许多跳频系统采用非相干或差分相干数据调制方案。这时的调制解调器框图仍如图 4-1 所示。但在接收机中,不需要再花费精力去精确恢复数据调制载波的相位。

在 FH 系统中,数据调制采用 M 进制移频键控。例如,设数据调制器每 LT 秒输出 2^L 个单频之一,其中 T 为信息比特的持续时间。通常这些单频的间隔足够大,足以使发射信号正交,即数据调制器的频率间隔至少为 $1/(LT)$ 且数据调制器输出频谱宽度近似等于 $2^L/(LT)$。每 T_c 秒数据调制器的输出频率被跳频调制器转移到另一个新的频率。当 $T_c \geqslant LT$ 时,FH 系统叫做慢跳频系统。图 4-9(a)所示为跳频调制器输出信号的频谱—时间关系图,即发射信号的图形表示。其中 $L=2, k=3$。每 $2T = T_s$ 秒有 2 个数据比特,并且由数据调制器产生 4 个频率之一。该频率再被跳频调制器变换为 $2^k = 8$ 个跳频频段之一。在这个例子中,每发射一组(2 个)符号或 4 个比特之后,就再选择一个新的跳频频段。

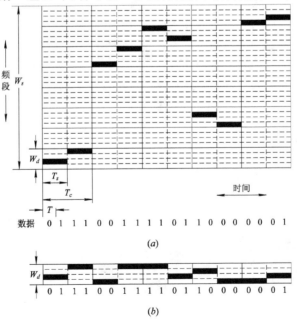

(a)

(b)

图 4-9　M 进制 FSK 慢跳频系统

(a) 发射信号的图形表示;(b) 接收机下变频器输出信号的图形表示

在接收机中，收到的发射信号与本地合成器输出信号进行下变频，其输出如图 4-9(b) 所示。该信号利用一般非相干 MFSK 检测方法进行解调。

为了粗略估计 FH 系统的抗干扰性能，假设在没有跳频的情况下，干扰机将平均功率为 J，带宽为 W_d 的干扰信号的中心频率对准某个载频，使接收机工作信噪比为 $E_b W_d/J = E_b/(NJ)$。当加上跳频时，若使接收机具有和上面相同的性能，则干扰机必须将干扰加到所有 2^k 个跳频频段上。因此，干扰机的总功率需要增大到 2^k 倍。故处理增益等于 $2^k = W_c/W_d$。

2. 非相干快跳频系统

在上述慢跳频系统中，频率跳变速率低于数据调制器输出的符号速率。反之，如果每个符号有多次频率跳变，这就是快跳频。采用快跳频的明显好处是，在每个发射符号上可获得频率分集增益(frequency diversity gain)。这有利于提高对窄带干扰的抗干扰性。

快跳频系统发射信号的频谱—时间关系如图 4-10 所示。MFSK 调制器的输出仍是 2^L 个单频之一，但是，现在这个单频又被分成 K 个切普(chip)。每个切普之后 MFSK 调制器的输出跳到另一个频率。由于切普持续时间 T_c 小于数据调制器输出符号持续时间 T_s，为了使相邻频率间隔尽量缩小来提高频带利用率，并尽可能地减少邻近信道干扰，其最小频率间隔应选择为 $1/T_c = K/(LT)$。这时频率 f_i 的零值正好处于频率 f_{i+1} 峰值处，构成了频率正交关系，如图 4-10(c) 所示。

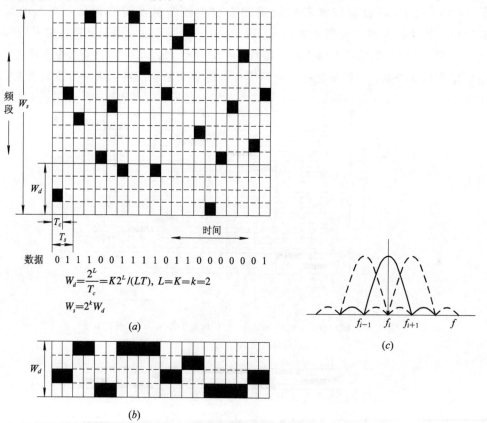

$$W_d = \frac{2^L}{T_c} = K2^L/(LT), \quad L=K=k=2$$

$$W_s = 2^k W_d$$

(a)

(b)

(c)

图 4-10　M 进制 FSK 快跳频系统

(a) 发射信号的图形表示；(b) 接收机下变频输出信号的图形表示；(c) 频率正交关系示意图

接收机的解跳工作过程仍和前面一样。图 4 - 10(b)所示为下变频输出信号的时—频关系图。

在快跳频系统中，数据解调器可以用几种不同的模式工作。一种模式是，当收到每个跳频切普时，在每个跳频切普上进行判决，并根据全部 K 个切普的判决值按照一定的准则判定数据调制器的输出，判定时可以采用简单的多数判决准则。另一种模式是利用最大似然估值法，即将调制器输出的每个符号作为 K 个切普上收到的总信号的函数来计算每个符号的似然值(likelihood)，并选择其最大者。按这种准则判决的接收机，对给定的值，可获得最小差错概率。采用不同的模式具有不同的复杂程度，系统设计者必须根据具体情况选择最好的工作模式。

快跳频技术无论是在衰落信号环境下工作，还是在窄带干扰环境下工作，都是一种非常有用的技术，并且它可以很方便地与纠错编码技术一起应用。

4.4.3　跳频速率和跳频数目

在跳频系统中可用的最小频率转换速率由以下参量决定：

(1) 待传输信息的类型和速率。

(2) 通信系统冗余度的大小(如果需要)。

(3) 最近的潜在干扰器的距离。

假设信息速率是给定的，并且采用二进制 FSK 信号传输。下面讨论如何确定跳频速率和跳频数目。

跳频系统中必须有大量按跳频序列选取的频率，所需的频率数目取决于系统误码率。例如，当干扰和其他噪声均匀分布在每个可用频率上时，若有 1000 个频率，则噪声功率要达到所需信号功率的 1000 倍时才可能使通信阻塞。这就是说，系统具有 30 dB 的抗干扰能力。但若干扰是一个窄带(或点频)干扰，其功率大于或等于信号功率，则在一个数据比特仅用一个频率传输的情况下，由于没有任何冗余度，这种简单的跳频系统误码率可近似为

$$P_e = \frac{m_J}{N} \tag{4-13}$$

式中 m_J 为功率大于或等于信号功率的干扰数目；N 为系统使用的跳频数目。

这种简单跳频系统的误码率可能太大，不能满足要求。

为了改善误码率，可以增加多余度，即用多个频率传输一个比特的信息。若按多数判决准则，则误码率可近似为

$$P_e = \sum_{x=r}^{k} C_k^x p^x q^{k-x} \tag{4-14}$$

式中：$p = m_J/N$，称为独立试验错误概率，即一个频率传输的错误概率；$q = 1 - p$，为独立试验无错误概率，即一个频率传输的无错误概率；k 为发送一个数据比特用的频率数目；r 为使一比特数据错判所必需的错误频率数。

若每一数据比特用三个频率发送，并按三中取二的多数判决准则进行比特判决，在一个窄带干扰($m_J = 1$)情况下，误码率应为

$$P_e = \sum_{x=2}^{3} C_3^x p^x q^{3-x} = 3p^2(1-p) + p^3$$

若以 $N=1000$ 为例，则 $p=m_J/N=10^{-3}$，$q=1-p=0.999$，因此可得误码率 P_e 为

$$P_e=3\times(10^{-3})^2\times0.999+(10^{-3})^3\approx3\times10^{-6}$$

显然，这一结果比每比特仅发送一个频率的简单跳频系统所给出的误码率（1×10^{-3}）小得多。当然这是用增加三倍跳频速率为代价换来的。如果频率合成器能达到上述要求，那么用速率增大至三倍换取误码率降低三个数量级还是合算的。

由此可见，跳频系统的频率数目主要取决于数据速率和误码率。但是，增加跳频速率受到分配使用的射频带宽和频率合成器跳变能力的限制，故在实际应用中应权衡利弊。

下边举个设计例子加以说明。

例 4-1 设数据速率为 1 kb/s，容许射频传输带宽为 10 MHz，要求在干扰与信号功率比为 100：1 时，最大误码率为 1×10^{-3}。

解： 在采用 2FSK 的情况下，1 kb/s 的数据速率要求跳频速率至少等于 1000 次/秒，接收机混频后已解跳信号的带宽为 2 kHz。如果不容许频道重叠，则可供跳频系统选用的跳频数目为

$$N=\frac{10\text{ MHz}}{2\text{ kHz}}=5000 \text{ 个}$$

若每一数据比特用一个频率发送，在 5000 个可用频率中有 100 个频率上存在干扰，且干扰功率大于信号功率，这将使误码率达到 $P_e=\dfrac{m_J}{N}=\dfrac{100}{5000}=0.02$，高于系统要求的误码率。若一数据比特用三个频率发送，则发送频率每秒至少跳变 3000 次，接收信号带宽变为 6 kHz。这样，可以利用的频率数目为

$$N=\frac{10\text{ MHz}}{6\text{ kHz}}=1666 \text{ 个}$$

若在这 1666 个频率中仍有 100 个频率上存在干扰，则

$$P_e=\frac{m_J}{N}=\frac{100}{1666}=0.06$$

利用式（4-14），有

$$P_e=\sum_{x=2}^{3}C_3^x p^x q^{3-x}=\sum_{x=2}^{3}C_3^x\cdot0.06^x\cdot0.94^{3-x}\approx1.2\times10^{-2}$$

它仍未达到对误码率的要求。

我们可以将 m_J/N 和 P_e 的关系画成曲线，如图 4-11 所示。由图可见，为了达到 1×10^{-3} 的误码率要求，需要降低 m_J/N 或增大冗余度。为了达到要求的 1×10^{-3} 误码率，在采用三中取二判决时，由曲线查得 m_J/N 不能大于 0.019，因此发送频率最少应为 $N=100/0.019\approx5260$ 个。这时每个数据比特用三个频率发送，接收机解跳后信号带宽为 6 kHz，所以射频带宽应为

$$B_c=5260\times6\times10^3=31.56\text{ MHz}$$

虽然这时满足了 1×10^{-3} 误码率的要求，但射频带宽超出容许值（10 MHz）。若再增加冗余度，每数据比特用 5 个频率发送，按五中取三准则判决。由图 4-11 可知，为满足 1×10^{-3} 误码率要求，$m_J/N=0.047$，频率数 $N=100/0.047=2130$ 个。由于现在接收机中频信号带宽变为 10 kHz，所以射频带宽为

$$B_c=2130\times10\times10^3=21.3\text{ MHz}$$

和采用三中取二判决准则相比，射频带宽可节省约 1/3。

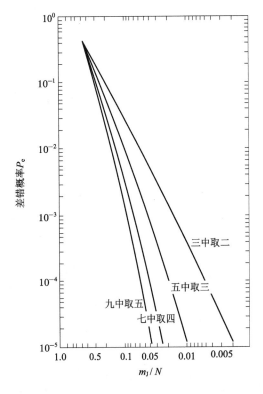

图 4-11 采用多频传输时，不同判决准则下误码率 P_e 与被干扰频道数(m_J/N)的关系

在以上讨论中，我们在安排发送频率时是按照频率间隔恰好等于信号带宽的原则连续排列的，如图 4-12(a)所示。但是，在一些系统中并非必须如此，有时容许在各个跳频频谱之间有很大重叠，如图 4-12(b)所示。用这种办法可使上述射频带宽由 21.3 MHz 减至 10.65 MHz，基本上满足了设计要求。

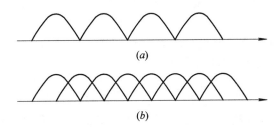

图 4-12 频谱部分重叠节省频带

(a) 频谱不重叠；(b) 频谱重叠

图 4-13 画出了各种数据速率所要求的带宽、干扰容限及 m_J/N 之间的关系。

综上所述，在数据速率已给定和冗余度已选定之后，系统的跳频速率也随之而定了。不过，还有一个重要的因素影响着跳频速率的选定，这就是与有用信号同频不同相的无用信号的影响。这种无用信号可能来自多径效应，或者来自有敌意的转发性干扰。在一般情况下，多径信号比有用信号弱得多，故没多大影响。但有意干扰可能是将收到的跳频信号加以放大，用噪声调制之后，再发送出来，因而功率可以和有用信号相近，可能造成极大的影响。为了对抗这种干扰，跳频系统必须有足够高的跳频速率，以使它在干扰机对前一个频率作出的响应到达之前已跳到另一个频率上。设跳频系统中收发设备之间直接传输的路径延迟为 τ_d，从发射机到干扰机，再由干扰机到接收机的时延之和为 $\tau_r = \tau_i + \tau_t$，如图 4-14 所示，则希望跳频速率大于 $(\tau_r - \tau_d)^{-1}$。

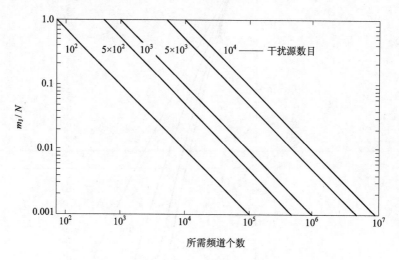

图 4-13　所需频道数与被干扰的频道数 m_J/N 及干扰源数目的关系

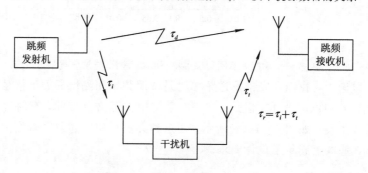

图 4-14　转发性干扰

例 4-2　设收发设备之间距离为 20 km，干扰机距收发设备之距离都为 15 km，若不考虑干扰机响应处理时间，则最小跳频速率为

$$R_{FH} = \frac{1}{\tau_r - \tau_d} = \frac{1}{(100 - 66.7)\ \mu s} = 3000\ 次/秒$$

对于固定设备，可以利用上述方法算出所要求的最小跳频速率。但对于移动设备，只能使系统的跳频速率越快越好。

4.5　跳频系统的接收端

直扩系统对扩频信号的相关接收，是通过用本地产生的与发端伪随机序列同步的伪随机序列，对接收到的扩频信号进行相关处理并使之恢复成窄带信号来完成的。跳频系统的相关接收利用本地的伪随机序列控制本地的频率合成器，使之产生的跳变频率与发端频率合成器产生的跳变频率同步，将接收到的跳频信号转换成一固定的中频信号，然后将传输的信号解调出来。

4.5.1　跳频系统的接收机结构

定频信号的接收设备中，一般都采用超外差式的接收方法，即接收机本地振荡器的频率比所接收的外来信号的载波频率相差一个中频，经过混频后产生一个固定的中频信号和混频产生的组合波频率成分。经过中频带通滤波器的滤波作用，滤除组合波频率成分，而使中频信号进入解调器。解调器的输出就是所要传送给收端的信息。

跳频信号的接收，其过程与定频的相似。为了保证混频后获得中频信号，要求频率合成器的输出频率要比外来信号高出一个中频。因为外来的信号载波频率是跳变的，所以要求本地频率合成器输出的频率也随着外来信号的跳变规律而跳变，这样才能通过混频获得一个固定的中频信号。图 4 – 15 给出跳频信号接收机的框图。图中的跳频器产生的跳频图案应当比所要接收的频率高出一个中频，并且要求收、发跳频完全同步。所以，接收机中的跳频器还需受同步指令的控制，以确定其跳频的起、止时刻。

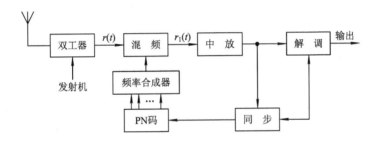

图 4 – 15　跳频接收机原理框图

由此可以看出，跳频器是跳频系统的关键部件，而跳频同步则是跳频系统的核心技术。

对于跳频信号的接收，一般也分两步进行，即解跳与解调。解跳的目的是将载频随机跳变的跳频信号变换成一固定中频信号，它是通过收端由与发端相同的伪随机序列控制的频率合成器产生的跳变频率，对接收的跳频信号进行相关处理来完成的。它要求本地频率合成器产生的频率与发端频率合成器产生的频率同步。同步系统的任务之一就是完成这一同步。解跳后的信号为一固定中频信号，将这一信号放大后，送至解调器就可将传送的信号恢复出来。

跳频信号的解跳一般采用外差式相关器，而跳频信号的解调通常采用非相干检测的办法来实现。这是由于跳频信号的每一个频率都是不同的(因而有随机相位问题)，很难做到每个频率初相一致，所以进入解调器的信号在每一跳的时间内的初相就不一致，用相干检测的方法很难解调。

4.5.2　二进制跳频系统的相关解跳

在二进制跳频系统的发射机中，数据的传输采用 FSK 时，是用发射一个频率表示数据比特"1"，而用发射另一个频率表示数据比特"0"，这两个频率分别称为传号频率和空号频率。这样落入接收机的信号要么具有传号频率，要么具有空号频率，一定是两个频率中的一个。因此跳频接收机必须能够同时观测传号频率和空号频率信号，或者先对一个取样，然后再对另一个取样。出现哪个频率的信号就判为对应的信息比特。图 4-16 给出了双通道传号/空号接收机的框图和波形。

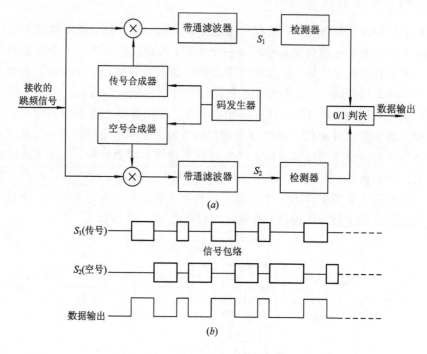

图 4-16　双通道传号/空号接收机的框图和波形
（a）框图；（b）波形

　　图 4-16 中的跳频信号分别和与发射端跳频序列相同且同步的本地"传号"或"空号"跳频频率合成器相乘，得到 S_1（传号）和 S_2（空号）的中频包络，经带通滤波器和包络检测器检波后，送入"0/1"判决器判决，即得到发射端送来的原始信息流。

　　注意到传号和空号的射频脉冲包络是互补的，这样就可以不使用双通道接收机，而仅用一个单通道接收机即可完成同一功能。例如，假定用没有射频脉冲表示空号，则可以使用图 4-16 中传号通道的接收机来完成跳频信号的解跳，如图 4-17 所示。

　　如果将图 4-16 中传号、空号频率合成器改为一个能够比发射机的合成器快一倍的频率合成器，则这种快一倍的跳频频率合成器就可先跳到传号频率，然后再跳到空号频率，这样接收机的取样电路就能对两者取样。它的框图和产生的波形如图 4-18 所示。

　　这里需要注意的是，即使输出数据与前面两种情况完全一样，输入到图 4-18 所示的"传号、空号取样接收机"的带通滤波器的信号，也是由许多宽度等于跳频信号宽度一半的脉冲组成的。由于输入到乘法器后的带通滤波器的中频脉冲宽度不同，滤波器必须有不同的带宽才能保证最好的接收。数据速率对于 S_1（传号）、S_2（空号）和 S_3（组合）三者来说都是相同的，由于滤波器的带宽不同，接收机才能通过不同宽度的中频包络，获得良好的性能。

　　还必须指出，跳频频率合成器输出频率的相干和非相干性，对接收机性能有较大影响。所谓频率合成器的相干性，就是从一个频率跳到另一个频率时，频率合成器输出信号的相角是确定的，或者说是连续的。在跳频系统中相干性意味着发射机和接收机的频率合

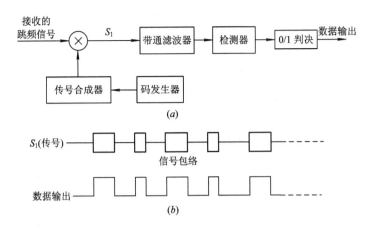

图 4 - 17　没有冗余度的接收机

(a) 框图；(b) 波形

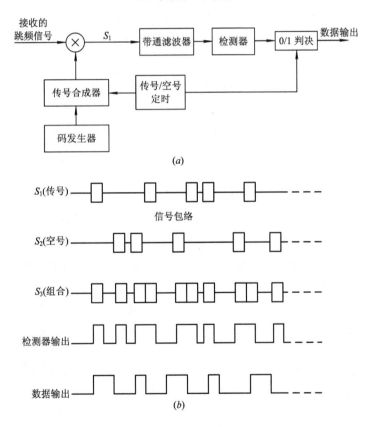

图 4 - 18　传号/空号取样接收机框图和波形

(a) 框图；(b) 波形

成器之间保持着固定相位关系。但这一要求在实际工程中是难以做到的。假如整个发射和接收系统是相干的，则相关器的带通滤波器输出的是相位连续的中频信号，是一种脉冲振幅调制信号。否则，假如发射和接收系统是非相干的，则输出信号就是一列中频脉冲群（burst），每一个的相位都不同，信号就像进行了振幅和相位两种调制。相干信号的带宽比随机相位非相干信号的带宽要窄得多，这样相关解扩器中频滤波器的带宽就可以减小，降低落入解调电路的干扰，提高系统的处理增益。

4.5.3　多进制跳频系统的相关解跳

对于多进制 FSK 调制的跳频系统，频率的跳变是从一跳的中心频率跳变到另一跳的中心频率，中心频率的跳变受生成跳频序列的伪码控制。信息数据的调制使中心频率发生偏移，根据传送的数据，偏移到基于中心频率的各频率中的某一个频率。所以在接收端首先利用与发端相同且同步的跳频序列控制频率合成器，生成与接收到的各个不同的中心频率信号均能差频出固定中频的本地参考信号，然后将其与接收到的信号送入相关器完成解跳。解跳后的信号的频率均围绕一个固定中频偏移，偏移的不同频率代表了不同的信息数据。

m 进制 FSK 跳频系统信号被接收机解跳后，还要对 m 个信道同时进行比较，根据最大值原理进行抉择。从理论角度来看，这可以采用 m 部接收机同时工作，也可以采用单部接收机完成解跳，然后把解跳后的信号送入由 m 个带通滤波器和 m 个包络检波器并联组成的检测器。m 个带通滤波器的带宽相同，但中心频率分别为 $f_{IF,1}$，$f_{IF,2}$，$\cdots$，$f_{IF,m}$。m 个检波器的输出送入最大值检测器作出判决。这种解调器的原理如图 4-19 所示。

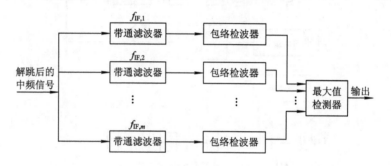

图 4-19　m 进制频率跳变信号解调器原理图

m 进制和二进制传输相比较，一个明显的优点就是每一个切普可以传输更多比特的信息，但也存在系统干扰容限降低的问题，因为只要 $m-1$ 个非传输信息通道中有一个信道存在超过有用信号幅度的干扰，检测器就会做出错误判决，而且这一误差将代表多个比特信息。

当接收信号被解跳后，中频信号就是普通的多电平（多进制）调制信号了，采用多电平调制的解调方法即可完成信号的解调。图 4-19 所示的 m 进制解调器因其包含太多的带通滤波器和包络检波器，所以在工程实现上比较复杂。图 4-20 给出了另外一种 m 进制频率跳变系统的接收机框图。图中鉴频器将调制信号中代表信息的频率信号转换成电平信号，译码器将代表信息的电平信号还原为原信息信号。

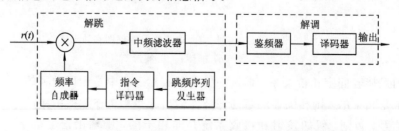

图 4-20　采用鉴频方案的 m 进制跳频接收机框图

4.5.4　跳频系统的非相干解调

　　扩频信号经解扩（解调）后成为一中频信号，解调就是从中频信号中将传输的信息恢复出来的过程。与常用的无线通信系统一样，扩频信号的解调方式是与发射端采用的调制方式相对应的。

　　直扩系统中采用的调制方法很多，对应的解调方法也很多。常用的解调器有锁相环调频反馈解调器、科斯塔斯（Costas）解调器等。直扩系统中的基本恢复过程本身是一个相干过程，因为本地参考信号必须是接收信号的准确估计，其次还由于相干检测器比别的类型的检测器有优良的门限特性，因而直扩系统中大多采用相干检测。

　　在跳频系统中，很难用相干发射与相干接收方式来实现解调，因为每当信号改变一次频率时，锁相环须再次捕获和跟踪，这就占用了一跳中的部分时间，限制了跳频速率，从而降低了系统抗干扰能力及抗侦破能力。所以跳频信号的解调通常用非相干包络检波器并配合使用积分—清洗匹配滤波器来实现，以利于提高跳频速率。

　　图 4-21 是一种典型的非相干跳频解调器，这个解调器适用于每比特信息有多个频率切普的接收机，其中切普判决是根据顺序而来的每一对切普进行的。这个解调器设计成适合于"1"和"0"频道的顺序取样。也就是说，本地频率合成器把发射"1"所对应的频率插到接收机的积分—清洗电路判决器中，而紧跟其后的是一个与发射"0"对应的频率。每次交替都占用半个切普周期取样（我们通过使相关后信号的有效带宽加倍来补偿接收机中复杂度的降低）。

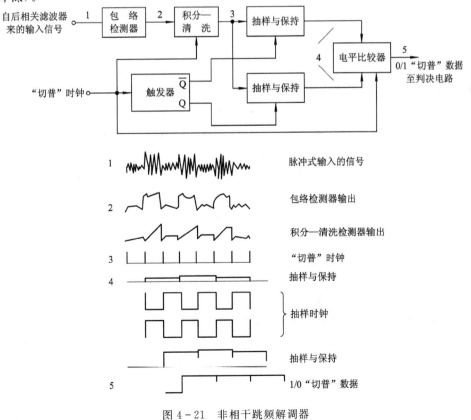

图 4-21　非相干跳频解调器

在图 4-21 的解调器中，输入信号是一串脉冲，它通过包络检波器进入积分—清洗滤波器，这个滤波器以切普速率进行清洗。交替的切普被取样，进行比较，而每一对中的较大者被认为是有用的信号。因此，如果信号是"1"，则前半个切普（比方说前半个）将包含射频脉冲，而后半个则没有。比较前半个切普与后半个切普的信号电平，就可以对该切普进行 1/0 判决。

读者或许会感到奇怪，从电路中看到，位于包络检波器输出端的施密特触发器能够给出同样的信息，为什么还要用过分复杂的切普判决过程呢？使用两个取样保持电路和电平比较器的原因在于，当干扰叠加在输入信号上时，由于人为干扰可以在互补频道上造成随机冲激，使前半个切普和后半个切普都包含两个射频脉冲串。在积分—清洗电路加两个取样保持电路和电平比较之后，就能很好地判断哪个频道含有最大的信号，而并非根据是否有信号超过了阈值来判断（后者可能把人为干扰误判为信号）。采用图 4-21 所示的框图就可避免误判，它提高了检测输出有用信号的可靠性，降低了错误概率。

输出到判决电路的信号由 n 个一组的切普数据组成，其中与信息比特有关的切普数目与每比特发送的切普数相同。对于"三中取二"的择多判决系统，每一组切普数据由 9 个与信息比特有关的切普组成。判决电路根据这些比特决定发射机发送的是"1"码还是"0"码。

当干扰信号与有用信号一起进入接收机时，会发生偶然击中不需要的频道的情况（即当发"0"时，干扰出现在"1"对应的频道中，反之亦然）。当发生这种情况时，错误概率正好等于被干扰的载波频道数与可用跳频频道数之比。即被干扰的频道数为 J_c，可用跳频数为 N，则错误概率为

$$P_e = \frac{J_c}{N} \tag{4-15}$$

此式与式(4-13)相同。发生这种情况时，切普比较器必须决定发射端发的是真实信号还是干扰信号，这个判决是由接收机取样保持电路通过功率比较而得到的。也就是说，如果干扰信号在其频道中的功率比所要的信号在其频道内的功率大，则将做出错误判决。如果干扰信号引起一个切普的差错，比特判决输入就变成在"1"的位置上输入一个"0"，或在"0"的位置上输入一个"1"，就发生了一次误码。所以从抗干扰的方面来看，在 FH 系统中不使用每信息比特用一个切普来传送的方案，而是采用有冗余度的传输方案，如"三中取二"、"五中取三"、"七中取四"或"九中取五"择多判决。当比特判决是"三中取二"判决时（如图4-22 所示），发生一个 1 切普的差错不会引起比特差错，因为在 1 信息比特内要发生 2 切普的差错，才能产生 1 信息比特的差错。图4-22 中切普的时钟六分频输入到"三中取二"判决电路，用来输出数据。因为在 FH 中，接收机收到发射端送来的数据比特速率比接收机中的切普速率慢 1/2，即接收机 1 切普速率是发射机的两倍，故接收机要对"1"和"0"两个频道取样，其变慢因子为 2，这是由于切普取样而引起的。另一个变慢因子为 3，这是因为 1 比特有 3 切普，所以切普时钟要除以 6 加到复位电路和 D 触发器。无论是 1 比特 3 切普还是更多的择多判决，都不是作为最佳方案提出来的，仅仅为了降低在干扰条件下的误码率。

滤波器中的一种重要类型叫做"积分—清洗型"，它是跳频解调器的一部分，它以切普速率与比特周期相匹配。图 4-23 表示了这种滤波器的两种实现方法：一个工作在射频或中频，另一个工作在基带。从它们的功能看，两者是等效的，但在这里，我们着重强调基带滤波器的工作。

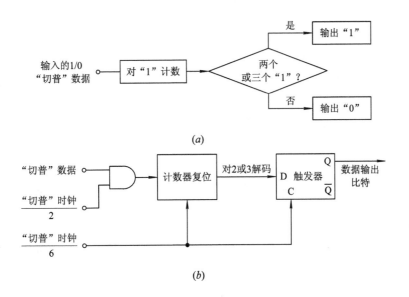

图 4-22　"三中取二"判决法的 1/0 切普到数据的判决

(*a*) 每比特 3 切普的"三中取二"择多判决流程图；

(*b*) "三中取二"择多判决框图

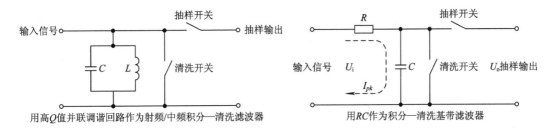

图 4-23　两种积分—清洗滤波器原理图

对于任何匹配滤波器，必须满足下列两个条件：

(1) 它们的冲激响应必须是它所匹配信号的时间反转的复本(即共轭)；

(2) 任何个别的信息单元，对于它前边的和它后边的信息单元来讲，必须是独立的。

在 FH 系统中使用的基带积分—清洗滤波器的输入信号，正好是非相干包络检测器的输出信号。所以它的输入信号是有用信号的矩形脉冲串，但在实际电路中由于噪声干扰和传输延迟而产生了畸变，它的输出波形仅近似于矩形。该脉冲串加到一个时间常数比脉冲周期长的 RC 积分器上($T_{RC信号}=RC \gg T_{信号}$)，也就是说，所进行的积分限定在积分器充电特性的线性部分，这样它的输出 U_o 近似于输入信号 U_i 除以 RC，即

$$U_o = \frac{U_i}{RC} = \frac{I_{pk}t}{C} \tag{4-16}$$

式中：I_{pk} 为充电电流；t 为充电时间(变量)。

积分器在输入脉冲期间充电，然后依次被取样及清洗(放电)。如果输入端出现的信号是方波，则积分器在 Δt 时间内充电到 $U_i \Delta t / RC$。但是对于非方波信号(假定峰值电压相同)，则在 Δt 时间的末尾，充电就比较低，判决阈值就可以根据在给定的信号间隔中出现的有用信号来决定。对于积分—清洗检测器，释放存储信号的方法就是将积分器短路，并

准备开始下一个切普时间内能量的积累。图 4-23 表示了与积分器连接的短路及取样开关（实际电路中使用电子开关）。为了实现信号检测的目的，图中的开关根据下列情况闭合：①对积分信号取样；②对积分器电荷清洗。

信号独立性由清洗过程来保证，清洗过程使 1 切普的能量与其他能量相隔离，这就满足了匹配滤波器的一个要求。另外一个要求，即它的冲激响应是有用信号时间反转的复本，在设计中选择适当的网络传递函数也可以满足。

考虑到 RC 积分器，它的两个开关是断开的，其输入端冲激量是使电容充电到电平 $I_{pk}\,dt/C$，并保持到被清洗为止。这与所要求的平顶方波完全一样。对于使用高 Q 调谐电路的积分器，输入的冲激量使电路在其调谐频率上振荡起来，形成所要的输入信号的复本。在这两种积分器中，时间反转易于实现。

因而，这两种积分—清洗检测器都是匹配滤波器，在信号检测中已显示了匹配滤波器的优越性。当基带积分器对有用的输入信号充电到最高电平，而对任何其他的干扰信号都充电到较低电平时，这个检测过程就是最佳过程。

4.6　跳频系统的抗干扰性能

跳频系统的抗干扰机制与直扩系统的不同，它是采用躲避的方法，"随机地"改变载频，使其不受干扰。在接收端，通过由收端与发端频率合成器产生的频率同步的跳变频率对接收信号进行相关处理，将其恢复为一中频信号，把干扰排斥在中频通带之外，从而实现抗干扰。因此，跳频系统实际上是一种载波保护系统。

从保护码流的角度来看，一般认为跳频比直扩要好，这是因为跳频系统是用伪随机码来控制跳频图案，从而控制载波频率的，而不是把伪随机码与信号模 2 加后直接传输。因而，任何一个观察者，即使得到了频率，也只有在了解了频率与码的关系后，才可以从所得频率中得到传递的码，而这种关系是绝对机密的。

下面定性分析跳频系统的抗干扰性能。

1. 单频干扰和窄带干扰

单频干扰或窄带干扰对宽带接收机的影响非常严重。这些干扰可能来自功率大、距离近的电台或干扰源，也可能来自敌方的人为干扰。因为频谱窄、功率集中，单频干扰或窄带干扰一旦落入宽带接收机的前端电路，就可能引起阻塞，从而破坏接收机的正常工作。若接收机前端电路动态范围足够大，则不必考虑阻塞干扰，这时只需考虑那些与所需信号同时落入同一发送信道或互补信道的干扰即可。

设跳频系统可能跳变的频率数为 N，在每一个跳频图案中不使用重复频率，干扰的频率总数为 J，各频率均匀地分布在跳频系统的全部频带之内。这样，对于单信道调制而言，干扰落入发送信道的概率为 J/N，误码率近似为 $P_e \approx J/N$。而对于非单信道调制（如 FSK）的系统来说，情况较为复杂。因为干扰可以落入发送信道，也可以落入互补信道，或者同时落入两个信道。分析表明，落入互补信道所引起的误码率最大，为了简单，可以用公式 $P_e \approx J/N$ 来估算 FSK 跳频系统的误码率。例如 $N=1000$，$J=1$，$P_e \approx 1 \times 10^{-3}$。显然，这么大的误码率不能满足数据传输的要求。

为了改善跳频系统的误码性能，可以采用增加可用频率数的办法，也可以用增加冗余度（同时提高跳频速率）的办法。增加冗余度，就是采用频率编码，最简单的例子是采用重复码，即一个信码用几个频率传输，而在解码时用多数判决准则。重复码通常用奇数个比特构成，判决时可以三中取二，五中取三，…… 这时误码率为

$$P_e = \sum_{i=r}^{m} C_m^i p^i (1-p)^{m-i} \qquad (4-17)$$

式中：$p = J/N$；r 为每一信码正确判决时所必需的最小频率数；m 为每一信码包含的重复频率数。通常 m 为奇数，$r = (m+1)/2$。当 $N=1000$，$J=1$，$m=3$ 时，$r=2$，按式（4-17）计算得 $P_e = 1 \times 10^{-6}$，可见误码性能已大大改善。然而这要付出传输速率提高 3 倍、信号带宽增大 3 倍的代价。

2. 宽带阻塞干扰

在直扩系统中，要干扰直扩信号，单频或窄带干扰比宽带干扰更有效；而在跳频系统中，要干扰跳频信号，宽带干扰比窄带或单频干扰更有效。因为宽带干扰"击中"跳频信号的概率较大。但宽带阻塞式干扰要在整个跳频频段内阻塞跳频信号的可能性是很小的，要求的功率和带宽在技术上是很难实现的。例如 VHF 频段，跳频频率为 30～90 MHz，则有 2400 个频道。若跳频电台发射功率为 3 W，发射台到接收台的距离与接收台到干扰机的距离相等，则要求发射机的功率至少为 7200 W，相对带宽达 100%（60 MHz 中心频率），这基本上是不可能的。即使有这样的干扰机，也难免受到导弹的攻击。有效的干扰是采用多部宽带阻塞式干扰机或部分频带阻塞式干扰机。

3. 跟踪式干扰

采用跟踪式干扰方式的干扰机的组成为一频谱分析仪和干扰机。工作时，它首先用频谱分析仪分析出跳频发射机发送信号的频率等参数，然后将干扰机的频率调到跳频信号的频率上，对跳频信号进行干扰。这样跟踪式干扰机对有用信号的干扰就有一个时延问题，这个时延包括频谱分析仪的处理时间、干扰发射机的调谐时间以及信号传输的时延差等，这就大大降低了该干扰机的干扰能力，除非时延小于跳频频率的驻留时间，否则不会对有用信号形成干扰。要有效地干扰跳频信号，需知道跳频图案，即知道频率跳变的准确频率和时间，在此频率上发噪声调制信号，使有用信号在所有的频率上被错误判决。而跳频图案是跳频系统中最重要的部分，都具有很高的保密程度，很难破译，因而实际中基本上是不可能的。

4. 转发式干扰

所谓转发式干扰，往往是在敌对环境中敌方有意设置的人为干扰，如图 4-24 所示。其中的干扰机把收到的信号经处理（放大，加噪声调制等）后，再以最小的时延转发出去。由于这种干扰的功率大，可以和所需信号的功率相当，因而造成的影响也比较大。

转发式干扰机要有效地干扰跳频信号，必须在跳频信号的一跳内使转发的干扰信号与有用信号同时到达接收机，或在一跳的驻留时间内有时间上的重叠。以 d_1 表示直

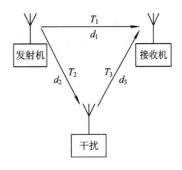

图 4-24　转发式干扰示意图

线传播距离，$d_2 + d_3$ 为经干扰机转发的传播距离，T_p 为干扰机的处理时间，则产生干扰的条件为

$$\frac{d_2 + d_3}{v} + T_p \leqslant \frac{d_1}{v} + \eta T_h \tag{4-18}$$

式中：v 为电磁波传播速度；η 为一比值，且 $\eta < 1$。上式可写成

$$d_2 + d_3 \leqslant (\eta T_h - T_p)v + d_1 \tag{4-19}$$

把此式右边看成常数，取等号，便形成一个以发射机和接收机为两个焦点的椭圆。这说明，倘若干扰机设在椭圆之外，则干扰不会有效。反过来，为了避免转发式干扰，跳频速率应满足

$$R_h = \frac{1}{T_h} \geqslant \frac{\eta}{\left(\dfrac{d_2 + d_3 - d_1}{v} + T_p \right)} \tag{4-20}$$

式中的 η 与接收机的具体设计有关。显然，η 值越小，相应的跳频速率越低。减小 η 的办法是使判决的取样时刻尽可能靠近每个比特的前沿。但这样做会使码间干扰的影响加大，从而降低系统的检测性能，而且对同步的要求也要提高。

在收发机和干扰的相对位置确定后，要克服转发式干扰，只有减小每跳的驻留时间 T_h，即提高跳频速率。但跳频速率提高后，由于多网和延迟，会造成网与网中频率的"击中"，降低组网能力。

应当指出，转发式干扰机并不需要知道跳频图案，因此它对跳频信号的干扰最严重。

5. "远—近"效应

在直扩系统中，信号与干扰处于同一频带，由于干扰机离接收机的距离远小于发射机到接收机的距离，前者路径衰减比后者的弱得多，虽然直扩系统有处理增益，但干扰机到达接收机的电平仍然能超过直扩系统的干扰容限，因此，"远—近"效应对直扩系统的影响很大。例如，干扰机与发射机的发射功率相同，直扩系统的处理增益 $G_P = 30$ dB，干扰机离接收机的距离与发射机离接收机的距离差使干扰信号到达接收机的电平比发射机强 40 dB，解扩后干扰仍比有用信号强 10 dB。跳频系统采用躲避的方法，工作频率是跳变的，虽然干扰机离接收机很近，但由于频率不同，形成不了干扰。当然，若干扰太强，虽然频率不同，但由于接收机前端电路的选择性和动态范围有限，也会对接收的有用信号形成一定的影响。

"远—近"效应的影响，对地面通信系统是一个大的问题。跳频系统相对直扩系统和其他非扩频系统而言，对抗"远—近"干扰具有明显的优势。在卫星通信中，由于方向性和距离等原因，这种干扰影响不大。

6. 多径干扰

由前面章节分析可知，直扩系统具有较强的抗多径干扰的能力，其抗多径干扰能力的大小取决于伪随机码的码元宽度 T_c，T_c 越小（码速越高），抗多径干扰的能力越强。直扩系统抗多径的条件是 $\tau R \geqslant 1$。跳频系统也具有抗多径能力，而且在信噪比相对较低的情况下，FH/FSK 系统还可以利用多径改善性能，但在一般情况下，若条件相同，则直扩系统的抗多径能力要比跳频系统强。跳频系统要抗多径干扰，应保证在一跳时间之内与多径信号没有重叠部分，即要求 $T_h \leqslant \tau$，式中 τ 为多径时延。若以 $R_h = 1/T_h$ 表示跳频速率，则可改写为 $\tau R_h \geqslant 1$。这与直扩系统的抗多径条件类似。

由此可知，在多径时延一定的条件下，跳频系统要抗多径，最有效的途径是减小每跳

的驻留时间 T_h，即提高跳频速率 R_h，但这又将增加系统的复杂性。例如，多径时延 $\tau = 1$ μs，路径差为 300 m，对直扩系统来说，只要 $R_c \geqslant 1$ Mc/s 即可，而对于跳频系统来说，则要求 $R_h \geqslant 1$ Mhop/s(兆跳/秒)，要达到如此高的跳速是相当困难的。实际上，一味地提高跳频速率也没有必要，这是因为多径对跳频系统的干扰是通过不同路径的传输时延起作用的，它一方面与信号带宽(跳速)有关，另一方面与信号的载频差有关。在多径信号强度不大于直接路径信号强度的条件下，跳频系统要抑制多径干扰，就得同时满足两个条件，即 $\tau T_h \geqslant 1$ 和 $s\sigma \geqslant 1$，其中，s 为异频信号之最大频差，σ 为扩展时延。而这两个条件互相矛盾，为了同时满足两式，R_h 与 s 相互制约。一般可以这样认为：当扩频电台同时工作的台数足够小时，抗多径主要取决于信号带宽(R_c 或 R_h)，加大带宽可以削弱或抵消多径干扰，在此情况下直扩系统最优；在多电台工作情况下，抗多径主要通过信号载频差起作用，加大载频差并使之不小于相干带宽，就可削弱或抵消多径干扰，此时跳频较佳且跳速不必很高。

4.7　跳频系统的特点及其与直扩系统的比较

1. 跳频系统的主要特点

目前，跳频技术主要用于军事通信，如战术跳频电台等，但同时也在迅速地向民用通信渗透，如移动通信、数据传输、计算机无线数据传输、无线局域网等。跳频系统的特点包括：

(1) 具有较强的抗干扰能力。跳频系统采用躲避干扰的方法来抗干扰，只有当干扰信号频率与跳频信号频率相同时，才能形成干扰，因而抗干扰能力较强。跳频频率数 N 越大，跳频速率越高，抗干扰性能越强。

(2) 易于组网，实现码分多址，频谱利用率高。不同的码，可以得到不同的跳频图案，从而组成不同的网，频谱利用率比直扩系统略高。

(3) 易兼容。目前所有的跳频电台兼容性都很强，可在多种模式下工作，如定频和跳频、数字和模拟、话音和数据等。

(4) 解决了"远—近"问题。"远—近"问题对直扩系统的影响很大，对跳频系统来说，这种影响就小得多，甚至可以完全克服。

(5) 采用快跳频和纠错编码系统用的伪随机码速率比直扩系统的低得多，同步要求也比直扩系统的低，因而时间短、入网快。

2. 跳频系统与直扩系统的比较

在通信中，用得最多的扩频方式是直扩和跳频，将这两种系统进行较为全面的比较，分别指出其优劣，不失为一项有益的工作。由于这两种系统的抗干扰机理不同，直扩系统靠伪随机码的相关处理，降低进入解调器的干扰功率来达到抗干扰的目的；而跳频系统是靠载频的随机跳变，将干扰排斥在接收通道之外来达到抗干扰的目的。因而它们各有自己的长处与不足，现就在抗干扰的条件下，对跳频和直扩进行比较。

(1) 抗强的固频干扰。虽然直扩系统具有一定的处理增益，但对超过干扰容限的干扰就显得无能为力了；而跳频系统是采用躲避的方法抗干扰，因而在抗强的固频干扰信号时,其性能优于直扩系统。

(2)抗衰落特别是抗选择性衰落时直扩系统优于跳频系统,这是由于直扩系统的射频带宽很宽,小部分频谱衰落不会使信号产生严重畸变,而跳频系统将导致部分频率受到影响。

(3)抗多径。由于直扩系统要用伪随机码的相关接收,只要多径时延大于一个伪随机码的切普宽度,那么这种多径就不会对直扩系统形成干扰,甚至还可以利用这些多径能量来提高系统性能;而跳频系统由于没有像直扩系统那样的保护措施,因而对多径显得无能为力,抗多径的唯一办法是提高跳频速率,但这又加大了系统的难度。如多径时延为 $1~\mu s$,则跳频速率必须大于 10^6 hop/s 才不受其影响,而直扩系统只需使伪随机码的速率大于 1 Mc/s 即可。故对于抗多径干扰,直扩系统优于跳频系统。

(4)"远—近"效应。"远—近"对直扩系统影响很大,而对跳频系统的影响就小得多。这是因为虽然直扩有一定的处理增益,但由于有用信号的路径衰减很大,干扰信号可能比有用信号要强得多,如果干扰信号超过干扰容限,就会干扰到接收机的正常工作。而跳频系统采用躲避的方法,不在同一频率工作,接收机前端电路对干扰衰减很大,因而构成的威胁就小得多。

(5)同步。由于直扩系统的伪随机码速率比跳频的伪随机码速率高得多,而且码也长得多,因此,直扩系统的同步精度要求高,因而同步时间也长,入网慢。直扩同步时间一般在秒级,而跳频可以在毫秒级完成,因此,跳频系统优于直扩系统。

(6)信号处理。直扩系统一般采用相干检测,而跳频系统由于频率不断变化,频率的跳变需要一定的时间,因而多采用非相干检测。从性能上看,直扩系统利用了频率和相位信息,性能优于跳频系统;但从实现来看,相干检测需要恢复载波,必然会增加系统的复杂程度,恢复载波的频率和相位的偏差,又会降低系统性能,在一些对设备要求严格的场合,如移动通信等,就难以满足要求。

(7)多网工作。直扩和跳频都具有很强的多址能力,频谱利用率相对于单载波系统而言,可能会高些。就跳频和直扩而言,跳频的组网能力较直扩强,频谱利用率较直扩高。

(8)兼容。兼容是现代通信必须考虑的问题,而且是对系统提出的一个重要的性能指标,在这个问题上,跳频比直扩更为灵活。

(9)通信安全保密。扩频系统本身就具有很好的保密功能,但就直扩和跳频而言,直扩信号谱密度低,信号淹没在噪声之中,可防窃听、防测向,是不可见的。而跳频系统虽然在很宽的频带上跳变,但其瞬时功率谱较大,是可见的,因而性能不如直扩。

(10)语言可懂度。跳频在频率转换时需调谐时间,不能传输信息。在相同的信息速率情况下,直扩优于跳频。

由上可知,直扩和跳频各有千秋,二者的部分优缺点正好是互补的。

4.8　跳时系统

跳时系统使用伪随机码控制信号发送时刻及发送时间的长短。它和跳频的差别在于一个控制的是频率,而另一个控制的是时间。在时间跳变中,将一个信号分为若干时隙,由伪随机码控制在哪个时隙发送信息。时隙选择、持续时间的长短也是由伪随机码控制的。

因此，信号是在开通的很短的时隙中，以较高的峰值功率传输的，也可以看成一种随机的脉位调制(PPM)和脉宽调制(PWM)。跳时系统的工作原理如图 4 - 25 所示，产生的跳时信号如图 4 - 26 所示。

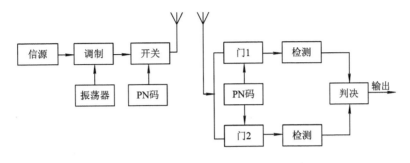

图 4 - 25　跳时系统原理框图

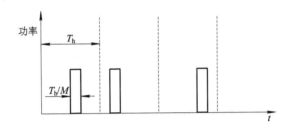

图 4 - 26　跳时信号

在发送端，经调制后的信号送到一个开关电路，此开关的启闭受一伪随机码的控制，以脉冲的形式发送出去。在接收端，本地伪随机码产生器与发端的伪随机码产生器完全同步，用于控制两个选通门，使传号和空号分别由两个门选通后经检波进行判决，从而恢复出传送的信息。

跳时系统的处理增益为

$$G_P = \frac{1}{占空比} = \frac{1}{D} = M \qquad (4 - 21)$$

跳时系统的优点在于能够用时间的合理分配来避开附近发射机的强干扰，是一个理想的多址技术(TDMA)。但当同一信道中有许多跳时信号时，某一时隙可能有几个信号互相重叠。因此跳时系统也和跳频系统一样，必须采用纠错编码，或采用协调方式构成时分多址。从抑制干扰角度看，跳时系统用得很少，一般与其他扩频方式，如 FH/TH、TH/DS、FH/TH/DS 等组合使用。因为跳时系统抗干扰的办法是减少占空比，对干扰机而言，因不易侦查跳时系统中所用的伪随机码，要有效地对跳时系统实施干扰，就必须连续发射强干扰信号。

4.9　混合扩频系统

前面介绍了三种基本的扩频方式，由于它们的扩频方式不同，抗干扰的机理也不同。

虽然这几种方式都具有较强的抗干扰性能，但它们也有各自的不足之处。在实际中，有时单一的扩频方式很难满足实际需要，若将两种或多种扩频方式结合起来，扬长避短，就能达到任何单一扩频方式难以达到的指标，甚至还可能降低系统的复杂程度和成本。最常用的混合扩频方式有 FH/DS、TH/DS、FH/TH 等。现以 FH/DS 系统为例进行讲述。

跳频和直扩系统都具有很强的抗干扰能力，是用得最多的两种扩频技术。由前面的分析可知，这两种方式都有自己的独到之处，但也存在着各自的不足，将两者有机地结合起来，可以大大改善系统性能，提高抗干扰能力。FH/DS 和 FH、DS 一样，是用得最多的扩频方式之一，其原理如图 4 - 27 所示。

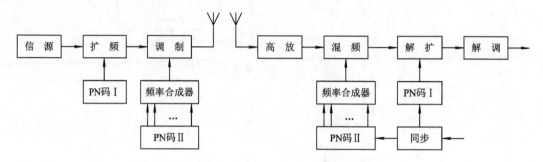

图 4 - 27　FH/DS 原理图

需要发送的信号首先被伪随机码 I 扩频，然后调制由伪随机码 II 控制的频率合成器产生的跳变频率，被放大后发送出去。接收端首先进行解跳，得到一固定中频的直扩信号，然后进行解扩，送至解调器，将传送的信号恢复出来。在这里用了两个伪随机码，一个用于直扩，一个用于控制频率合成器。一般用于直扩的伪随机码的速率比用于跳频的伪随机码的速率高得多。FH/DS 信号频谱如图 4 - 28 所示。占有一定带宽的直扩信号按照跳频图案伪随机地出现，每个直扩信号在瞬间只覆盖系统总带宽的一部分。

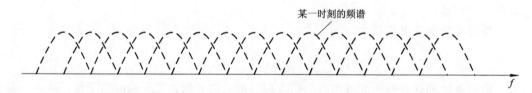

某一时刻的频谱

图 4 - 28　FH/DS 信号频谱

采用 FH/DS 混合扩频技术，有利于提高系统的抗干扰性能。干扰机要有效地干扰FH/DS 混合扩频系统，需要同时满足两个条件：① 干扰频率要跟上跳变频率的变化；② 干扰电平必须超过直扩系统的干扰容限。否则，就不能对系统构成威胁。这样，就加大了干扰机的干扰难度，从而达到更有效地抗干扰的目的。混合系统的处理增益为直扩的处理增益和跳频的处理增益的乘积，即

$$G_\mathrm{P} = \frac{B_{射频}}{B_{信息}} = N \cdot \frac{B_\mathrm{DS}}{B_\mathrm{S}} \tag{4-22}$$

或

$$G_\mathrm{P} = 10 \lg N + 10 \lg \frac{B_\mathrm{DS}}{B_\mathrm{S}} \ \mathrm{dB} \tag{4-23}$$

式中：B_{DS} 为直扩信号带宽；B_S 为信号带宽；N 为跳频的可用频道数。

由此可见，采用 FH/DS 混合扩频系统后，提高了系统的抗干扰能力，更能满足系统抗干扰的要求，而且将跳频系统和直扩系统的优点集中起来，克服了单一扩频方式的不足，如直扩系统对同步的要求高，"远—近"效应影响大，这些不足正是跳频系统的优点；跳频系统在抗选择性衰落、抗多径等方面的能力不强，直扩技术正好弥补了它的不足。这样，直扩和跳频的结合，使系统更加完善、功能更强，提高了系统的保密程度，给敌方的窃听、截获设置了更多的障碍。

在 FH/DS 混合扩频系统的实现方面，虽然采用混合扩频体制后，势必会增加系统的复杂程度，增加成本，但在一定的条件下，采用混合扩频方式，不仅不会增加系统的复杂程度和成本，反而会简化系统，降低成本。例如，若一个系统需要处理增益达 50 dB 以上，则对一信码速率 16 kb/s 的系统来讲，直扩系统需要的伪随机码速率为 $R_c = 10^5 \times 16 \times 10^3$ c/s＝1.6×10^9 c/s＝1.6 G c/s，射频带宽达 3.2 GHz，在目前的技术条件下是无法得到的，即使得到了，其复杂程度和价格也是非常高的。若采用跳频系统，则其频率点数至少为 10^5 个，采用 25 kHz 的频率间隔，则射频带宽将达 5 GHz，这几乎是不可能的。但是，若采用 FH/DS 混合系统，情况就不同了。用直扩系统取得 30 dB 的处理增益，需要的伪随机码速率为 16 Mc/s；再用跳频系统取得 20 dB 的处理增益，需要的跳频点数为 100 个，这样，总的处理增益仍为 50 dB，相对于单一扩频方式来说，这种混合扩频方式就容易实现得多。因此，在实际使用中，性能要求较高的扩频通信系统，大都采用混合扩频方式。

习　　题

1. 为什么称跳频系统为"多频、选码、频移键控"系统？

2. 为什么跳频系统通常采用非相干解调方法？

3. 为什么跳频系统基本上不存在远—近效应问题？

4. 试以窄带固定频率干扰为例，解释一下跳频系统的抗干扰机理。

5. 设一跳频系统，收发设备距离为 45 km，转发干扰机与收发设备之间的距离分别为 60 km 和 45 km。试计算当频率跳变系统躲避转发干扰时，所需的最小跳频速率。

6. 若跳频系统的带宽为 6 MHz，频率排列是相邻的，数据率为 1 kb/s，跳频速率为 3 khop/s，那么这个系统应该用多大的射频带宽？其处理增益是多少？

7. 直扩技术和跳频技术克服多径干扰分别采用什么方法？哪种方法更有效？

8. 若伪随机码的速率为 10 Mc/s，频率数为 200，那么数据速率为 3 kb/s 的跳频/直扩系统的处理增益为多少？

9. 试分析采用跳频技术和直扩技术的混合系统的优势。

10. 什么是跳频图案？采用 m 序列构造跳频图案的结构模型有哪些？

第 5 章　扩频通信的扩频码同步

除了有一般数字通信系统要求的载波同步、位同步和帧同步外，扩频系统还有其特有的扩频码序列同步的要求，即要求收发双方不仅时钟频率要对准，而且要求码序列的起始位要对齐。因此，扩频系统的同步问题较数字通信系统更为复杂。

扩频系统同步首先就要求到达接收机的编码信号与接收机本地的参考信号在码的图案位置和码时钟速率都是准确一致的，这样才能进行相关解扩；如果不一致就有了同步不确定性。实现同步包括同步捕获和同步跟踪，这是扩频通信系统工作成败的关键问题，它贯穿整个通信的全过程。

本章先讨论同步的不确定性原因，再讨论同步捕获的技术方案，然后分别讨论直扩系统和跳频系统的同步捕获和同步跟踪问题。

5.1　同步不确定性的来源

扩展频谱系统中，对同步来说存在两类一般的不确定性，即码相位和载波频率的不确定性。在扩频接收机能够正常工作之前必须解决不确定性，否则系统就不能正常地接收扩频信号。码相位的分辨率必须小于 1 比特（切普）；从接收机看，中心频率的分辨率必须使解扩后的信号落到相关滤波器的频带范围内，并且将本地载波频率始终对准输入信号的载波频率，以便使解调器能正常工作。这就是解决码相位不确定性和载波频率不确定性要达到的最起码的要求。

引起同步不确定性的因素主要有以下几个方面。

1. 频率源的漂移

一般通信系统中所用的频率并不像我们希望的那样稳定，频率源频率的漂移对频率不确定性的影响是不能忽略的。在扩频系统中，频率不确定性的其他结果也是显而易见的。频率源频率的漂移，将引起码元时钟速率的偏移，积累为码相位的偏移；频率源频率的漂移，还会引起载波频率的漂移，使系统性能下降。对数字通信而言，最严重的还是码相位的偏移，使系统性能下降。对于码发生器，当时钟速率偏移 10 Hz 时，将变成 10 bit/s 的累积码元偏差，一小时后就会引起相位偏差 36 000 bit，这样会造成系统不能正常工作。影响频率源的稳定度的因素有温度、晶体的切割方向、振幅稳定性和放大器噪声等。林赛（Lindsey）和路易斯（Lewis）详细分析了频率源的不稳定性问题。图 5-1 说明了各种相对码速率偏移对系统的积累偏移的影响。

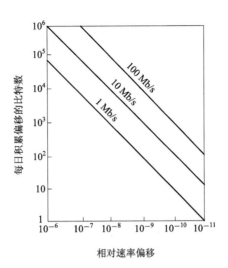

图 5-1　不同码速时相对速率偏移与每日积累偏移的关系

因此，一般的扩频系统都要求有很高的频率稳定度的频率源，至少应达 10^{-6} 数量级以上。在不通信时，有的电台为了保持一些信息，如入网、时钟、密钥等，用了较高稳定度的频率源，而在开机后，为了保证通信质量，转为高稳定度的频率源。开机后频率不会同步，有一个随机相位问题，因而需要完成频率同步。

2. 电波传播的时延

同步不确定性的主要来源是那些与时间和频率有关的因素。如果接收机能够精确地知道通信距离和发射时间，发射机和接收机都具有足够准确的频率源，它们就能得到所需的定时，就没有同步问题了，但这些只是一种假设。对移动情况，由于位置的变化，必将导致传输时间的变化，因而接收机仍然需要不断地跟踪发射机的频率和相位。

3. 多普勒频移

在发射机和接收机中使用精确的频率源，可以去掉大部分码速率、相位和载频的不确定性，但不能完全克服由于多普勒频移引起的载波和码速率的偏移。随着移动式发射机/接收机的每一次相对位置的改变，就会引起码相位的变化。加到接收信号上的多普勒频率不确定的大小是接收机和发射机相对速率及发射频率的函数。

多普勒频移的大小为

$$\Delta f = \frac{v}{\lambda} = \frac{vf}{c} \text{ Hz} \tag{5-1}$$

式中：v 为发射机与接收机的相对位移速度；f 为发射频率；c 为电磁波的传播速度，值为 3×10^{8} m/s。

当频率高时，多普勒频移是一个很重要的参数，如 $f = 1$ GHz 时，相对运动速度 $v = 100$ km/h $= 27.8$ m/s，则多普勒频移 $\Delta f = 92.7$ Hz。接收机频率 $f_{收}$ 为

$$f_{收} = f_{发} \pm \frac{vf}{c} \tag{5-2}$$

式中，频率增加的正号表示收、发机相互接近的运动，负号表示收、发机反向运动。

4. 多径效应

多径效应是在传输过程中由于多路径（反射、折射）传播引起的。多径效应对系统的影响主要是引起码相位、载波频率相位延迟，造成同步的不确定性。

5.2 直扩系统的伪码同步

5.2.1 伪码同步的概念及实现步骤

直扩系统接收机除完成与扩频信号相匹配的宽带射频放大和滤波外，主要完成四方面的任务：首先要进行伪随机码的同步，来为相关解扩提供与接收信号精确同步的本地参考伪码信号；然后完成相关解扩，将有用信号压缩为窄带中频信号；再次进行载波同步，为相干解调恢复同频同相的载波信号；最后完成中频相干解调，恢复有用信号。可见伪随机码的同步是直扩系统可靠通信的必不可少，也是至关重要的一步。

直扩系统的同步有以下几种：

（1）伪随机码同步。只有完成这一同步，才可能使相关解扩后的有用信号落入中频相关滤波器的通频带内。

（2）位同步。实际上包括伪随机码的切普同步和传输信息的码元定时同步。

（3）帧同步。提取帧同步后，就可提取帧同步后面的信息。

（4）载波同步。直扩系统多采用相干检测，载波同步后，可为解调器提供同步载波；另一方面，保证解扩后的信号落入中频频带内。

后面三种同步与一般通信系统基本相同，这里主要讨论伪随机码的同步。

一般伪随机码的同步可分为两步进行：

（1）初始同步，或称粗同步、捕获。它主要解决载波频率和码相位的不确定性，保证解扩后的信号能通过相关器后面的中频滤波器，这是所有问题中最难解决的问题。当同步已经建立时，通常可以根据已得到的定时信息建立后面的同步。通常的工作方式是所谓的冷启动，就是并没有关于定时的预先信息，或至多只知道极少的信息，并不知道所需要的与发射机或接收机达到同步的合适的时间结构。捕获过程中要求码相位的误差小于 1 比特（切普）。

（2）跟踪，或称精同步。在初始同步的基础上，使码相位的误差进一步减小，保证本地码的相位一直跟随接收到的信号码的相位，在一规定的允许范围内变化。这种自动调节相位的作用过程就称为跟踪。

一般伪码同步系统的同步过程可用图 5-2 来描述。接收机对接收到的信号首先进行搜索，对收到的信号与本地码相位差的大小进行判断，若不满足捕获要求，即收发相位差大于一个码元，则调整时钟再进行搜索，直到使收发相位差小于一个码元时，停止搜索，转入跟踪状态。然后对捕捉到的信号进行跟踪，并进一步减小收发相位差到要求的误差范围内，以满足系统解调的需要。与此同时，不断地对同步信号进行检测，一旦发现同步信息丢失，马上进入初始捕获阶段，进行新的同步过程。

这里的跟踪与一般的数字通信系统的跟踪类似，关键还是在第一步——捕获。

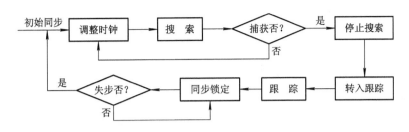

图 5-2 同步的流程图

5.2.2 伪码的捕获方法

用于扩频的伪随机码的长度很长并且码速率很高，码相位不确定性的范围大，而伪码同步还要求同步的精度高，所以要同步是很困难的。必须尽可能地使用最少的硬件，尽快地完成同步。这是各种同步方法的目标。

目前直扩系统中初始同步的方法很多，广泛使用的技术主要有滑动相关法、匹配滤波器法以及顺序估计快速捕获法等。下面先介绍一些扩频系统中可用的伪码同步的方法，随后依次讨论上面三种方法。

1. 同步头法

同步头法的实质是在滑动相关器中使用一种特殊的码序列，这种码序列较短，短得足以使滑动相关器在合理的时间内通过各种可能的码状态，完成起始同步的搜索。这种专门用来建立起始同步的码，称为"同步头"。采用这种方法时，发射机在发送数据信息之前，先发同步头，供每一个用户接收，即建立同步并且一直保持，然后再发送信息数据。同步头是对几乎全部同步问题的一个很好的解决方法。当采用同步头时，距离的估测是不必要的，捕获时间决定于同步头的长度。例如考虑一个航空电子系统，在接收信号之前，不能得到任何有关方向、速度和距离的信息。在每次发射开始时发射同步头，可以使普通应答系统在事先不知道相对位置的情况下工作。

典型的同步头的长度，可以从几百比特到几千比特，这取决于特定系统的要求。当要传输的信息在一个特定的频带内时，要适当地选择同步头长度，使它的重复频率不要落入这个频带内。由于码重复而产生的 X 个干扰的频率，在距离 R_c/L 的各间距上出现，这里 R_c 为伪随机码的切普速率，L 是码长的切普数。如果同步头的重复速率在系统的信息带宽内，则两个或多个频谱分量将在解调器的带宽内出现，好像是一对调制边带，于是有效地干扰了所要的信号。虽然同步头的重复速率可能起增加干扰的作用，但是我们还无法选择同步头重复速率使它不在信息频带内产生频率分量。无论频谱成分能分开多远，干扰频率的变化总能引起一个分量落到信号频带内。

另一个极端情况是，我们可以这样选择同步头长度和码速率，使得重复速率在信息频带内产生很多频谱分量（这意味着较长的码序列以及较低的码速率），如果同步头重复速率产生的频率分量位于信息频带之下，那么产生的这个干扰是允许的。

同步头方法有一个严重的缺陷，这个缺陷也正是由使它工作得很好的那个码特性引起的，即可以快速捕获的较短的序列长度，更容易受到假相关的影响，而且这种短码可能被有意的干扰者复制。然而，除了这一弱点之外，同步头法要求最低、最易实现、最简单，因而最适合于各种应用的同步方法。

同步头长度的选择由以下几个标准来确定：最小码长受允许的互相关值和对干扰抑制要求的限制；最大码长受允许搜索时间的限制；同步码的速率应和整个系统的时钟速率一致；同步头的重复频率不得落入信号频带内。

2. 跳频同步法

跳频系统使用的伪随机码速率要比直扩系统使用的伪随机码速率低得多，因而其同步建立时间也就短得多。由于使用的码速低，为达到给定的时钟误差，积累就慢得多。如时钟稳定度为 10^{-6}，对于一个伪随机码速率 $R_c=50$ Mc/s 的直扩系统，20 ms 可以积累 1 个切普的误差，而对于一个码速为 50 kc 的跳频系统，在 20 s 内才积累一个切普的误差，因此跳频系统的码相位不确定性比直扩系统小得多。由于这个原因，直扩系统在同步建立过程中，可以用跳频状态工作，迅速建立同步，然后再转到直扩方式工作。

跳频同步可以采用两个不同速率的码序列：一个高速码用于直扩方式工作，一个低速码用于跳频，但两个码的速率应有一定的关系。例如，假设要同步的直扩伪随机码为 10^6 切普长，切普速率为 10 Mc/s，则可取 10 kc/s 的低速码，码长为 1000 切普。让这两个码序列同步，使它们的起点一致，这就得到一对序列，其中低速码 1 切普对应于高速码的 1000 切普。

先用低速码进行初始同步，这时存在的最大的同步不确定性将不大于 1000 切普，而不是高速码的 10^6 切普。因此起始同步可在 1 ms 的时间内完成。起始同步搜索到短码后，还必须继续搜索，直到同步在高速码的 1 切普范围内。由此可以看出，在 1000 切普不确定性上搜索两次，就能分辨出 10^6 切普的不确定性。采用这种方法，需附加一跳频频率合成器，设备复杂，主要用于同步头极长的地方。

只有在频率合成技术相当完善的情况下，跳频同步法对直接序列同步来讲才是一种很好的替代方法。

3. 发射参考信号法

当接收系统必须尽可能简单时，发射参考信号可以用于起始同步捕获、跟踪或同时用于两者。发射参考信号法的接收机既不用伪随机码发生器，也不用其他的本地参考振荡器，相应的伪随机码参考信号也是发射机产生的，并同所要的载有信息的信号同时发送。跳频和直扩两种系统都适合采用发射参考信号法。图 5-3 为该系统的原理框图。

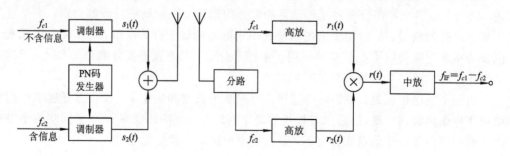

图 5-3 发射参考信号的同步方法

发送端把含有信息的已调信号与不含信息的 f_{c1} 同伪随机码进行调制后，合并、放大，然后发送出去。在接收端，两个频率的信号分别在两个通道中放大，经过相关运算后，取出中频，解调后还原出信息。设发送的两个信号分别为 $s_1(t)$ 和 $s_2(t)$，即

$$s_1(t) = c(t)\cos\omega_{c1}t \tag{5-3}$$

和

$$s_2(t) = a(t)c(t)\cos\omega_{c2}t \tag{5-4}$$

式中，$c(t)$ 和 $a(t)$ 分别为伪随机码和传送的信息。在接收端，$r_1(t)$ 和 $r_2(t)$ 分别对应 $s_1(t)$ 和 $s_2(t)$。不考虑衰减问题，$r_1(t)$ 和 $r_2(t)$ 相乘后得

$$r(t) = r_1(t)r_2(t) = a(t)c^2(t)\cos\omega_{c1}t\,\cos\omega_{c2}t = a(t)\,\cos\omega_{c1}t\,\cos\omega_{c2}t \tag{5-5}$$

经中频滤波后，为

$$r'(t) = \frac{1}{2}a(t)\cos(\omega_{c1} - \omega_{c2})t = \frac{1}{2}a(t)\cos\omega_1 t \tag{5-6}$$

对信号进行解调，就可恢复出 $a(t)$。若 $a(t)$ 为同步信息，就可用 $a(t)$ 调整接收机的时钟及其他同步参数，使收发双方同步。一旦同步后，就按直扩方式工作，参考信号停止工作。

这种同步方法不需接收机产生同步的码序列和本地振荡频率，从而使系统简化；它不需搜索和跟踪就可完成同步；同时，成本低、重量轻也是这种方法的一大优点。但这种同步方法易受干扰，若两个干扰频率之差为中频，就会形成干扰。参考码信道在传输过程中引入了噪声，一旦干扰进入了有用信号信道或参考信道，在相关器内就会形成干扰输出，降低信号质量。

4. 发射公共时钟基准法

发射公共时钟基准法以某个高精度的时间作为基准，向其他用户提供标准时钟。各用户定期地和基准时钟核对，这样就可大大减少各用户之间的时间的不确定性。但这并不意味着对于同步捕获不要求搜索步骤，即使发射机和接收机的伪随机码发生器是完全定时间校准的，从一个系统的发射到一个系统的接收，由于信号传输需要时间，发射信号到达接收机时与接收机有一定的时延差，而这个时延差随收发信机的位置变化，因此，总是需要一定的搜索和跟踪。甚至在伪随机码切普速率是精确的、距离已完全知道的情况下，仍然需要搜索和跟踪。这种方法只是大大缩短和简化了同步的搜索过程。

这种方法已在卫星通信中应用，未来的通信系统将会普遍采用这种方法。基准时钟法对移动用户特别有吸引力，用少量高精度频率源就可改善广大用户的频率稳定度，并向他们提供位置距离的精确数据。

5. 突发同步

突发同步法是指发射机在发送信息之前，首先发射一个短促的高速脉冲，供给接收机以足够的信息，以便使接收机建立同步。在突发同步期间，除了码字以及载波同步之外，不发送信息，突发同步后被发送的信息跟着转换到直扩信号的发射上。这种方式也可用于跳频系统。

由于同步信号是猝然发射，突然停止，对任何有意的干扰者都是出其不意的，加之这种脉冲峰值功率超过正常功率的许多倍，因而具有较强的抗干扰能力。

6. 用特殊码建立同步

在一些系统中，采用特殊码来完成同步捕获，对扩频系统的迅速锁定很有好处。在测

距系统中，要求同步建立时间短，就采用了一种 JPL 组合码，它由几个短码组成。设子码序列的长度分别为 $2^m-1,2^n-1,\cdots,2^r-1$，且 $m\neq n\neq\cdots\neq r$，即要求这些子码的长度彼此互质。组合码和 m 序列的自相关特性不一样，m 序列在一个周期内只有一个相关峰值点，而 JPL 码则有 $P+1$（P 是 JPL 组合码中子码的数目）个，而且除了一个以外的所有自相关峰值只（并分别）与组成这个组合码的各个子码有关，最高的自相关峰值对应于整个组合码同步。

用 JPL 组合码来同步是先用一个子码与组合码进行滑动相关搜索，一旦这个子码与嵌在组合码中的其他对应子码达到同步，就产生局部相关。这个局部相关就成为进行第二个子码进行滑动相关搜索的开始信号，第二个子码的局部相关峰值增加……这个过程一直继续到组成组合码的全部子码都各自与接收信号中的对应部分同步为止。当全部子码都各自同步时，这个相关就像组合码直接被同步一样。这个方法的优点在于，它提供了快速捕获而不必用同步头，或者说除了组合码本身之外不用其他任何东西，建立时间快。比如说，当子码的长度分别为 200、500 和 1000 切普时，分别搜索各个码（共 1700 切普）的过程，比搜索组合码（长度为 $200\times500\times1000=10^8$ 切普）要快得多。JPL 码的产生方法如图 5-4 所示，用此方法可以得到极长的码。这种码对于在长距离上进行无模糊的测距是很有用的，这些长码是由级数较少的移位寄存器来实现的。

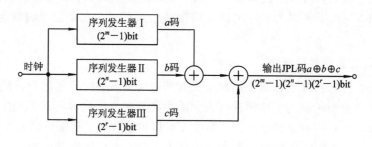

图 5-4　典型的 JPL 码发生器

5.3　滑动相关捕获法

滑动相关捕获法是一种串行搜索的方法。它连续地搜索所有可能使用的码相位和频率，直到确认找到了正确的相位。通过对每个参考相位进行估计，滑动相关捕获法尝试对接收的信号进行解扩。如果对码相位的估计正确，则能解扩并能检测到信号。如果对码相位估计不正确，接收信号将无法被解扩，参考信号会改变相位，用一个新的相位继续进行估计，直到完成同步。依据具体的实现方案，滑动相关捕获法可分为单积分滑动相关法和多积分滑动相关法。

5.3.1　单积分滑动相关捕获法

滑动相关检测是一种最简单、最基本的捕获方法。图 5-5 为单积分滑动相关同步的原理框图。它采用与发端频率有差别的时钟来驱动本地码（码型已知），由于时钟差而引起接收信号与本地产生的伪随机码的相对滑动。滑动过程中码不重叠时，相关器输出噪声；当两码接近重合和重合时，有相关峰出现，经包络检波、积分后输出脉冲电压。当输出的脉冲电压超过门限时，表示已检测到码位同步（至少到 1 切普之内），于是给出停止搜索，转入跟踪状态的控制信号。跟踪状态用另一锁相环路来完成。转入跟踪状态后，时钟恢复到正常的频率上去。图 5-6 为滑动相关捕获的流程图。

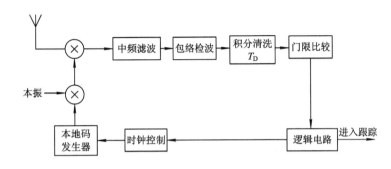

图 5-5　单积分滑动相关同步原理框图

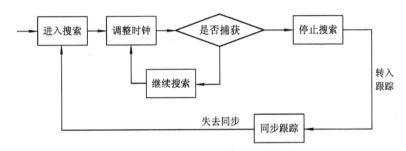

图 5-6　滑动相关捕获流程图

在滑动相关过程中，因为没有载波同步，不可能进行相干检测，因而采用诸如平方检波器的包络检波器进行非相干检测。相关器中包括乘法器、中频滤波器、积分清洗电路等。

已知伪随机码具有良好的相关性能，如图 5-7 所示。当两码相对位移 $\tau=0$ 时，出现相关尖峰，而不相关时，相关系数很小（近似为零）。故一旦尖峰出现，就表明两条码正好重合。对这个相关峰进行处理，就可判断初始同步是否完成。

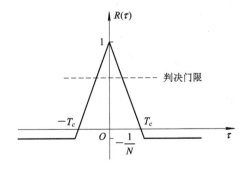

图 5-7　伪随机码的相关特性

为了减小干扰和噪声对判决的影响以降低虚警概率（未完成捕获而判为捕获完成的概率），积分时间应长些，比如接近 $T_{D1}=NT_c$（T_{D1} 和 T_c 分别表示信息码宽度和伪码的切普宽度，N 为伪码长度），但是这样会增加捕获时间。另外，为了减小噪声，提高检测概率（捕获完成并能判为捕获完成的概率),相关后的带宽(包括带通和积分器)要窄;从缩短捕获时间来看,应加快滑动速度,即加大收发时钟频率差,又要求带宽要宽,这两者是矛盾的。当滑动速度快时,相关器输出的相关脉冲窄,窄的脉冲将不易通过后面的低通滤波器;当滑动速度慢时,相关器输出的脉冲宽,有利于通过低通滤波器。图 5-8 给出了两种情况下相关器的输出,对应滑动的两个切普(并不是指伪随机码的两个切普宽度 $2T_c$,相对滑动后切普宽度随相对滑动速率改变)。为了使相关器输出的相关峰值通过低通滤波器,相对滑动速度应受到低通滤波器上升时间或带宽的限制。

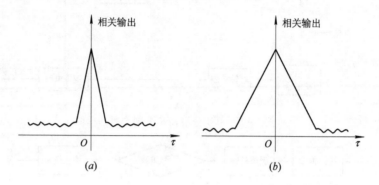

图 5-8　滑动相关器输出波形
(a) 滑动快;(b) 滑动慢

设 R_c 和 R'_c 分别为发端和收端伪随机码的速率,BW 为相关器后的低通滤波器的带宽,则低通滤波器的阶跃响应的上升时间为 0.35/BW。每秒钟相对滑动的切普速率为 $R'_c - R_c$,则滑过两切普的时间为 $2/(R'_c - R_c)$。要使相关峰值通过低通滤波器,则要求滑过两切普的时间大于低滤波器的上升时间,因此有

$$\frac{2}{R'_c - R_c} \geqslant \frac{0.35}{\text{BW}} \tag{5-7}$$

由此可得两码相对滑动速率与低通滤波器带宽的关系为

$$R'_c - R_c \leqslant \frac{2\text{BW}}{0.35} \tag{5-8}$$

例如,一系统的相关器后面的低通滤波器带宽为 1 kHz,则相对的滑动速率最大为 5.7 kc/s。如果码序列很长,偏移若干兆切普,滑动到相关点的时间可能是非常长的,可达几十分钟,甚至几小时、几天的时间。如前述条件,1 kHz 的带宽,最大相对滑动速率为 5.7 kc/s,若码序列长为 10^8 s,则最长捕获时间为 $10^8/(5.7 \times 10^3)$ s=4.8 小时,这在实际中是难以忍受的。

虽然单积分滑动相关捕获法的主要缺点是捕获时间长,但它的基本思想仍是非常可取的。在此基础上,人们研究了许多缩短码序列的不确定性的方法,以降低滑动相关器的捕获时间,如上节介绍的同步头法、用特殊码型建立同步的方法等,都是基于滑动相关法捕获的。

5.3.2　双积分滑动相关捕获法

由上节的分析可以看出,单积分滑动相关捕获法虽然捕获的电路简单,但是当扩频码序列很长时,同步捕获的时间很长。每次同步捕获从开始到完成的过程中必定要经历许多

非同步状态，因为在扩频码序列 N 个相位中，要寻找的同步相位只有一个，而其余 $N-1$ 个都是非同步相位。减小积分时间 T_D，当然能快速地抛弃这些非同步相位，然而与此同时，虚警概率将增大，导致要花费更多的时间来消除虚警才能使电路进入同步状态。

为了缩短平均同步捕获时间，可以采用多积分检测的同步捕获方法。多积分检测器中具有若干个积分电路，并且各个积分电路具有不同的积分时间。捕获开始时，先用积分时间最短的积分器进行积分并对其输出进行判决，这样可以快速地抛弃那些非同步状态。当然，这会引起很高的虚警概率。如果检测器的输出大于设定的门限值，判决为同步（其中可能包含虚警），再用积分时间更长的积分器来检测，进一步判决以去除虚警，直至所有检测器的输出都大于所对应的门限值时，才判定为同步。这样通过快速去除非同步相位，系统的平均同步捕获时间就可以大为降低。

最常使用的多积分检测是采用双积分检测，即将单积分滑动相关同步捕获系统改为双积分滑动相关同步捕获系统。根据其两个积分器相对位置的不同，双积分滑动相关捕获系统又可分为串行双积分滑动相关捕获系统和并行双积分滑动相关捕获系统。

串行双积分滑动相关捕获系统如图 5-9 所示。它把原单一积分时间为 T_D 的积分器改为积分时间为 T_{D1} 和 T_{D2} 的两个积分器，并且 $T_{D1} < T_{D2}$。第一个积分时间为 T_{D1} 的积分器仅提供一个捕获到扩频码序列相位的粗略估值，在此基础上第二个积分时间为 T_{D2} 的积分器提供一个本地参考扩频码序列是否进入同步跟踪的更准确的估值，整个系统的滑动处理流程如图 5-10 所示。

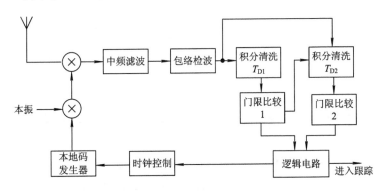

图 5-9 串行双积分滑动相关捕获系统

开始时，第一个积分器工作，判决该积分器输出是否大于预先设定的门限值，如果小于所设定的门限值，输出一信号使本地参考扩频码序列的相位滑动，再重复进行该积分。这和单滑动相关捕获法的工作过程相同。

如果第一个积分器的输出大于预先设定的门限值，则输出一信号启动第二个积分器，不改变本地扩频码序列的相位，进行 T_{D2} 的积分。由于 $T_{D1} < T_{D2}$，第二个积分器将提供更高的检测概率和更低的虚警。如果第二个积分器输出大于预定门限，则完成同步的捕获转入同步跟踪；如果第二个积分器输出小于预定门限，则积分门限比较器输出信号保持本地参考扩频码序列的相位滑动，再一次重复上述的相位搜索同步捕获过程。

并行双积分滑动相关捕获系统如图 5-11 所示。第一个积分器的积分时间为 T_{D1}，第二个积分器的积分时间为 T_{D2}，且积分时间满足 $T_{D1} < T_{D2}$。两个积分器彼此并行，同时进行积分。捕获开始，第一个积分器进行 T_{D1} 的积分并对输出进行判决，如果小于门限值，则

对两个积分器同时清零，开始下一个相位的检测；如果大于门限，则第二个积分器继续 T_{D2} 积分，并对输出进行判决，一直到两个积分器的输出都大于门限值时，才表明扩频序列已同步，同步捕获完成，两积分器同时进入跟踪。

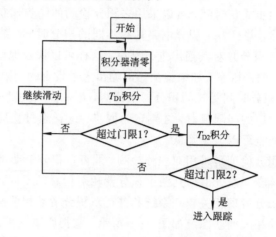

图 5-10　串行双积分滑动捕获流程

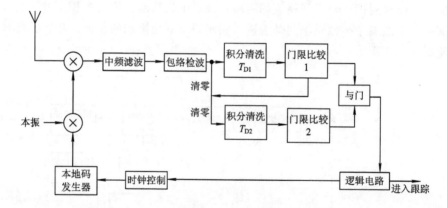

图 5-11　并行双积分滑动相关捕获系统

若任何一个积分器的输出低于预定的门限值，则都要保持本地参考扩频码序列的相位滑动，并将两个积分器清零，再次进行积分比较，直到实现捕获。

双积分滑动相关捕获系统能够缩短捕获的时间，并且能够降低虚警概率，增加捕获判定的可靠性。

5.4　匹配滤波器捕获法

设接收机的线性滤波器输入端加入的信号与噪声的混合波形为

$$r(t) = s(t) + n(t) \tag{5-9}$$

其中，$n(t)$ 是加性高斯白噪声，功率谱密度为 $P_n(\omega) = n_0/2$ ，而信号 $s(t)$ 的功率谱密度函数为 $S(\omega)$ 。设计要求线性滤波器在某个时刻 T 上有最大的信噪比，以此来设计出匹配滤波器。

根据线性叠加原理，该滤波器的输出可分为两部分，即信号部分和噪声部分，可表示为

$$g(t) = s_0(t) + n_0(t) \tag{5-10}$$

式中

$$s_0(t) = s(t) * h(t) = \frac{1}{2\pi} \int_{-\infty}^{\infty} H(\omega) S(\omega) e^{j\omega t} d\omega \tag{5-11}$$

$n_0(t)$ 的平均功率 N_0 为

$$N_0 = \frac{1}{2\pi} \int_{-\infty}^{\infty} |H(\omega)|^2 \cdot \frac{n_0}{2} d\omega = \frac{n_0}{4\pi} \int_{-\infty}^{\infty} |H(\omega)|^2 d\omega \tag{5-12}$$

令 T 为某一指定时刻，则滤波器输出的瞬时信号功率与噪声平均功率之比为

$$\gamma_0 = \frac{|s_0(t)|^2}{N_0} = \frac{\left| \dfrac{1}{2\pi} \displaystyle\int_{-\infty}^{\infty} H(\omega) S(\omega) e^{j\omega t} d\omega \right|^2}{\dfrac{n_0}{4\pi} \displaystyle\int_{-\infty}^{\infty} |H(\omega)|^2 d\omega} \tag{5-13}$$

利用施瓦尔兹不等式可得

$$\gamma_0 \leqslant \frac{\dfrac{1}{4\pi^2} \displaystyle\int_{-\infty}^{\infty} |H(\omega)|^2 d\omega \cdot \int_{-\infty}^{\infty} |S(\omega)|^2 d\omega}{\dfrac{n_0}{4\pi} \displaystyle\int_{-\infty}^{\infty} |H(\omega)|^2 d\omega} = \frac{2E}{n_0} \tag{5-14}$$

若

$$H(\omega) = kS^*(\omega) e^{-j\omega T} \tag{5-15}$$

则 γ_0 有最大值，即滤波器的最大输出信噪比 $\gamma_0 = 2E/n_0$。

由此可知，在白噪声情况下，按式(5-15)设计的线性滤波器将能在给定时刻 t_0 上获得最大输出信噪比 $2E/n_0$。由于其传输特性与信号的复共轭一致，故称之为匹配滤波器。对式(5-15)进行傅氏变换，可得匹配滤波器的冲激响应为

$$h(t) = ks(T-t) \tag{5-16}$$

即 $h(t)$ 为信号 $s(t)$ 的镜像信号 $s(-t)$ 在时间上平移 T。

如果利用匹配滤波器对扩频基带信号进行同步捕获，首先要对接收到的扩频信号进行放大、载波解调，解调后的信号为

$$s(t) = Ad(t-T_d)c(t-T_d) + 2n(t)\cos(2\pi f_1 t + \varphi_0)$$

假设捕获期间发送数据信号 $d(t-t_d) = 1$，则接收到的就是扩频码序列。接收到的扩频码被送入 N 级移位寄存器。利用匹配滤波器对伪随机码的整个周期的码字进行匹配，取 $T = NT_c$。图 5-12 给出了基带匹配滤波器同步捕获系统。

图中匹配滤波器的冲激响应(抽头系数)为

$$h(i) = c(N-1-i), \qquad i = 0, 1, \cdots, N-1 \tag{5-17}$$

即抽头系数为扩频码的一个相位状态。这样存储在移位寄存器中的扩频码与抽头系数对应位相乘后再相加实际上是求扩频码序列的自相关函数值。当存储在移位寄存器中的扩频码的相位状态与抽头系数不一致时，滤波器的输出值很低(对应扩频码自相关函数的旁瓣值)，应继续输入接收扩频码的下一个相位状态，做下一次相位估计，直到输入到寄存器中的接收扩频码相位与抽头系数一致时，滤波器输出最大的信号值(对应扩频码自相关函数的最大值)，那么这个信号经过包络检波后会超过预设的门限，从而标识出捕获完成。

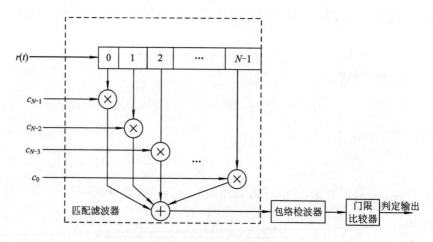

图 5-12　基带匹配滤波器同步捕获系统

　　为了降低捕获时间，可以对扩频码周期内的一部分相位或针对一个与传输时延估计有关的扩频码相位进行匹配。理论分析表明，基带匹配滤波器捕获法的平均捕获时间比滑动相关捕获法的平均捕获时间短，而设备量并没有很大的增加。因此，匹配滤波器捕获法也是一种很有效的扩频码的同步捕获法。

　　匹配滤波器也可在中频进行捕获，完成同步。中频多采用声表面波(SAW)匹配滤波器来完成，基带多采用数字集成电路或专用集成芯片(ASIC)来完成。近年来，随着计算机技术和数字信号处理技术的高速发展，采用基带匹配滤波器进行捕获变得更加高效和快捷。

5.5　顺序估计快速捕获法

　　顺序估计快速捕获法(Rapid Acquisition by Sequential Estimation，RASE)是由学者R. B. Ward 于 1965 年提出的，起先仅限于基带扩频系统，但从原则上讲这项技术可以用于任何扩频调制系统。其基本原理如图 5-13 所示。

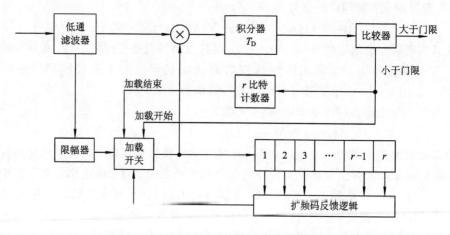

图 5-13　顺序估计快速捕获原理框图

假设输入信号是取值为 ±1 的二元序列与加性高斯白噪声。输入信号先经过低通滤波，消除大部分噪声。然后再经过限幅器限幅，限幅输出是对接收序列的估计。这个估计值被装进线性反馈移位寄存器的第一级。在连续将 r 个估计值送入 r 级线性移位寄存器后，加载开关使线性移位寄存器将输入的估计值作为初始状态并开始正常工作，生成扩频所用的伪随机码，并且将生成的伪随机码用于对接收信号进行相关处理。如果估计值作为初始状态是准确的，即移位寄存器的相位状态与输入扩频序列的相位相当接近，那么相关运算的输出值就大于预设的门限值，则比较器给出扩频码已捕获的指示信号，转入扩频码的同步跟踪。如果估计值作为初始状态是不准确的，即移位寄存器的相位状态与输入扩频序列的相位相差很远，相关运算的输出值小于门限值，则比较器给出扩频码未捕获的指示信号。这个指示信号控制装载开关继续将限幅器的输出值输入到线性移位寄存器的第一级，同时启动 r 比特计数器开始计数。r 比特计数器从 0 计数到 r 时，送出"加载结束"信号，并将计数器清零，准备下次计数。"加载结束"信号控制加载开关，使线性移位寄存器将输入的估计值作为初始状态并开始正常工作，生成扩频所用的伪随机码，并且将生成的伪随机码用于对接收信号进行相关处理。以上过程重复进行，直到获得扩频码的同步捕获为止。

理论分析表明，在极低输入信噪比时，RASE 方法和串行搜索方法（滑动相关法）具有几乎相同的平均捕获时间；如果知道一些接收码相位的先验信息，串行搜索方法的性能要优于 RASE 方法；然而在较高输入信噪比时，RASE 方法所需的同步捕获时间远远小于串行搜索方法。因此，RASE 方法适用于输入信噪比比较高的场合。

RASE 方法可以改进，比如在全面估计之前，先在几个码片时间内将扩频码发生器的输出与接收到的信号进行比较。这样可以迅速地舍弃大多数的错误加载，加快搜索速度。

5.6　直扩同步的跟踪

一旦扩频接收机与接收信号同步后，就必须使它这样工作下去：应保持锁定，用本地码准确地跟踪输入信号的伪随机码，为解扩提供必要的条件；对同步情况不断监测，一旦发现失锁，应返回捕获状态，重新同步。跟踪的基本方法是利用跟踪环来控制本地码的时钟相位，常用的跟踪环有延迟锁定环（DLL，Delay Lock Loop）和 τ 抖动环（Tau Dither Loop），下面分别介绍这两种环。

5.6.1　延迟锁定环

延迟锁定环又叫早—迟码跟踪环，图 5-14 是延迟锁定环的原理图。输入的中频信号是受伪随机码调制的信号（也可以同时受到信息调制），本地伪随机码发生器（即保证捕获时的码发生器的相位与输入码相位的差在一个伪随机码切普宽度 T_c 内的器件）的时钟由 VCO 控制，其时钟频率与发端码时钟频率相等。相关网络由两路相关器组成，两路相关器输入的本地伪随机码的相位差为 Δ，分别从码发生器的第 r 级和第 r-1 级输出，这里 $\Delta = T_c$。

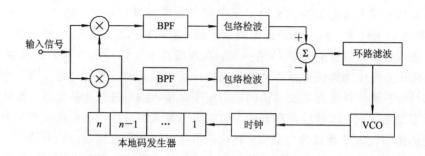

图 5-14 延迟锁定环原理框图

下面我们来分析这种环路的跟踪原理。设本地码与发端码经捕获后的时差为 τ，τ 应小于伪随机码的切普宽度 T_c，即 $\tau \leqslant T_c$。图 5-15(a) 和 (b) 为两路相关器的输出经包络检波器检波后的相关函数波形。由图 5-15 可以看出，两个相关器的相关特性是相同的，差别在于其相对位置相差一个 Δ，这是由所加的本地参考码的延迟所致。由于送入环路滤波器的信号是两个相关器的差动输出信号，因此整个相关网络的相关函数波形或误差函数波形如图 5-15(c) 所示，此特性即为延迟锁定环的鉴相特性。

图 5-15(c) 中给出了跟踪点的位置，令此时的 O 处为坐标原点，则由锁相原理可知，当 $|\tau| \leqslant \Delta/2$ 时则可以锁定，即跟踪范围为 $-\Delta/2 \sim +\Delta/2$。由于环路的反馈作用，相关网络输出的误差信号经环路滤波后，控制 VCO 的输出，从而调整本地伪随机码发生器的相位，使剩余相差很小，即在 $\tau = 0$ 附近工作。

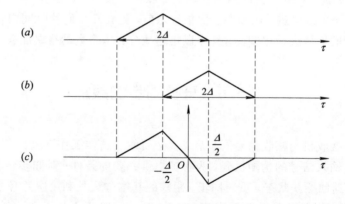

图 5-15 DLL 的相关波形

(a) 相关器 1 的相关波形；(b) 相关器 2 的相关波形；(c) 合成的相关波形

由于真正的跟踪点在 $\tau = 0$ 处，因此本地产生的伪随机码不能直接用于对接收信号的相关解扩，只有将其延迟或超前 $\Delta/2$ 后，才能用于解扩，如图 5-16 所示。由于这种环路的跟踪范围为 $-\Delta/2 \sim +\Delta/2$ 的一个 Δ 范围内，故又称之为单 Δ 值延迟锁定环。

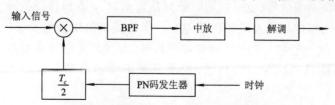

图 5-16 采用单 Δ 值 DLL 跟踪环的解扩单元

5.6.2　双 Δ 值延迟锁定环

双 Δ 值延迟锁定环的跟踪原理与单 Δ 值延迟锁定环相同，唯一的差别是用于两个相关器的本地参考码的相位不同。在图 5-14 中的单 Δ 值延迟锁定环中是用本地伪随机码发生器的第 r 级和第 $r-1$ 级的输出分别与接收信号进行相关；而双 Δ 值延迟锁定环则采用本地伪随机码发生器的第 r 级和第 $r-2$ 级的输出对接收信号进行相关，如图 5-17 所示，两个相关器的本地码的相位差为 2Δ。

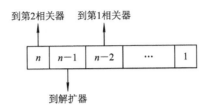

图 5-17　双 Δ 值 DLL 的本地码发生器

用与单 Δ 值延迟锁定环相同的分析方法，可得两个相关器的相关波形和双 Δ 值延迟锁定环的鉴相特性，如图 5-18 所示。由此可见，只要输入伪随机码与本地的时差 $|\tau| < \Delta$ 时，双 Δ 值延迟锁定环就可以锁定。

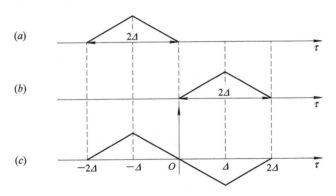

图 5-18　双 Δ 值 DLL 的相关波形

（a）相关器 1 的相关波形；（b）相关器 2 的相关波形；（c）合成的相关函数波形

将双 Δ 值延迟锁定环与单 Δ 值延迟锁定环相比较，可以看出：

（1）双 Δ 值延迟锁定环的跟踪范围比单 Δ 值延迟锁定环的跟踪范围大一倍，即前者的跟踪范围为 $-\Delta \sim +\Delta$，后者为 $-\Delta/2 \sim +\Delta/2$；

（2）单 Δ 值延迟锁定环在跟踪范围内相关函数的斜率比双 Δ 值延迟锁定环的斜率大一倍，这意味着单 Δ 值延迟锁定环的控制灵敏度高。在同一时差 r 的条件下，单 Δ 值延迟锁定环比双 Δ 值延迟锁定环的斜率大一倍，则单 Δ 值延迟锁定环要求的接收信噪比值比双 Δ 值延迟锁定环要求的信噪比低 3 dB。

（3）双 Δ 值延迟锁定环可从本地码产生器的第 $r-1$ 级输出，直接用于信号的解扩，而不必像单 Δ 值延迟锁定坏那样，需将伪随机码时移 $T_c/2$ 后才能用于解扩，因而得以简化。这从图 5-17 可以看出，跟踪点对应于伪随机码产生器的 $n-1$ 级的位置。

5.6.3 τ抖动环

τ抖动环只用一个相关支路，如图 5-19 所示，其工作原理与延迟锁定环类似。本地伪随机码发生器输入到相关器的码，在第 r 级和第 $r-1$ 级之间跳动。包络检波器的输出是一方波，这是因为所加本地码在跳变，相关器处于相关与不相关两种状态，或处于强相关与弱相关两种状态。包络检波器输出的方波信号经环路滤波和全波整流后，得到一直流信号去控制 VCO，从而达到跟踪的目的。

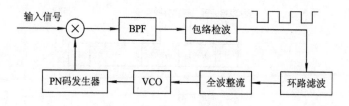

图 5-19　τ抖动环

在延迟锁定环中，两个相关器的中频通道在振幅上要求完全平衡，如果不平衡，图 5-15 和图 5-18 中的鉴相特性就要偏移，跟踪点就要改变，这样平衡时的跟踪点就不是真正的跟踪点。采用 τ抖动环后，由于只有一个相关器，因而克服了延迟锁定环由于不平衡而引起的偏移，但为此付出的代价是噪声性能的降低。

τ抖动环跟踪的原理主要是利用二进制码所具有的三角形码相关函数特性，它使接收机的码相位尽可能保持接近于接收到的码相位的状态，从而使得这两个码的定时精确地保持在相关峰上。具体做法是，人为地把相关值减小一个给定的量，观察其影响，并应用得到的信息来改进必需的相关度。图 5-20 为一典型的 τ抖动时钟跟踪环。在 τ抖动环中，有一个相位调制器，它能够把输入信号的相位移动某个量（比如说时钟周期的 1/10），用这个相位调制器来交替地调整时钟，使得该时钟推动接收机的参考码在移位前和移位后的位置之间前后移动。当这种情况发生时，接收到的码和本地码之间的相关度也会改变，这就使输入到解调器的信号振幅有了变动（这种很小的振幅改变量并不影响相移键控的信息解调器）。随着时钟相位的前后移动，信号也以相移的速率被进行了振幅调制。

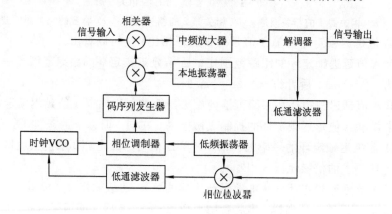

图 5-20　τ抖动时钟跟踪环

下面由图 5-21 来讨论 τ 抖动的工作情况。如果有一对相同的码序列，让其按我们所希望的方式随意变化（就它们的相位关系而言），当让它们接近完全同步点并且通过这点时，就得到了熟知的三角形函数。但如果调整码相位关系，使同步点处在曲线的 1a 点，这就是说，这两个码在负的方向上移动了约 1/2 比特，以这两个码为输入的相关器所输出的信号就约等于它的最大值的一半。

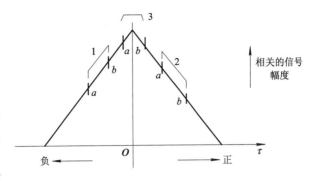

图 5-21　相移增量的相关函数

现在假设码相位移到更正的 1b 点（比较接近最大相关），则这两个码之间的相关就比较大一些。与此类似，对于相关函数正的那边上的点 2a，两码之间的相关比点 2b 上的大。也就是说，码相位在点 1b 和 2a 上的相关器输出信号，比 1a 和 2b 上的大。于是我们以此为出发点来产生相干误差信号并构成检测环。

我们假设有一方波，当它为正的时侯，使码序列超前 1 比特的一部分，而当它为负的时侯，就使它反过来回到它的不超前状态。假定在工作开始时，相对码态在点 1a，然后相位朝前移动到点 1b。于是这方波使得相对码态在 1a 和 1b 之间前后移动，因此相关器的输出就以方波速率进行了振幅调制。若这个振幅调制信号通过检波器，经滤波并反馈回来，则这个振幅调制就给出一个方向的指示，它指出为了达到完全同步码子所必须移动的方向（在相关峰区域，调幅的大小也表示了这两个码偏移多远）。很明显，在点 1a 和 1b 之间由相移而产生的幅度调制的方向（即向上调制或者向下调制）与点 2a 到 2b 产生的正相反。在相位检测器里检测这个幅度调制可产生一个直流信号，它由适当的极性（即幅度）去调整图 5-20 中的压控振荡器（VCO），使它加快些或者减慢些，于是，我们感兴趣的码序列就按照正确同步的要求而加速或减速。图 5-22 为 τ 抖动跟踪环各点的波形图。图 5-23 为相位检测器电路。

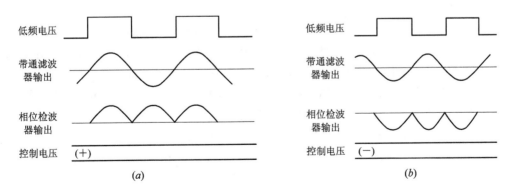

图 5-22　τ 抖动跟踪环各点波形

(a) 正电压控制；(b) 负电压控制

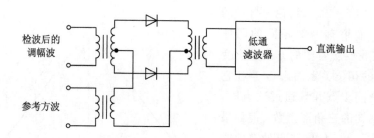

图 5 - 23　相位检测器电路

　　图 5 - 21 中区域 3 内的一对码的相对相移是超前于或滞后于完全同步点。也就是说，如果码所移动的总的增量是 1/10 比特，则在区域 3 内，这个移动是负 1/20 切普和正 1/20 切普，而 τ 抖动的工作是以相关峰为中心的，因此，它距离完全同步决不大于 1/20 切普。

　　若码环路进行跟踪的方式是使相移跨在相关峰两边，例如在区域 3，则相位跳动不产生相关信号的调制。随着两个码互相移开，调制就由相位完全同步时的零向最大增加，此最大值是总相移的函数。如果总的相移增加是 1/10 切普，则这个最大调制受由 1/10 切普相移所产生的调制的限制。图 5 - 24 画出了幅度调制的电平，它是同步区域的码相位偏移的函数，其中用于产生 τ 抖动误差的相位增量是 $1/P$ 切普。

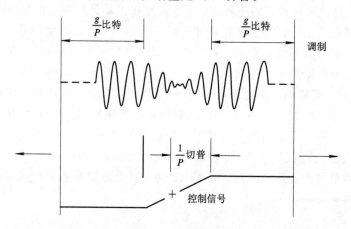

图 5 - 24　±1 bit 区域内调制和控制信号振幅

　　如果两个码是同步的，而且 τ 抖动相移是以相关峰为中心的，则 τ 抖动工作的结果如何？由于前后两个位置的相移动作总是使两个码保持在稍微偏离最佳的位置上，所以相关信号永远不在它的最佳点上。但是这个相关损失的大小仅仅是最大值的 1/2P，因此，当 τ 抖动相位跳动是 1/5 比特时，最大相关损失是 1/10，或 10%（大约 1 分贝）。于是，我们看到，当 τ 抖动相移 $1/P$ 比特时，接收系统性能的降低不大于百分之 $100/(2P)$。τ 抖动跟踪法通常也称为交替锁定跟踪法。

5.7　跳频系统的同步

　　同步系统是跳频系统的重要组成部分，其性能直接影响到整个系统的性能。

5.7.1　跳频同步的内容和要求

1. 跳频同步的内容

在跳频系统中,接收机本地输出的跳变频率必须与发送端的跳频器产生的频率严格地同步,才能正确地相关解跳,使得接收到的有用信号恢复成受信息调制的固定中频信号(窄带),从而从中解调出有用信号。但由于时钟漂移,收发信机之间距离不定,产生了时间差异,又因为振荡器频率漂移等引起的收发失步,所以同步的过程就是搜索和消除时间和频率差的过程,以保证收发双方码相位和载波的一致性。跳频系统中的同步一般有以下几种:

(1)载波同步。因跳频系统中基本上采用非相干检测的方法,其同步要求与一般定频系统基本相同,一般的频率合成器就能保证。

(2)跳频图案的同步。该同步在跳频系统中是至关重要的,它可以认为是时间和频率的两维捕捉和跟踪过程。跳频图案同步要求在频率和时间上收发双方严格地同步,如图 5 - 25 所示。

(3)信息码同步。其方法和要求与一般的数字通信系统相同。

(4)帧同步。

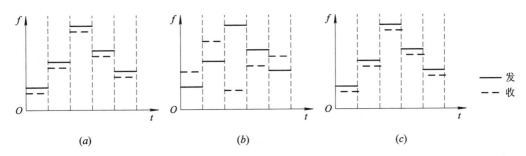

图 5 - 25　跳频图案的同步

(*a*)频率、时间均同步;(*b*)时间同步,频率不同步;(*c*)频率同步,时间不同步

在这些同步中,关键是跳频图案的同步,本节主要讨论跳频图案的同步。

跳频图案的同步可分为两步进行:捕获和跟踪。捕获是使收发双方的跳频图案的差在时间上小于一跳的时间 T_h,如图 5 - 25(*c*)所示。同步的频率精度由频率合成器的性能指标保证,同步的时间精度应小于两端的转换时间,如图 5 - 26 所示。

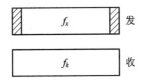

图 5 - 26　跟踪

跳频频率合成器产生的频率是由伪随机码决定的,因此跳频图案的同步实际上是收发两端伪随机码之间的同步,即解决两码之间的时间(或相位)不确定性问题,这一点与直扩系统中的码同步一样。比较直扩系统和跳频系统,由于跳频系统的跳频频率驻留时间 T_h 比

直扩系统的伪随机码切普宽度 T_c 要大得多(或者说跳频用的伪随机码速率比直扩用的伪随机码速率要低得多),允许的绝对误差就大得多,因此跳频系统的同步应该说比直扩系统的同步容易。如时钟稳定度为 10^{-6},直扩系统伪随机码速 R_c 为 50 Mc/s,则积一个 T_h 的差只需 20 ms,而对 5 kh/s 的跳频系统,积一个 T_h 要 200 s。总地看来,由于跳频系统的时间不确定性远小于直扩系统,因此同步时间要短得多。应指出的是,这并不意味着实际中跳频系统的同步很容易解决。

2. 跳频同步的主要要求

对跳频系统同步的主要要求为:

(1) 能自动快速实现同步;

(2) 在容限信号电平情况下仍能正常工作;

(3) 抗干扰能力强;

(4) 只对正确的跳频码信号进行同步;

(5) 网内的跳频电台任何时间入网都可以实现同步;

(6) 不影响信息传输质量;

(7) 能够抗敌方施放的虚假同步信号。

5.7.2 跳频图案的同步

从原理上讲,同步是解决时间的不确定性,因而用于直扩系统中的同步方法(如相关检测、匹配滤波等)都可以用于跳频系统。但跳频系统与直扩系统有一个不同点,在直扩系统中,伪随机码是"可见"的(虽然很小),而在跳频系统中,从窄带看是不可见的,寄托在跳频图案中。跳频系统的同步要使跳频图案重合,为此要取得码的部分信息,只有在跳频图案同步时才能得到,因而是相互制约的。跳频图案同步分为捕获和跟踪,关键还是在第一步捕获。如何在无或很少的先验知识的情况下,迅速完成捕获,这是人们研究的重点。

根据现有资料,跳频通信发展至今,其同步技术大体可分为两大类,即外同步法和自同步法。

1. 外同步法

外同步法又分为精确时钟定时法和同步字头法。

1) 精确时钟定时法

这种方法用高精度时钟实时控制收发双方的跳频图案,即实时控制收发双方的频率合成器的频率的跳变。由于产生跳变频率的方法是相同的,唯一不知道的是时间,若收发双方都保持时间一致,且通信距离已知,则可保证跳频图案的同步。跳频图案的同步受到时钟稳定性及移动距离变化引起的不确定性的影响。例如,时钟稳定度为 10^{-6},每一跳的驻留时间 T_h 为 10 ms,即跳频速率 $R_h = 1/T_h = 100$ hop/s,定时后保持 1 跳所用的时间为

$$t_h = \frac{T_h}{2 \times 10^{-6}} = 5 \times 10^3 \text{ s} \approx 1.39 \text{ h}$$

只要积累不超过 1 跳的时间,接收机只要收到一跳中的少量信息,就可以完成初始同步。因而作为一般的通信,1.39 小时是可以保证的,但考虑到双方定时后的中断时间(如

战斗、穿插等情况，需要较长的时间），则这个时间用于战场通信是远不够的。

这种方法用精确的时钟减小了收发双方伪随机码相位的不确定性，而且它具有同步快、准确、保密性好的特点，所以它是战术通信中常用的一种同步方法。

2）同步字头法

将带有同步信息（如定时等）的同步字头置于跳频信号的最前面，或在信息传输过程中，离散地插入这种同步字头。收端根据同步字头的特点，可以从接收到的跳频信号中将它们识别出来，作为调整本地时钟或伪随机码发生器之用，从而使收发双方同步。与这种方法配合，接收机可处于等待状态，即在某一固定频率上等待同步头的到来，或对同步头频率进行扫描搜索。

这种同步方法具有同步搜索快、容易实现、同步可靠等特点，所以很多型号的战术跳频电台都采用这种同步方法。不过在使用此种方法时，应设法提高同步字头的抗干扰性与隐蔽性能。通常采用自相关特性好的序列作为同步码码字，并对它进行前向纠错编码。同步头信号可用所占频段的任一频道传输，这可由基本密钥控制。同步信号是按周期传送的，但在时间间隔上是不规则的。这种方法的主要弱点是，一旦同步字头受到干扰，整个系统将无法工作。

外同步法的主要优点是同步快，同步概率较高，适合于战术通信的要求。许多战术电台的同步，是把上面两种外同步方法结合起来，这样就进一步提高了同步系统的性能。外同步法总的不足在于发端发送同步信息时不能发送信号，因而需占据发射信号的功率和一定的带宽。

2. 自同步法

为了避免外同步法的不足，可直接从接收到的跳频信号中获取同步信息。这种方法可自动、迅速地从接收到的跳频信号中提取同步信息，不需要同步头，可节省功率，且有较强的抗干扰能力和组网灵活等优点。但其同步时间相对于外同步法要长，因而主要用于那些对同步时间要求不太高的系统。

自同步法是将同步信息离散地插入跳频信号的一个或多个频率中，接收机从这些频率中将离散的同步信息提取出来，用来调整接收机的有关参数（比如伪随机码的相位等），从而完成同步。

发射信号的帧结构如图 5 - 27 所示。

图 5 - 27　发射信号的帧结构

检测离散的同步信息的方法有如下几种。

1）串行搜索法

从理论上讲，这种方法与后验技术相比是准最佳的，且实现简单，它通过逐个搜索码相位单元的方式来完成对跳频信号的捕获。

图 5 - 28 为串行搜索的原理框图。其工作过程是这样的：收到的跳频信号与本地频率合成器产生的频率信号进行相关，经中频带通滤波器和检测器检测后，加到比较器，与预

先给定的门限相比较，如果未超过门限，则搜索控制电路阻止时钟脉冲进入伪随机码发生器，从而使码相位延迟一个切普；若超过门限值，则表明信号地址码与本地接收地址码的相位差小于 $T_c/2$（门限为最大相关值的 1/2 时），于是，同步系统一方面启动伪随机码发生器，另一方面连续累计超过门限的次数。如果这个数超过预先给定的次数 m，即大多数脉冲码元信号超过门限，则表示捕获成功。此时，本地时钟停止进入伪随机码发生器，保持原有相位状态，频率合成器自动转入下一个频率（跳频图案已知），并自动进入跟踪，以进一步提高同步精度。

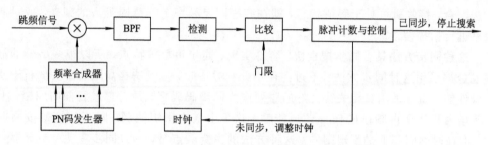

图 5-28　串行搜索同步器

2）并行搜索法

这种方法又称为匹配滤波器法，其原理如图 5-29 所示。图中 f_1，f_2，…，f_m 是从跳频频率集的 N 个频率中选出的 m 个频率。m 个参考频率信号按输入的跳频信号的次序排列，分别对跳频信号进行相关，经相应的延迟后 m 路信号将同时到达相加器。如果相加器的输出大于判决门限，则表明捕获完成，比较器给出同步指示，使系统进入跟踪状态。反之，比较器输出控制本地时钟，调整本地码的相位，直到搜索完成。采用这种方法可对接收信号实现最佳的非相干检测。

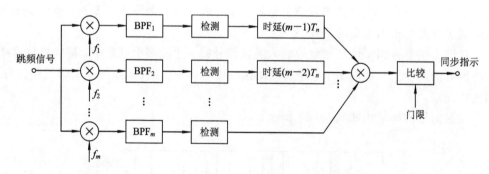

图 5-29　并行搜索同步器

从以上的分析可以看出，串行搜索能在较恶劣的环境条件下提供良好的检测性能，不易受到干扰且实现简单，其不足之处是搜索时间较长。在频率点数不多、跳频速率较快且要求体积小的系统中，串行搜索有很好的应用价值。并行搜索能够实时地进行搜索，捕获时间短，具有频率分集的作用，有较强的抗干扰能力，正确检测同步的概率大，但需要较多的硬件，体积庞大。并行搜索中的相关器可用声表面波滤波器来代替。

3）两级捕获法

图 5-30 是这种方案的原理框图。它将自同步法的串行搜索和并行搜索两种方法合二

为一，先串行搜索后并行搜索，由有源相关器组和匹配滤波器组成，将实时搜索码元的能力与串行检测相结合。有源相关器组有 C 个相关器，每个相关器都有各自的跳频图案规律。当匹配滤波器检测出较短的一组 M 跳同步头后，发出一个起始信号给有源相关器组，使有源相关器组开始工作。每个相关器都通过 K 跳($M \ll K$)，当 K 跳完毕后，任一相关器输出超过第二门限时，搜索鉴别电路根据该相关器跳频图案的规律，预置检测电路的伪随机码的初始状态，系统进入数据接收过程。在数据接收过程中，每隔一段时间，匹配滤波器与有源相关器组联合对输入信号进行鉴别，判断系统是否出现失步。若多次鉴别均出现失步，则检测电路停止接收数据，系统重新进入搜索状态。从上述过程可以看出，若有源相关器分别对应着同步头传输阶段中不同时刻的跳频图案，则通过利用一组同步频率来传输该组频率所在不同时刻的跳频规律就可建立同步，这就是本方案的出发点。

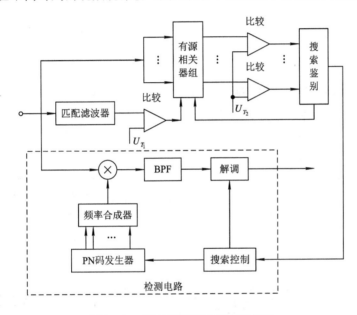

图 5 - 30　两级捕获同步器原理框图

从分析的结果可以看出，采用两级捕获方案的优点如下：

(1) 该方案的性能参数与跳速无关，这就从根本上避开了跳周期资源不足的困难。

(2) 选择较多的频率数及跳频图案数，可在信噪比较低的情况下获得较高的检测概率，捕获时间随着跳率的增加而减小。所以该方案的优越性随着跳速的增加表现得更明显，这个优越性对中高速跳频电台是颇有吸引力的。

(3) 可改变跳频图案。该方案是一种具有很强捕获性能的方案，可用在没有时间参数、跳频周期长，且又要求快速捕获和在恶劣条件下可靠捕获的场合。

但是该方案的实现比较复杂，就目前的条件尚未进入实用阶段。可以预言，随着科学技术的发展及工艺水平的提高，该方案的可行性在实际中将得到证实。

5.7.3　跳频系统的跟踪

上节所论述的直接序列的三种同步跟踪方法同样也适用于跳频系统的同步跟踪。下面介绍一种跳频系统中较常用的同步跟踪方法。

在跳频系统中当同步脉冲码元被捕获后，同步系统就转到跟踪状态，将捕获所得的相位精度 $T_c/2$ 进一步提高，即把同步区间降低到更小，并保持着这个精度。这就要求如图 5-31 所示的检测特性曲线。它能给出误差数值和误差的符号，即本地地址码相位是导前还是滞后于信号地址码。根据误差的符号和数值就可以进一步减少相位差。导前—滞后门就可产生这样特性的曲线。

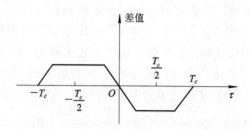

图 5-31　导前—滞后曲线

为使跳频同步系统的同步检测概率大，虚假概率和漏检概率小，和直扩序列一样，也需要进行同步识别。图 5-32 为跳频同步识别和跟踪误差检测电路。它由积分器、取样保持、加法器、差动放大器以及门限比较器等组成。为了防止接收码序列与本机码序列相差一个码元而被搜索，故采用 A、B 两路正交分集的方法。A、B 两路为正交分量，它们所经步骤为积分清洗、取样保持、平方、求和。当相位差 $|\tau| = T_c/2$ 时，其归一化自相关值为 $1/2$，通常以此值为门限 1，用于捕获的判决。当同步信号出现时，求和输出值经抽样后将出现峰值，它大于门限 1，于是在比较器的输出端有脉冲输出到计数器。计数到 K 时，表示捕获成功，于是计数器输出捕获成功指令，使系统由搜索转到跟踪状态。

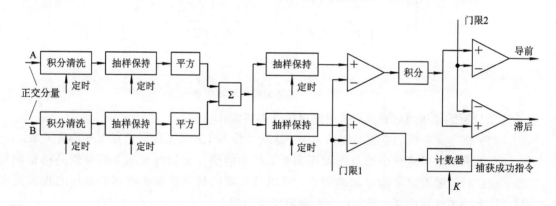

图 5-32　跳频同步识别和跟踪误差检测电路

跳频通信的同步作用流程如图 5-33 所示。由图 5-32 和图 5-33 可见，当搜索成功指令发出，使同步由搜索转到跟踪时，本地取样脉冲速率增加一倍，即一个码元同期内取两个样品——在 $T_c/2$ 点取出一个样品，在 T_c 点取出另一个样品，分别送到运算放大器的同相输入端和反相输入端，比较两个样品的大小，得到带有符号的误差信号，然后与门限 2 比较，则得到所需的图 5-31 所示的曲线。根据误差信号的符号，发出本地时钟进位指令或退位指令，向前或向后步进一定的数值，然后重复上述过程，直到误差信号的绝对值小于门限 2，便表示跟踪达到了所需要的精度，并保持现有的同步关系。

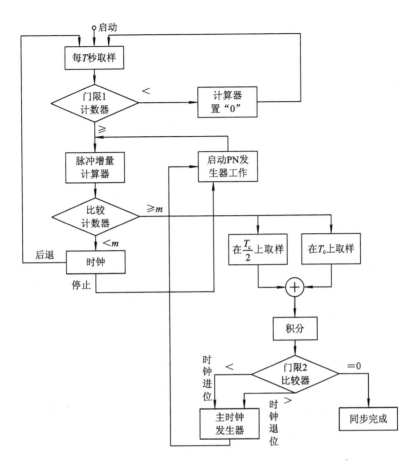

图 5-33 跳频同步作用流程图

5.8 跳频系统的扫描驻留同步法

跳频系统具有很强的抗干扰能力，是未来战场通信的主要设备。跳频系统的一大技术难题就是跳频同步，这是关系到系统成败的关键。对跳频同步的主要要求是快速、准确、可靠性高、保密性好、抗干扰能力强、能在容限电平情况下正常工作、不影响信息传播质量等。跳频系统的几种同步方法已在上一节介绍了，本节将介绍一种扫描驻留同步法。这是基于精确时钟法、同步字头法、自同步法提出的一种综合的同步方法。这种方法同步时间快、同步概率大、随机性好，能够满足战术通信的各种要求，适合于中速跳频系统。

5.8.1 基本原理

在战术通信中，为了提高战术电台同步系统的抗干扰性能和保密性能，其跳频图案不能简单地由一伪随机码去控制，而是还需加上另外的保密、抗干扰措施，以防止敌方对同步头的故意干扰。一般需加入原始密钥(PK，Prime Key)和时间信息(TOD，Time of Day)，由伪随机码、PK、TOD 经非线性运算后来确定跳频图案，如图 5-34 所示。经非线性运算后得一代码，去确定跳频系统跳频频率集中的某一频率，该频率集中的频率与经非线性运算后的代码一一对应。由前已知，跳频图案是绝对保密的，在这里应用了 PK，密钥量应是足够大的。要求产生的控制频率合成器的码序列是不重合的，即要求每次开机都不一样，因此只有密钥是不够的，还应有一个随时间变化的信息，这个时间信息就是 TOD。TOD 以每一跳的时间为单位，由一高精度时钟源提供，这样可以提高精度，减小收发时钟的误差。收发双方的 PK、伪随机码和产生跳频图案的方法是一致的，不同的只是时间信息 TOD。由此可见，只要知道了 TOD 值，收发双方就可完成跳频同步。PK 和 TOD 的位数一般与产生伪随机码的移位寄存器的级数相同，如 32 或 64。若均采用 32，以每一状态决定一个频率，则跳频图案的周期为 $2^{32}T_h$。若跳速为 $R_h=500$ h/s，$T_h=2$ ms，则 $2^{32} \times 2 \times 10^{-3} \approx 8.6 \times 10^6$ s 秒 ≈ 99 天，即三个多月的时间，再加上 TOD 的变化，其保密程度就更高了。

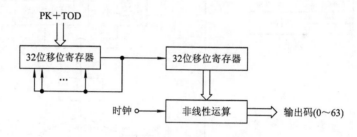

图 5 - 34　跳频图案产生框图

由上面的分析可知，收发双方产生跳频图案的方法相同，伪随机码、PK 均相同，不同的只是 TOD。TOD 是一个时间变量，随着时间的变化而变化，它是由一高精度时钟提供的，由于时钟有误差，因而 TOD 也会因时钟误差的积累产生误差。若能使收发双方的 TOD 保持完全一致，就可使跳频图案同步。由此可见，跳频系统的跳频同步可归结为 TOD 的同步。扫描驻留同步法就是在一定条件下，通过对发端同步头信号进行搜索，从中提取出发端的 TOD，用它来修正本端的 TOD，从而完成同步的。

跳频图案同步的关键是使收发双方的 TOD 同步，因此同步要解决的问题是：一开始通信时如何保证频率能对上，只有对上了才能从中提取发端的 TOD；用什么频率才能对上；一旦捕获后，如何保持和进行精确的跟踪；若起始不同步，如何建立通信过程中的同步；如何减小同步所需的时间等。

精确时钟即 TOD，由各电台保持，以一高精度频率源提供，TOD 随时间变化。由于各台的时钟精度不可能一致，经过一段时间后，各台的 TOD 就会有差异，当时间稍长后，就不可能用自己的 TOD 接收到其他电台的信号（频率不同）。因此，发送同步头的目的，就是发送自己的 TOD，对方可以从同步头中提取发端的 TOD，然后用它来修正自己的 TOD，这样可使收发双方同步工作，完成信息的传输。

5.8.2　同步头的结构

发端在发送信号之前首先发送一个同步头，同步头由 n 个频率组成，按 f_1，f_2，…，f_n 编号，依次发送。这些同步头频率的产生与跳频图案中的频率的产生方法类似。为提高跳频同步头频率的随机性和抗干扰性能，这些同步头频率也是随时间变化的，每经过 T_1

时间更换一个频率，经 nT_1 时间后，同步头频率就变成一个全新的频率集。同步头频率数 n 和换频时间 T_1 与同步保持时间有密切的关系，与同步头的抗干扰性和随机性也有很大的关系。同步头的结构如图 5-35 所示，同步头由 $n \times (n_1 + n_2)$ 个频率组成。

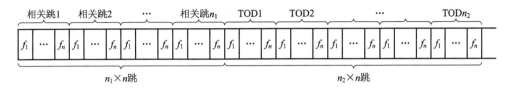

图 5-35 同步头结构

在同步头频率中，包括以下两个部分：前 $n_1 \times n$ 个频率对收端而言，主要完成捕获，即完成同步头频率的捕获，称为相关跳（由 M 个长为 L 的特征码构成），其帧结构如图 5-36(a) 所示；后 $n_2 \times n$ 个频率主要用于完成跟踪，接收端从中提取出同步信息，调整本端的有关参数，完成收发同步，其帧结构如图 5-36(b) 所示。为提高同步信息的检测概率，不仅要传送同步信息，而且要对同步信息进行编码。一般用长为 N 的码字表示一位信息，即 $(N, 1)$ 的编码，用正码表示"1"，反码表示"0"。由于是中速跳频，传输同步信息就需要多跳才能完成。同步头中每个频率的帧结构完全相同，收端可以 n 个频率中的任一频率提取同步信息，完成同步。为提高同步的可靠性，同步信息可以反复发送。这种同步方法的同步时间就是捕获同步头的时间，可以控制在战场通信所要求的时间内，如控制在 0.5 s 内。

图 5-36 同步头帧结构

5.8.3 扫描驻留同步

扫描驻留同步分两步进行，即扫描和驻留。扫描用来完成同步头频率的捕获，驻留用来从同步头频率中提取同步信息，从而完成收发双方的同步。图 5-37 为这种同步方法的示意图。上图为发端发送的信号。每次通话（发送信号）时，发端一按 PTT(Push To Talk) 开关，首先把同步头发送出去（$n \times (n_1 + n_2)$ 个频率），然后再发送要传输的信息（信息跳）。

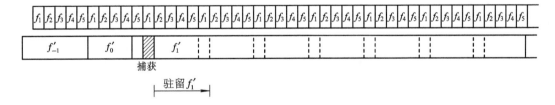

图 5-37 扫描驻留同步

发端通过自己的 TOD 确定出同步头频率，由于时钟误差的积累，收发双方的 TOD 有差异，因而确定的跳频同步头的频率就可能有差异。扫描驻留方式同步，允许的最大频率不相同数为 $n-2$，即收发双方由自己的 TOD 确定的同步头频率只要有两个相同，就可以通过同步头进入同步。图 5-37 中给出了收发双方有三个频率不相同的情况下的同步示意图，同步头的频率数 $n=5$。

收端首先用自己的 TOD 确定的几个同步头频率中的中间几个频率对发端的同步头频率进行扫描。如图 5-37 中，发端的同步跳频率为 f_1，f_2，f_3，f_4，f_5，收端用自己的 TOD 决定的同步头频率为 f'_{-2}，f'_{-1}，f'_0，f'_1，f'_2，收发双方的同步头频率中只有两个频率相同，$f_1 \rightarrow f'_1$，$f_2 \rightarrow f'_2$，收端用自己 TOD 决定的 5 个频率中的中间 3 个进行扫描，即用 f'_{-1}，f'_0，f'_1 进行扫描。扫描可以采用慢扫描，也可以采用快扫描，由于考虑跳频速率为中速跳频，为了不增加跳频频率合成器的复杂程度，故采用如图 5-37 所示的慢扫描的方法。扫描速率比跳频速率低 m 倍，即若跳频速率为 R_h，则收端在同步时的跳频速率为 R_h/m。在扫描过程中，由于系统指标保证了收发双方至少有两个频率相同，因而可从相同的频率中（相关跳中）完成捕获。捕获的标准是连续接收到 K 个特征码，一旦接收到 K 个特征码，表明发端的同步头中有该频率，收端由捕获转为驻留阶段。在驻留阶段，将收端的频率停留在捕获的频率上，接收该频率上的同步信息，用接收到的对方的 TOD 修正本端的 TOD，就可完成收发双方的跳频同步。同步头频率接收完后，转入正常的信息接收。

习　题

1. 一个 10 Mb/s 的码发生器，它的比特速率平均精度为 1×10^{-9}，经过 2.5 天后，可以预期的同步不确定性是多少？

2. 一直扩系统的伪码速率为 5 Mc/s，相关器后的滤波器带宽为 2 kHz，用滑动相关法同步，则本地码速率应为多少？若伪码长度为 10^6，则同步搜索时间有多长？

3. 单 Δ 值延迟锁定环为什么比双 Δ 值延迟锁定环要求的信噪比要小？

4. 在滑动相关法中，若系统所用的扩频码的自相关特性不理想，如自相关函数是多值函数，是否对平均同步捕获时间有影响？为什么？

5. 请画出采用匹配滤波器实现伪码捕获的电路结构（假设需同步的伪码为 1110100）。

6. 影响滑动相关法平均捕获时间的参数有哪些？

7. 试比较顺序估计快速捕获法和序列相位串行搜索法的平均捕获时间。

第 6 章　典型扩频通信系统举例

扩频通信系统的应用十分广泛，从人们所熟知的 3G 移动通信系统、GPS 卫星导航系统、无线局域网、蓝牙设备等，到军事和深空探测使用的各种跳频电台和无线收发设备，数不胜数。

利用直扩系统(DS-SS)的强抗干扰能力、低功率谱发射和大容量码分多址性能可构成大容量的 3G 移动通信系统和以 IEEE 802.11 系列通信协议为核心的无线局域网(WLAN)；利用 DS-SS 定时测距的特点可以构成 GPS 全球定位系统。

跳频(FH)通信系统具有抗干扰、抗衰落、抗远—近效应等一系列优点，长期以来在战术无线电通信中得到了广泛的应用。20 世纪 80 年代以来，跳频技术以其优良的性能在民用通信领域开始得到应用。GSM 蜂窝移动通信系统率先采用跳频技术抗远—近效应和多径干扰，跳频速率为 217 hop/s。家庭射频(Home RF)和蓝牙(Bluetooth)也采用跳频技术抗工业干扰。蓝牙工作在 ISM 频段(工业、科学、医疗频段，在 2.4~2.48 GHz)，跳频速率为 1600 hop/s，跳频间隔为 1 MHz，使用 79 个频率。

跳频和直扩系统都具有很强的抗干扰能力，也是使用最多的两种扩频技术；将两者整合起来构成混合扩频系统，就能大幅度提高系统的抗干扰能力，大大改善系统的性能。美国的陆、海、空三军使用的联合战术信息分发系统(JTIDS, Joint Tactical Information Distribution System)，就是采用 FH/DS 混合扩频实际应用的很好范例。

本章将较为详细地介绍扩频技术在 3G 移动通信系统(以 CDMA 2000 为例)、GPS 全球卫星定位系统以及 JTIDS 中的应用；同时将概括地介绍 WLAN 和蓝牙技术。

6.1　CDMA 2000 系统

6.1.1　CDMA 2000 系统概述

全球第一个基于 CDMA 技术的商用标准是 IS-95，属于第二代移动通信系统，后来演进到第三代移动通信系统，即 CDMA 2000 1x 和 3x(1x 和 3x 分别代表其载波带宽是 IS-95A 带宽的 1 倍或 3 倍)。采用 3 倍带宽时，又可分为下行直接扩频和三载波两种方式。后来，直接扩频 CDMA 2000 部分与 WCDMA 进行了融合，所以实际上目前的 CDMA 2000 就只包括 CDMA 2000 1x 和 3x。CDMA 2000 1x 采用扩频速率为 SR1，即前向信道和反向信道均用码片速率为 1.2288 Mb/s 的单载波直接序列扩频方式，因此它可以方便地与 IS-95(A/B)后向兼容，实现平滑过渡。由于 CDMA 2000 1x 采用了反向相干解调、快速前向功控、发送分集、Turbo 编码等新技术，其容量比 IS-95 大得多。

6.1.2 CDMA 2000 物理信道结构

CDMA 2000 系统物理信道分为前向链路物理信道和反向链路物理信道，下面分别介绍。

1. 前向链路物理信道

前向链路物理信道结构如图 6-1 所示，可分为前向链路公共信道和前向链路专用信道两类。前向链路公共信道包括前向公共分配信道(F-CACH)、前向公共功率控制信道(F-PCCH)、导频信道、前向公共控制信道(F-CCCH)、前向同步信道(F-SYNC)、前向广播信道(F-BCH)、前向寻呼信道(F-PCH)和快速寻呼信道(F-QPCH)，其中导频信道又包括前向导频信道(F-PICH)、前向传输分集导频信道(F-TDPICH)、前向辅助导频信道(F-APICH)和前向辅助传输分集导频信道(F-ATDPICH)。前向链路专用信道主要是业务信道，包括前向专用控制信道(F-DCCH)、前向基础信道(F-FCH)、前向功率控制子信道(F-PCSCH)和补充编码信道(F-SCCH)。

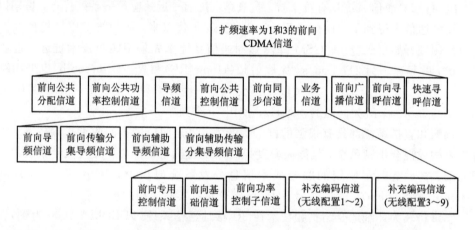

图 6-1 前向链路物理信道结构

前向链路公共信道具有以下特点：
- 低时延，F-BCH 可以用于连续发送开销消息，F-CCCH 可以支持更高的数据速率；
- 降低发射功率，F-BCH 通过重复发送方式可采用更小的发射功率，F-CCCH 可以工作于软切换，并采用比寻呼信道更低的发送速率；
- 支持灵活的信道配置，支持多种数据速率，便于移动台区分开销信息和寻呼消息等；
- 降低终端功耗，采用 P-QPCH 唤醒空闲状态的终端在指定的 F-CCCH 或 F-PCH 时隙上接收 F-CCCH 或 F-PCH，F-BCH 允许终端迅速获得开销消息，F-CCCH 允许终端迅速进入待机状态。

前向链路专用信道具有以下特点：
- 数据采用正交相移键控(QPSK, Quadrature Phase Shift Keying)调制，对于语音和低速数据业务采用卷积码($K=9$)，对于补充信道的高速数据业务采用 Turbo 码；
- 信道通过 Walsh 函数正交化，当正交码空间受限时允许应用准正交函数；
- 支持发送分集，包括正交发射分集方式和空时扩展分集方式；

- 支持快速功率控制，控制频率为 800 Hz；
- 支持 5 ms、20 ms、40 ms 和 80 ms 帧长，用于信令、控制信号和用户信息数据。

CDMA 2000 系统通过无线配置（RC）指定前向或反向业务信道的工作模式，每种 RC 定义业务信道的数据速率、扩频速率、信道编码（Turbo 或卷积码）、码率、调制方式（QPSK 或 BPSK）和传输分集方式等。表 6-1 列出了前向链路业务信道采用的 RC。前向链路业务信道共有 9 种 RC，包括 SR1 和 SR3，码率为 9.6 kb/s～1.0368 Mb/s，支持卷积码和 Turbo 码，调制方式为二进制相移键控（BPSK，Binary Phase Shift Keying）和 QPSK。

表 6-1 前向链路业务信道 RC

RC	SR	最大数据速率 /(b/s)	前向纠错编码（FEC）速率（帧长）	FEC 方式	允许发送分集（TD）	调制方式
1*	1	9600	1/2	卷积码	否	BPSK
2*	1	14 400	1/2	卷积码	否	BPSK
3	1	153 600	1/4	卷积码/Turbo 码	是	QPSK
4	1	307 200	1/2	卷积码/Turbo 码	是	QPSK
5	1	230 400	1/4	卷积码/Turbo 码	是	QPSK
6	3	307 200	1/6	卷积码/Turbo 码	是	QPSK
7	3	614 400	1/3	卷积码/Turbo 码	是	QPSK
8	3	460 800	1/4(20 ms)或 1/3(5 ms)	卷积码/Turbo 码	是	QPSK
9	3	1 036 800	1/2(20 ms)或 1/3(5 ms)	卷积码/Turbo 码	是	QPSK

* RC1、RC2 分别对应 TIA/EIA-95-B 中的速率集（Rate Set）1 和 2（后向兼容）。

2. 反向链路物理信道

反向链路物理信道结构如图 6-2 所示，也可分为反向链路公共信道和反向链路专用信道两类。

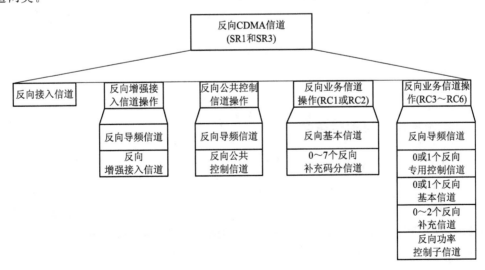

图 6-2 反向链路物理信道结构

反向链路公共信道包括反向接入信道（R-ACH）、反向增强接入信道（R-EACH）和反向公共控制信道（R-CCCH）；反向链路专用信道包括反向专用控制信道（R-DCCH）、反向基本信道(R-FCH)、反向补充信道(R-SCH)、反向补充码分信道(R-SCCH)和反向功率控制子信道(R-PCSCH)。反向导频信道(R-PICH)既可用于公共信道也可用于专用信道。反向链路信道具有以下特点：

- 信道以码分复用为主，不同的信道具有不同的 QoS 和物理层特征；
- 码分信道采用 Walsh 函数实现正交复用，并且分成 I/Q 两路，可获得与 BPSK 相同的性能；
- 采用混合 QPSK 和 $\pi/2$ BPSK 扩频调制，降低信号的峰均比；
- 对于语音和低速数据业务采用卷积码($K=9$)，对于补充信道的高速数据业务采用 Turbo 码($K=4$)；
- 支持 5 ms、20 ms、40 ms 和 80 ms 帧长；
- 支持快速反向功率控制，控制频率为 800 Hz。

表 6-2 列出了反向链路业务信道采用的 RC。反向链路业务信道共有 6 种 RC，涵盖 SR1 和 SR3，码率为 9.6 kb/s～1.0368 Mb/s，支持卷积码和 Turbo 码，调制方式为 64 阶正交调制和 BPSK。64 阶正交调制方法是采用 Walsh 序列作为调制码，即输入 6 个编码比特对应输出一个 64 位的 Walsh 序列。

表 6-2 反向链路业务信道 RC

RC	SR	最大数据速率 /(b/s)	前向纠错编码 (FEC)速率	FEC 方式	允许发送 分集(TD)	数据调制方式
1*	1	9600	1/3	卷积码	否	64 阶正交调制
2*	1	14 400	1/2	卷积码	否	64 阶正交调制
3	1	153 600 (307 200)	1/4 (1/2)	卷积码/Turbo 码	是	BPSK
4	1	230 400	1/4	卷积码/Turbo 码	是	BPSK
5	3	153 600 (614 400)	1/4 (1/3)	卷积码/Turbo 码	是	BPSK
6	3	460 800 (1 036 800)	1/4 (1/2)	卷积码/Turbo 码	是	BPSK

* RC1、RC2 分别对应 TIA/EIA-95-B 中的速率集(Rate Set)1 和 2(后向兼容)。

6.1.3 物理信道的扩频调制

1. 前向信道的扩频调制

前向链路数据采用 QPSK 调制，采用 Walsh 函数区分不同用户的信道，并采用复 PN 序列进行复扩频调整。由于 CDMA 信道可以复用多个物理信道，且各信道可以采用不同的传输功率，因此采用复扩频可以平衡 I/Q 两路的功率，从而降低发射信号的峰均比。复扩频输出的 I/Q 两路信号分别经过基带滤波和射频调制后发送。图 6-3 给出了 RC 为 3、4 和 5 时非正交传输分集前向物理信道结构与扩频调制原理。其中根据映射规则 0→1，1→−1，Walsh 函数和 QOF$_{sign}$ 的取值为 ±1。Walsh$_{rot}$ 取值为 0 或 1，取 0 时输出信号相位不旋转，取 1 时输出信号相位旋转 90°。

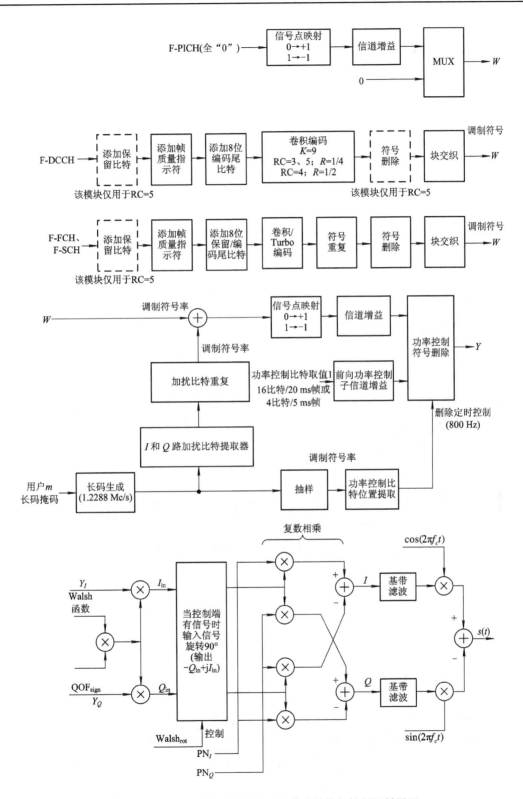

图 6 - 3　非正交传输分集前向物理信道结构与扩频调制原理

PN_I 和 PN_Q 分别为 I 路和 Q 路扩频 PN 序列。当不采用正交函数扩频时，QOF 取空，即 QOF_{sign} 的取值为 ±1，并且 $Walsh_{rot}$ 取值为 0。此时若 Y_Q 也为空，调制方式就由 QPSK 变为 2BPSK，映射结构就与 IS-95 相同，实现 CDMA 2000 与 IS-95 的反向兼容。

2. 反向信道的扩频调制

CDMA 2000 反向采用了两种扩频调制技术：基于 O-QPSK 的平衡四项扩频技术和基于 HPSK 的复扩频调制技术。

1）与 O-QPSK 结合的平衡四项扩频调制

图 6-4 给山了 RC 为 1 和 2 时反向业务信道采用的编码调制方法及与 O-QPSK 结合的平衡四项扩频调制原理。I 和 Q 路数据分别经过 PN 序列加扰后，Q 路信号相对于 I 路信号延迟(偏移)1/2 个 PN 码片后，两路信号分别经过符号映射、基带滤波和射频调制后发送。采用 O-QPSK 调制可避免传统 QPSK 调制的相位突变，从而降低反向信道发射信号的峰均比。

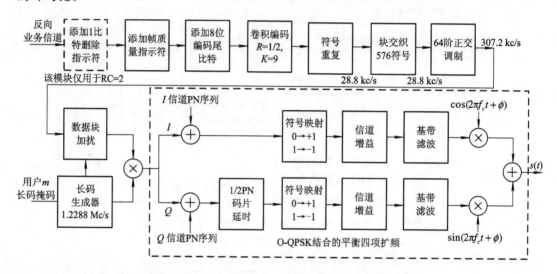

图 6-4 R-FCH 和 R-SCCH 扩频调制(RC 为 1 和 2)

2）基于 HPSK 的复扩频调制

图 6-5 给出了 RC 为 3 和 4 时，R-PICH、R-EACH、R-CCCH 和反向业务信道采用的编码调制方法及复扩频调制原理。对于复扩频调制，输入的复数数据信号和复扰码相乘后，生成复码片符号，再经过基带滤波和射频调制后发送。由于复扰码的随机性，采用传统的 QPSK 调制时，复扩频调制输出的相邻的复码片符号可能在两个任意的星座点之间跳变，从而导致传输信号峰均比的恶化。CDMA 2000 系统为避免上述问题，采用混合相移键控(HPSK，Hybrid Phase Shift Keying)调制，亦称为正交复四相相移键控(OCQPSK)，以减少相邻复码片符号的星座点之间转换时出现的过零现象，同时消除星座点之间的零相位转换，进而改善传输信号峰均比性能。

HPSK 调制采用特殊的重复序列(函数)作为扰码，并选择特殊的正交码对不同的信道进行扩频处理。HPSK 使用的重复序列成为 Walsh 转子，I 路采用 W＝{1，1}，Q 路采用 W＝{1，－1}。对于连续两个相同的码片符号采用该 Walsh 转子加扰后，前者相位旋转＋45°，后者相位旋转－45°。这样可确保这两个码片符号对应的最终星座点相位相差 90°，避免星座点转换时通过零点。HPSK 尽管能消除连续两个码片符号扩频的星座点过零，但当有三四个连续相同的码片符号时，第二个和第三个码片符号扩频后星座点仍然会出现过零。此外，HPSK 还限制了正交扩频码的可使用数量。

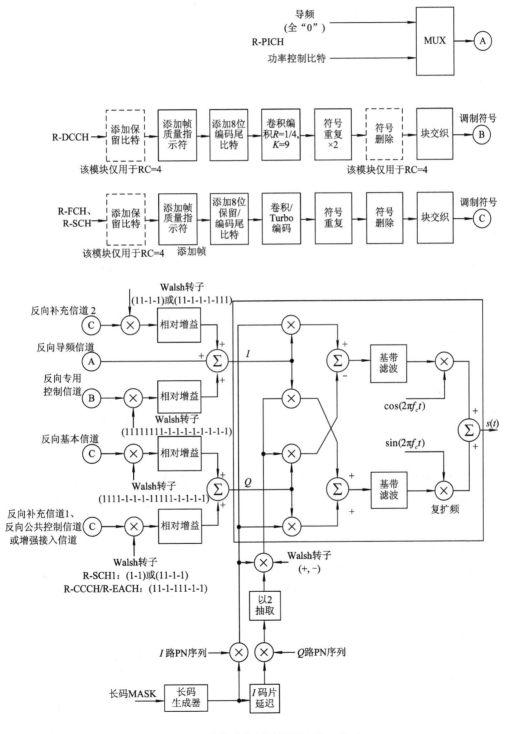

图 6-5　反向信道扩频调制（RC 为 3 或 4）

6.1.4 扩频码

1. PN 码

CDMA 2000 系统中的 PN 码主要用于数据加扰和频谱扩展。前者使信息数据信号噪声化，即白化，并可保证各用户信号间尽可能正交；后者将低速率信息比特流转化为 1.2288 Mc/s 符号流，增强抗干扰能力。CDMA 2000 采用的 PN 码分为两类：PN 长码和 PN 短码。

1) PN 长码

在反向链路中，使用不同的 PN 长码对用户数据进行加扰，不同相位的长码对应于不同的用户，以实现多址接入。PN 长码在前向链路中也可用于数据的加扰。PN 长码速率为 1.2288 Mc/s，周期为 $2^{42}-1$ 个码片，等效于 41 天。PN 长码的特征多项式为

$$P(x) = x^{42} + x^{35} + x^{33} + x^{31} + x^{27} + x^{26} + x^{25} + x^{22} + x^{21}$$
$$+ x^{19} + x^{18} + x^{17} + x^{16} + x^{10} + x^{7} + x^{5} + x^{3} + x^{1} + 1$$

2) PN 短码

PN 短码用于对前向和反向链路的波形正交分量进行扩频，不同的小区使用不同相位的 PN 短码。PN 短码速率为 1.2288 Mc/s，周期为 2^{15} 个码片，即 26.66 ms。对于 2 s 内 75 个 PN 短码，在扩频速率 1(SR1) 下，CDMA 2000 采用不同的 PN 短码，分别对正交相移键控(QPSK)的同相(I)支路和正交(Q)支路进行扩频。I 支路和 Q 支路的 PN 短码特征多项式分别为

$$P_1(x) + x^{15} + x^{13} + x^{9} + x^{8} + x^{7} + x^{5} + 1$$
$$P_Q(x) = x^{15} + x^{12} + x^{11} + x^{10} + x^{6} + x^{5} + x^{4} + x^{3} + 1$$

在扩频速率 3(SR3) 下，CDMA 2000 使用的 PN 短码速率为 3.6864 Mc/s，周期是 $2^{20}-1$ 个码片，绝对周期时间与 SR1 下的相同。I 支路和 Q 支路的 PN 码特征多项式相同，均为

$$P(x) = x^{20} + x^{9} + x^{5} + x^{3} + 1$$

I 支路和 Q 支路的 PN 序列的差别在于其起始位置不同，I 支路 PN 序列的起始码片是从连续 19 个"0"之后的"1"开始的，而 Q 支路 PN 序列的起始位置比 I 支路 PN 序列要延迟 2^{19} 个码片。

2. Walsh 码

CDMA 2000 系统前向链路使用 Walsh 码进行调制和划分信道，通过两两正交的 Walsh 序列实现多址接入。前向信道被划分为 64 个码分信道，码分信道与 Walsh 序列一一对应。一个编码比特周期对应一个 Walsh 序列（64 码片）。除了 F-APICH 和 F-ATDPICH 外，在 SR1 时，码分信道所能用的 Walsh 序列的最大长度为 128，而 SR3 时为 256。Walsh 序列码速率与 PN 码速率相同，均为 1.2288 MHz。

对于反向链路，在配置为 RC1 和 RC2 的反向业务信道中，正交 Walsh 序列作为调制码使用，即 64 阶正交调制（6 个编码比特对应一个 64 位的 Walsh 序列）。此外，Walsh 序列还被用于其余反向信道的分离。

Walsh 序列由 Walsh 函数映射而得，即 Walsh 序列中的 +1 对应于 Walsh 函数中的

1，Walsh 序列中的—1 对应于 Walsh 函数中的 0。

表 6-3 列出了前向和反向 CDMA 信道采用的 Walsh 函数。其中，W_n^N 代表一个长度为 N 的 Walsh 函数，并且该函数由 $N \times N$ 的哈达玛矩阵的第 n 行级联构成，即哈达玛矩阵的第 0 行为 Walsh 函数 0，哈达玛矩阵的第 1 行为 Walsh 函数 1，以此类推。Walsh 码片传输时按从左到右的顺序输出。

表 6-3　前向和反向信道采用的 Walsh 函数

前向信道	Walsh 函数	前向信道	Walsh 函数
F-PICH（SR1/SR3 MC）	W_0^{64}	R-PICH	W_0^{32}
F-TDPICH	W_{16}^{128}	R-EACH	W_2^8
F-SYNCH(SR1)	W_{32}^{64}	R-CCCH	W_2^8
F-PCH	$W_1^{64} \sim W_7^{64}$	R-DCCH	W_8^{16}
F-QPCH1	W_{80}^{128}	R-FCH	W_4^{16}
F-QPCH2	W_{48}^{128}	R-SCH1	W_1^2 或 W_2^4
F-QPCH3	W_{112}^{128}	R-SCH2	W_2^4 或 W_6^8

哈达玛矩阵可采用下列迭代的方法生成：

$$\boldsymbol{H}_1 = 0, \; \boldsymbol{H}_2 = \begin{bmatrix} 0 & 0 \\ 0 & 1 \end{bmatrix}, \; \boldsymbol{H}_4 = \begin{bmatrix} 0 & 0 & 0 & 0 \\ 0 & 1 & 0 & 1 \\ 0 & 0 & 1 & 1 \\ 0 & 1 & 1 & 0 \end{bmatrix}, \; \boldsymbol{H}_{2N} = \begin{bmatrix} \boldsymbol{H}_N & \boldsymbol{H}_N \\ \boldsymbol{H}_N & \overline{\boldsymbol{H}}_N \end{bmatrix}$$

式中，N 为 2 的幂次方，$\overline{\boldsymbol{H}}_N$ 为 $\boldsymbol{H}_N$ 的二进制补码。

3. 准正交函数(QOF)

针对前向链路码资源不足，但仍有剩余的可用功率的情况，CDMA 2000 系统引入准正交函数(QOF)码作为 OVSF 码受限时的补充信道化码，QOF 码与 OVSF 码之间具有最低的互相关值，通过用 Walsh 码与 QOF 掩码函数相乘来产生。QOF 码的引入，增加了 CDMA 2000 系统的可用码资源数量。理论上，掩码函数能使可用码字数增加 3 倍。QOF 码用于无线配置 RC3 到 RC9，并且与 Walsh 码的码片速率相同，均为 1.2288 Mc/s。

QOF 通过非零符号乘数 QOF 掩码（QOF$_{sign}$）和非零旋转使能 Walsh 函数（Walsh$_{rot}$）产生。采用 QOF 码扩频时，某一 Walsh 重复序列先乘以由符号+1 和—1 所组成的掩码重复序列（其中符号{+1，—1}分别对应于 QOF$_{sign}$ 中的{0，1}），然后该生成的序列再乘以由符号 1 和 j（j 为复数，表示 90°相移）所组成的重复序列，并且{1，j}分别对应使能 Walsh 码（Walsh$_{rot}$）中的{0，1}。表 6-4 给出了 SR1 和 SR3 时长度为 256 的 QOF$_{sign}$ 和 Walsh$_{rot}$ 取值。掩码序列将依照每行从左到右、按行从上到下的顺序输出。每个十六进制符号将按从高位(MSB)到低位(LSB)的顺序输出。

表 6－4　长度为 256 的 QOF 掩码函数和旋转使能 Walsh 函数

函　　数	掩　码　函　数	
	QOF$_{sign}$（十六进制表示）	Walsh$_{rot}$
0	0000000000000000000000000000000 0000000000000000000000000000000	W_0^{256}
1	7228d7724eebebbleb4eblebd78d8d28 278282d81b41be1b411b1bbe7dd8277d	W_{130}^{256}
2	114b1e4444e14beeee4be144bbe1b4ee dd872d77882d78dd2287d277772d87dd	W_{173}^{256}
3	1724bd71b28118d48ebddb172b187eb2 e7d4b27ebd8ee82481b22be7dbe871bd	W_{47}^{256}

6.2　GPS 全球卫星定位系统

6.2.1　系统概述

GPS 系统的全称是"授时与测距导航系统/全球定位系统（NAVSTAR /GPS，Navigation System of Timing and Ranging/Global Positioning System)"，是美国国防部为满足军事部门对海上、陆地和空中设施进行高精度导航和定位而建立的新一代导航与定位系统。它具有全球性、全天候、连续精密三维导航和定位能力，同时也具有良好的抗干扰性和保密性，在军事和民用事业方面都有很大影响。GPS 系统利用扩频码跟踪发射机和接收机之间的传输延迟，确定从发射机到接收机的距离，从而进行导航和定位，是直接序列扩频的一项重要应用。

全球定位系统主要由三大部分组成，即空间星座部分、地面监控部分和用户设备部分。

1. 空间星座部分

GPS 系统的空间星座部分由 24 颗导航卫星（Navstar）组成，其中包括 3 颗备用卫星，用以必要时代替发生故障的卫星。工作卫星分布在 6 个轨道面内，每个轨道面上有 4 颗卫星。卫星轨道面与地球赤道面的倾角为 55°，轨道的平均高度约为 20 200 km，卫星运行周期为 12 h。每颗卫星每天约有 5 h 在地平线以上，同时位于地平线以上的卫星至少为 4 颗，最多可达 11 颗。这样的配置，能确保在地球上任何地点、任何时刻均至少可以同时观测到 4 颗卫星，从而实现全球覆盖和三维导航能力。

导航卫星有 BLOCK Ⅰ、BLOCK Ⅱ、BLOCK Ⅲ 三种，其中 BLOCK Ⅱ型卫星上还增设了核爆炸探测器和单通道空军卫星通信转发器，使卫星具有探测核爆炸和应急通信的能力。每个卫星上具有完全相同和准确的时钟，并保持有 8 个卫星的准确位置信息，其时钟与建立在地面上的主控站的时钟准确同步。

2. 地面监控部分

GPS 的地面监控部分目前主要由分布在全球的 5 个地面站组成，其中包括卫星监测站、主控站和信息注入站，它们的任务是跟踪并保证卫星质量。5 个地面站均具有监测站的功能，其中有一个主控站和三个注入站。监控站跟踪和监视全部导航卫星，并把收集的各种数据资料汇集到主控站进行处理，准确地预报卫星运行的精确轨道和精确时间，通过注入站把主控站编制和推算的卫星星历、时钟、导航电文和其他控制指令等注入相应卫星的存储系统，以使整个卫星系统工作正常。

3. 用户设备部分

用户设备部分的主要任务是接收 GPS 卫星发射的信号，以获得必要的导航和定位信息及观测量，并经数据处理而完成导航和定位工作。

GPS 用户设备部分主要由天线、接收机、带有软件的数据处理设备和控制/显示装置以及电源等部分组成，一般习惯上统称为 GPS 接收机。由于用户要求不同，用户设备又分为 A、B、C、D、E、F 六类，分别适用于轰炸机、直升机、一般导航、地面车辆、地面人员和潜艇舰船等。而 GPS 接收机根据工作原理、通道类型、信号频率和用途等又有多种分类。

GPS 接收机主机主要由变频器、信号通道、处理单元与显示单元等模块组成，如图 6-6 所示。其中，信号通道是核心部分，其主要作用有三：

(1) 搜索卫星，牵引并跟踪卫星；

(2) 对准基准信号，将从卫星接收到的扩频信号进行解扩和解调，从而得到导航电文；

(3) 进行伪码测量、载波相位测量和多普勒频移测量。

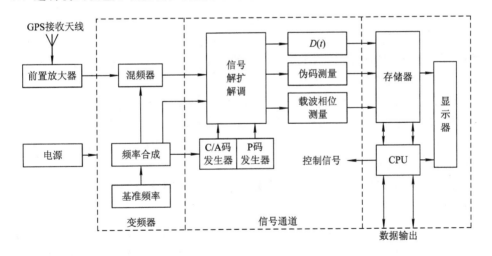

图 6-6 GPS 接收机原理图

6.2.2 GPS 的码和信号

GPS 采用了两种测距码和一种数据码（称 D 码）。两种测距码即 C/A(Clear/Acquisition)码和 P(Precise)码，均属伪随机码。

1. C/A 码

C/A 码是由两个 10 级反馈移位寄存器组合而成的，其构成如图 6-7 所示。

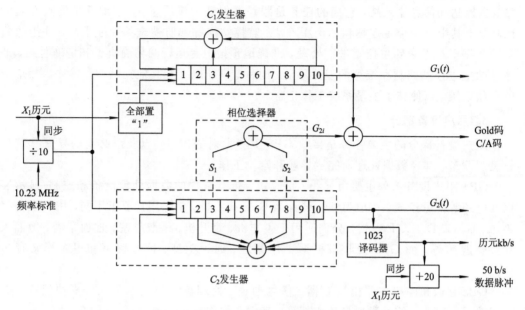

图 6-7　C/A 码构成示意图

每星期日子夜零时，在置"1"脉冲作用下，两个移位寄存器全处于 1 状态，同时在 1.023 MHz 的时钟驱动下，两个移位寄存器分别产生码长为 1023 位、周期为 1 ms 的 m 序列 $G_1(t)$ 和 $G_2(t)$。$G_2(t)$ 序列选择该移位寄存器中两存储单元进行二进制相加，由此得到一个与 $G_2(t)$ 平移等价的 m 序列 G_{2i}。再将其与 $G_1(t)$ 模 2 加，便得到 C/A 码。C/A 码是 Gold 码，不是 m 序列。由于 $G_2(t)$ 可能有 1023 种平移序列，因而将 G_{2i} 与 $G_1(t)$ 模 2 加，就可得到 1023 种不同结构的 C/A 码，但它们的长度、周期和码速均相同。不同的 GPS 卫星采用结构相异的 C/A 码。

C/A 码的码长较短，易于捕获。在 GPS 中，为了捕获 C/A 码，通常需要对 C/A 码逐个进行搜索。若以 50 个码元每秒的速度搜索，1023 个码元仅需 20.5 s 便可捕获。

由于 C/A 码易于捕获，且通过捕获的 C/A 码所提供的信息，又可以方便地捕获 P 码，所以通常 C/A 码又称捕获码。

C/A 码的码元较宽，用它测距的误差较大。由于其精度较低，故也称其为粗测码。

2. P 码

P 码的产生原理与 C/A 码的相似，采用两组各有两个 12 级的寄存器产生，码长约为 2.35×10^{14} b，周期约为 267 d，码速为 10.23 Mc/s。实际的 P 码周期被分成 38 个部分，除一部分闲置外，其余分给地面监控站和不同的卫星使用。不同卫星使用 P 码的不同部分，但每一部分都具有相同的码长和周期。

由于 P 码很长，捕获需要很长时间，因而一般先捕获 C/A 码，然后根据数据中给出的信息，便可容易地捕获 P 码。

由于 P 码宽度为 C/A 码宽度的 1/10，用 P 码测距得到的误差较小，故通常也称之为精测码。

3. 数据码

数据码实际上就是导航电文，它包含了卫星的星历、工作状态、时间系统、卫星运行状态、轨道摄动改正、大气折射改正和由 C/A 码捕获 P 码等导航信息。

导航电文也是二进制码，依一定的格式，按帧向外播送。每帧电文长 1500 b，播送速度为 50 b/s。

每帧导航电文有 5 个子帧，每个子帧有 10 个字，每个字有 30 b。每 25 帧组成一主帧。在第 1、2、3 子帧中给出了卫星轨道数据、原子钟时间调整参数等，在第 4 子帧中给出了电波传播时延补偿参数和卫星状态信息，在第 5 子帧中给出了 24 个卫星的轨道日历等。1、2、3 子帧的内容每小时更新一次，而 4、5 子帧的内容只在注入新的导航数据后才得以更新。

4. GPS 卫星的信号

每一颗卫星都配备了频率稳定度高达 $10^{-12} \sim 10^{-13}$ 的铷原子钟或铯原子钟，保证了极其稳定的时钟基准，而该时钟基准是产生时间上严格同步的导航信号的前提和必需条件。

原子钟首先产生一个频率为 10.23 MHz 的时钟，该时钟作为卫星的参考频率，是所有其他信号得以产生的时间基准。在 GPS 系统中，由于 C/A 码伪码速率为 1.023 MHz，人们习惯于用 f_0 来表示，所以这里可以用 $10 f_0$ 来表示原子钟产生的时钟基准。

卫星发射信号位于 L 波段，在实现 GPS 系统现代化进程之前，分别占据两个载波 L1 和 L2，其频率值 f_{L1}、f_{L2} 和 f_0 的关系分别如下：

$$f_{L1} = 1540 f_0，波长 \lambda_{L1} \approx 0.19 \text{ m} \tag{6-1}$$

$$f_{L2} = 1200 f_0，波长 \lambda_{L2} \approx 0.24 \text{ m} \tag{6-2}$$

调制在 L_1 载波上的导航信号可以表示为

$$s_{L1}(t) = \sqrt{2P_c} D(t) c(t) \cos[\omega_{L1} t + \theta_{L1}]$$
$$+ \sqrt{2P_{y1}} D(t) y(t) \sin[\omega_{L1} t + \theta_{L1}] \tag{6-3}$$

调制在 L_2 载波上的导航信号可以表示为

$$s_{L2}(t) = \sqrt{2P_{y2}} D(t) y(t) \sin[\omega_{L2} t + \theta_{L2}] \tag{6-4}$$

式中：$D(t)$ 为调制的数据比特；ω_{L1}、ω_{L2} 分别为 L1 和 L2 的载波角频率；θ_{L1} 和 θ_{L2} 分别是载波 L1 和 L2 的初始相位；P_c、P_{y1} 和 P_{y2} 分别是不同信号分量的功率。

式(6-3)和式(6-4)中共有 3 个信号分量，其中 L1 上调制了一个民用信号和一个加密的军用信号，L2 上则只有一个加密的军用信号。功率为 P_c 的分量为民用信号，而功率为 P_{y1} 和 P_{y2} 的分量为军用信号。民用信号和军用信号最大的不同在于其扩频伪码，即式中的 $c(t)$ 和 $y(t)$。

$c(t)$ 的码片速率为 1.023 MHz，每一个码片宽度大约是 1 μs，所以一个码片的误差在距离定位上就对应大约 300 m。$c(t)$ 对应的伪随机码叫做粗码或 C/A 码，其周期是 1023 个码片，在时间长度上即为 1 ms。C/A 码的格式和具体生成方法对普通用户公开，所以是 GPS 系统在民用领域的主要信号。

$y(t)$ 的码片速率为 10.23 MHz，是 C/A 码速率的 10 倍，所以相应的一个码片的误差在距离定位精度上对应于 30 m，由此可以看出，使用 $y(t)$ 码的接收机的定位精度是使用 C/A 码的接收机的 10 倍。$y(t)$ 对应的伪随机码叫做 P(y)码，周期比 C/A 码长很多，达到了 38 个星期。如此长的周期带来很多好处，比如较低的相关旁瓣和极高的保密性。P(y)

码只对特殊授权用户开放，所以民用用户通过常规手段无法使用该信号。

$D(t)$码是调制的导航电文比特，比特速率是 50 b/s，所以一个比特的长度是 20 ms。导航电文的作用是提供卫星的星历数据和历书数据，这些数据用来计算卫星的精确位置和速度。导航电文还提供卫星的时钟修正参数、电离层和对流层延迟参数以及卫星运行状况等。除了这些参数以外，导航电文还帮助提供信号的发射时间。接收机获取信号的发射时间是非常关键的一步，因为 GPS 卫星的位置计算直接由信号发射时间决定，更进一步的伪距观测量的计算也与卫星发射时间直接相关。

可以看出，初始信号和伪随机码相乘以后，原有的信号带宽从 50 Hz 展宽到了 2 MHz（对 C/A 码）和 20 MHz（对 $P(y)$码）。GPS 信号的频谱分布如图 6-8 所示。

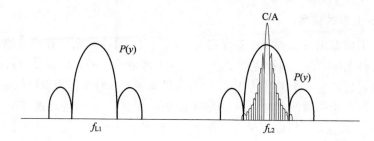

图 6-8　GPS 信号的频谱分布（在 L1 频率附近只有 $P(y)$信号频谱，
而在 L2 频率附近有 C/A 信号和 $P(y)$信号）

简而言之，GPS 信号采用扩频信号的目的主要有以下几点：

（1）码是不同卫星信号的标识。从式（6-3）和式（6-4）可以看出，所有卫星信号都享有相同的载波频率，在频谱图上表示为所有卫星信号的频谱都混杂在一起。接收机接收到的也是多颗卫星的信号共存，但却不会产生严重的同频干扰，其原因就在于每一颗卫星有各自唯一的伪随机码，且伪随机码具有很强的自相关性。

（2）扩展频带使得卫星发射的信号功率不必很高。

（3）在 GPS 接收机端，扩频伪码的码片相位为定位提供了必要的测距信号。

码片相位直接和卫星信号传输的距离有关，接收机通过检测相关峰的位置得到伪码相位，进而得到伪距观测量，实现定位。

对 C/A 码信号来说，伪码周期为 1 ms，一个导航电文比特耗时 20 ms，这样在一个导航电文比特里容纳了 20 个周期的 PN 码。每一个导航电文比特中包含了 20 个整周期的 PN 码，而每一个 PN 码片包含了 1540 周期的载波信号。

最终的导航信号就是载波、PN 码和导航电文比特三者的乘积。这里 PN 码和导航电文比特的乘积在逻辑电路上实际就是模 2 加，最终得到的是 BPSK 信号，即在比特跳变的时刻载波相位发生 180°反转。理解了导航信号产生的过程，就能比较容易地理解后续在接收机内信号处理的理论依据。

随着早期 GPS 系统使用中逐渐暴露出的一些问题，实现 GPS 系统现代化已经迫在眉睫。GPS 系统的现代化主要包括以下几点：

- 取消选择性和可用性（SA）限制；
- 在目前的 L2 频率上加上一个新的民用信号 L2C；
- 在 L5 频率（1176.45 MHz）上加上一个新的民用信号 L5；

- 对现有的 L1 的 C/A 码信号进行改造，增大其发射功率；
- 增加新的军用码信号（M 码信号）；
- 对目前使用的 GPS 卫星（II-R、II-A、IIR-M）进行更新换代，使其更适合于新的 GPS 信号的要求。

SA 限制已于 2000 年 5 月 1 日取消，这被认为是 GPS 现代化的第一步。L2C 和 L5 信号的提出主要出于以下 3 个目的：

① 对电离层群延迟的精确校正需要两个不同频率的信号；

② 对定位信号可用性要求的不断提高，尤其在安全相关的应用方面越来越显示出这方面的不足；

③ 对于定位结果的精度和迅捷性的要求，也对 GPS 信号提出了更高的要求。

L2C 信号包括两种伪随机码信号，一种是 L2-CM 码，另一种是 L2-CL 码，其码片速率都是 511.5 kb/s，二者以时分的方式发送。L2-CM 码中有调制导航电文比特，而 L2-CL 码没有调制数据。L2-CM 码周期较短，为 10 230 个码片，即 20 ms；L2-CL 码周期较长，为 767 250 个码片，即 1.5 s。这样安排的目的很明显，L2-CM 码用来实现信号的快速捕获，而 L2-CL 码由于没有数据比特跳变问题，则可以进行长时间的积分，从而提供更好的信号跟踪特性。

L5 的码片速率为 10.23 Mb/s，由此可见，L5 的码片速率是现有的 L1 的 C/A 码的码片速率的 10 倍。L5 信号和 L2C 相比多了一个正交信号。L5 信号的同相信号调制导航电文比特，而正交信号则没有调制数据，由此可以看出，正交信号在其中的角色类似一个导频通道。L5 的伪随机码的码片速率是 C/A 码的 10 倍，同时其互相关特性和自相关特性都比 C/A 码好，这些特性决定了 L5 的定位精度会比目前的 C/A 码高，同时对于多径效应也有更强的抑制。

C/A 码和 P 码对载波均进行非平衡 QPSK 调制，且 Q 路比 I 路功率低 3 dB，在载波 L1 上调制有 C/A 码、P 码和数据码，而在载波 L2 上只调制有 P 码和数据码，如图 6-9 所示。

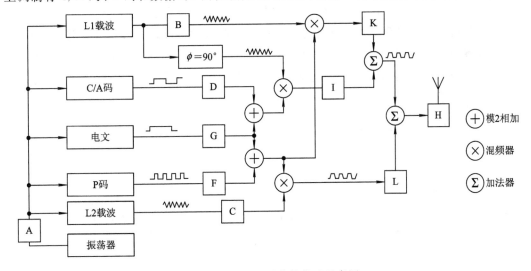

图 6-9 GPS 卫星信号构成示意图

6.2.3 GPS 的定位原理

GPS 的定位原理同目前航空控制系统中广泛使用的"罗兰(LORAN)"导航系统的原理类似，只不过 GPS 要在三维立体空间内定位。下面以接收 C/A 码为例，介绍其定位原理。

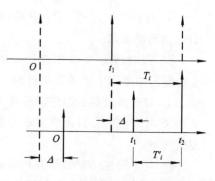

当同步时，可以得到接收到的时间 t_2(以目标站的时基为参考)，同时从收到的数据中又得到发送的时间 t_1(以卫星上的时基为参考)。以系统时间和 GPS 接收机时间表示的信号发送和接收的时间关系如图 6-10 所示。

图 6-10　GPS 定位原理示意图

由于 GPS 接收机的时基与系统时基有误差 Δ，因而 GPS 接收机计算的传播时间 T_i' 与真实传播时间也相差 Δ，即 $T_i = T_i' + \Delta$。将第 i 个卫星计算的距离(称伪距)设为 ρ_i，有

$$\rho_i = cT_i' = cT_i - c\Delta = cT_i - B$$

式中，c 为光速。由于所有卫星时基相同，因此 $B = c\Delta$ 是相同的，这样，对所有卫星的真实距离 R_i 为

$$R_i = cT_i = \rho_i + B$$

下面来看如何得到目标的空间位置。设卫星以地心为原点的坐标为 X、Y、Z，目标的坐标为 X_u、Y_u、Z_u，则可得到下列各式：

$$R_1 = \rho_1 + B = [(X_1 - X_u)^2 + (Y_1 - Y_u)^2 + (Z_1 - Z_u)^2]^{1/2}$$
$$R_2 = \rho_2 + B = [(X_2 - X_u)^2 + (Y_2 - Y_u)^2 + (Z_2 - Z_u)^2]^{1/2}$$
$$R_3 = \rho_3 + B = [(X_3 - X_u)^2 + (Y_3 - Y_u)^2 + (Z_3 - Z_u)^2]^{1/2}$$
$$R_4 = \rho_4 + B = [(X_4 - X_u)^2 + (Y_4 - Y_u)^2 + (Z_4 - Z_u)^2]^{1/2}$$

伪距可由接收机测得，各个卫星的坐标可从收到的导航电文中获得，代入上述式子，就可以解出 X_u、Y_u、Z_u 和 B 四个未知数，从而可以确定目标的位置(经度、纬度和高度)。在 GPS 接收机中，接收到的是大地的经纬度坐标 (B, L)，它与高斯投影直角坐标 (x, y) 的关系可用高斯投影计算公式来表示，即

$$x = X_0^B + \frac{1}{2}Ntm_0^2 + \frac{1}{24}(5 - t^2 + 9\eta^2 + 4\eta^4)Ntm_0^4 + \frac{1}{720}(61 - 58t^2 + t^4)Ntm_0^6$$

$$y = Nm_0 + \frac{1}{6}(l - t^2 + \eta^2)Ntm_0^3 + \frac{1}{120}(5 - 18t^2 + t^4 + 14\eta^2 - 58\eta^2 t^2)Nm_0^5$$

式中

$$X_0^B = C_0 B - \cos B(C_1 \sin B + C_2 \sin^3 B + C_3 \sin^5 B)$$

$$t = \tan B, \ l = L - L_0, \ m_0 = l \cos B$$

$$N = \frac{c}{\sqrt{l - e^2 \sin^2 B}}, \ \eta^2 = \frac{e^2}{l - e^2} \cos^2 B$$

用户移动速度可根据用户移动时测得的卫星载波频率的多普勒频移求出。

6.2.4　GPS 信号的捕获和跟踪

信号捕获可以说是 GPS 接收机内信号处理的第一步。只有完成了信号捕获，才有可能开始信号跟踪、观测量提取和定位导航算法等后续的处理过程。所有的码分多址（CDMA）系统都存在信号捕获问题，GPS 系统也不例外，而且由于空间卫星的高速运动使得信号捕获变得更加复杂和困难。GPS 接收机在信号捕获上花费的时间是所有 TTFF 耗时中最长的一部分，所以提高信号捕获的速度对于缩短 TTFF 意义重大。

对于 GPS 信号来说，还有一个特殊的原因使得信号捕获变得更有必要，同时也变得更复杂。这个原因是由多普勒效应引起的。卫星平均速度的估计值为 3.87 km/s，由于多普勒效应，如此高速运动必然会使接收机接收到的信号产生多普勒效应，这个速度对 L1 载波频率的信号引起的频移可达 20.3 kHz。

实际上，多普勒频移只和相对运动的径向速度分量有关，假设接收机位于地球表面且处于静止状态，要产生高达 20 kHz 的多普勒频移，必须是卫星正对着地球表面该接收机所处的地点飞行，而一般来说，卫星总是环绕地球飞行，所以相对地球表面的某一点来说，其相对运动的径向速度分量不可能达到 3.87 km/s，对这个问题分析的结论是地球表面的接收机和卫星之间相对运动的最大径向速度分量约是 929 m/s，随之导致的多普勒频移是 4.9 kHz。

除了由于卫星的高速运动产生的多普勒频移外，接收机自身的 RF 时钟晶振的偏差也会使接收到的信号载频偏移理论值。理论计算表明，在 L1 的载频上，1×10^{-6} 的晶振偏差能引起 1.57 kHz 的载频偏差。所以在接收机射频前端的设计中晶振的质量至关重要，它不仅影响后续跟踪环路的性能，而且也决定了信号捕获的搜索范围。现代的 GPS 接收机射频前端采用的晶振一般都是温度补偿晶体振荡器（TCXO，Temperature Compensated Crystal Oscillator），其频率稳定度一般在 $\pm 1 \times 10^{-6}$ 以内。

综合考虑这些因素，可以认为接收机天线最终接收到的 GPS 信号不仅在伪码相位上存在模糊，而且在载波频率上也具有一定量的模糊度。为了实现对信号稳定的跟踪，就必须同时解决伪码相位模糊和载波频率模糊的问题。

GPS 接收机中的信号捕获可以认为是一个三维的搜索：第一维是从 PN 码的方向，第二维是从伪码相位的方向，第三维是从多普勒频移的方向。

从 PN 码的方向来说，如果接收机加电开始没有任何辅助信息，对目前天顶的卫星星座分布一无所知，则所有可能的 PN 码数目是 32 个，此时就必须一个个地穷举尝试每一个可能的 PN 码；如果有其他辅助信息以减小搜索量，则可以大大缩短搜索时间。比如暖启动（Warm-Start）或热启动（Hot-Start）就是利用接收机保存的既往的历书或星历数据和本地时间，在已知本地大致位置的情况下，粗略推算出当前天顶上 GPS 星座的分布，从而大大限制了 PN 码的搜索空间，因此得以缩短搜索过程所需耗时。

从伪码相位的方向搜索，首先需要产生本地伪码，通过设置不同的本地伪码相位，将本地伪码和输入信号进行相关运算。利用伪码的强自相关性，只有在本地码和信号的伪码相位对齐的情况下才能产生很强的相关值。一旦某一个伪码相位对应的相关值超过了预定的门限值，就可以认为找到了正确的本地伪码相位。相关尖峰的位置对相位很敏感，相位差超过一个码片就会很快失去这个尖峰。所以一旦出现很高的相关尖峰，就可以认为输入信号的伪码相位和本地伪码相位之差已经在一个码片以内。

从多普勒频移的方向的搜索，是通过产生本地载波，并调节本地载波的值，将其和输入信号相乘，如果本地载波和输入信号的载波很接近的话，输入信号中的高频载波分量就会被去除。由于事先无法知道输入信号可能的载波频率值，所以需通过设置不同的本地载波的值来尝试。频率步长的选取是基于搜索灵敏度和搜索效率的折中。对于一定的频率模糊区间，小的频率步 K 增加了待搜索的频率井（Frequency Bin）的数目，从而直接增大覆盖全部频率模糊区间所需的工作量，结果就是增加了搜索的时间，但其好处是提高了搜索的灵敏度。

在实际的信号捕获中，伪码相位的搜索和载波频率的搜索其实是同时完成的。因为如果仅仅完成了伪码相位的搜索，而载波分量依然存在，则将输入信号和本地伪码相乘以后得到的信号虽然完成了伪码剥离，但相对于积分时间来说依然是高频信号，而相关运算必须通过积分器，对高频信号进行积分不会得到一个很高的峰值；反之，如果仅仅完成了载波频率的搜索，而伪码分量依然存在，则输入信号和本地载波相乘以后虽然变成了低频分量，但伪码的存在使得信号依然是扩频信号，这样，通过积分器以后依然不会出现高的相关峰。只有同时完成伪码剥离和载波剥离以后，得到的一个低频连续波信号通过积分器才会出现比较高的相关峰值。所以在实际的信号捕获过程中，都是同时设置好本地伪码相位和本地载波频率，然后再进行相关运算，最后检查相关结果以决定是否实现了信号的捕获。也就是说，载波剥离和伪码剥离是两个相互关联、缺一不可的环节。

GPS 接收机在完成了信号的捕获以后，就对信号的载波频率和伪码相位有了粗略的估计。这里使用了"粗略"这个词来描述信号捕获的结果，是相对于跟踪环路的结果来说的。一般来说，根据信号捕获的结果，对载波频率的估计精度为几百赫兹，而伪码相位的估计精度在 ± 0.5 个码片范围之内。这个精度不足以实现导航电文数据的解调，因为解调数据一般必须在进入稳定的跟踪状态以后才可以进行。同时随着卫星和接收机的相对运动，天线接收到的信号的载波频率和伪码相位还会随时发生改变，而且更为棘手的是，接收机本地时钟的钟漂和随机抖动也会影响对已捕获信号的锁定。所以如果没有对载波 NCO 和伪码 NCO 的持续不断的动态调整，捕获的信号就会很快失锁，而信号跟踪从其本质上来说就是为了实现对信号的稳定跟踪所采取的一种对环路参数的动态调整策略。

信号跟踪的目的有两个：一个是实现对 GPS 信号中的载波分量的跟踪；另一个是实现对伪码分量的跟踪。因此，在 GPS 接收机内部必须有两个跟踪环，这两个跟踪环必须紧密耦合在一起，缺一不可。在实际应用中，当接收机处于稳定工作状态时，必定是两个环路都处于稳定的锁定状态。

6.3　无线局域网中的扩频技术

ISM 频段的无线局域网产品几乎均采用了扩频技术。它们有如下优点：

（1）无需无线电管理部门的批准；

（2）有较高的噪声容限和保密性；

（3）有较强的抗干扰能力；

(4) 可用软件来选择信道，实现信道共享；

(5) 易实现多址通信，频谱利用率较高。

无线局域网产品中的扩频，主要有 DS 和 FH 两种方式，且多数为 DS 方式。对于无线局域网中采用的扩频，其抗干扰性能已不是首要考虑因素，因此，DS 的处理增益或跳频的跳速一般都不高。跳频方式的设计实际上就是跳频频率合成器及控制器的设计。慢速的跳频频率合成器的设计，目前技术已很成熟。由于 DS 方式的扩频和调制（主要由 QPSK 或 BPSK 及其差分形成）相对比较简单，无线局域网中的扩频技术就主要归结为 DS 方式的解扩。对于 DS 方式，其解扩的相关处理主要有用声表面波器件（SAWD）或超大规模集成电路（VLSI）作为匹配滤波器或卷积器的两种方式。例如 Canon 的无线网络系统，采用 SAW 卷积器来完成相关解扩。用 SAWD 作为匹配滤波器可以同时完成解扩和解调，而且可以省去 DS 中较难解决的伪码同步及载波同步，使系统得以简化，因此，这种方式日益受到人们的关注。利用扩频专用集成电路（ASIC）不仅可以实现 DS 方式的扩频与解扩，而且可以很方便地与其他芯片（如 RF、IF 和 NIC）相配合，实现无线局域设备的小型化，并且价格也较低。

6.4　蓝　牙　技　术

随着移动通信技术和计算机网络在全球的迅速发展，特别是短距离无线通信系统的发展，语音通信和计算机之间的界限已经变得越来越模糊。1998 年 5 月，五家世界顶级通信/计算机公司（爱立信、诺基亚、东芝、IBM 和英特尔）经过磋商，联合成立了蓝牙共同利益集团（Bluetooth SIG），对蓝牙技术进行研究、开发、推广和应用，并提出了蓝牙技术标准。

蓝牙（Bluetooth）技术实际上是一种短距离无线电技术，它使得现代一些重量轻、容易携带的移动通信设备和电脑设备，不必借助电缆就能联网，并且能够实现无线上因特网，其实际应用范围还可以拓展到各种家电产品、消费类电子产品和汽车等，组成一个巨大的无线通信网络。

"蓝牙"一词是从公元 10 世纪统一丹麦和瑞典的一位斯堪的纳维亚国王的名字哈拉尔德·布罗坦德而得来的。这是一位在海盗横行、种族冲突不绝的 10 世纪的北欧，通过不流血的谈判完成统一的丹麦伟人，他是一位伟大的国王。自从他镶上蓝色的假牙那天开始，人们便称他为"蓝牙（布罗坦德）"。

蓝牙技术的这种无线数据与语音通信的开放性全球规范，是以低成本的近距离无线连接为基础的，为固定与移动设备通信环境建立了一个特别连接。例如，如果把蓝牙技术引入移动电话和便携式电脑中，就可以去掉移动电话与便携式电脑之间的令人讨厌的连接电缆而通过无线使其建立通信。打印机、PDA、台式电脑、传真机、键盘、游戏操纵杆以及所有其他的数字设备都可以成为蓝牙系统的一部分。

除此之外，蓝牙技术还为已存在的数字网络和外设提供通用接口以组建一个远离固定网络的个人特别连接设备群。用于接入网络的设备包括 PDA、语音耳机和蜂窝电话等。用户接入部分可以包括其他的相似设备（端到端交换）、LAN 接入单元或其他接入单元以提供各种各样的设备。

总之，蓝牙正在孕育着一个颇为神奇的前景：对手机而言，与耳机之间不再需要连线；在个人计算机、主机与键盘、显示器和打印机之间可以摆脱纷乱的连线；在更大范围内，电冰箱、微波炉和其他家用电器可以与计算机网络相连接，实现智能化操作。因此，在蓝牙技术的这种短距离、低成本的无线连接技术以及能够实现语音和数据无线传输的开放性方案刚刚露出一点儿"芽尖"的时候，即已经引起了全球通信业界和广大用户的密切关注。

蓝牙工作在全球通用的 2.4 GHz ISM（即工业、科学、医学）频段。蓝牙的数据速率为 1 Mb/s，利用时分双工传输方案来实现全双工传输。ISM 频带是对所有无线电系统都开放的频带，因此使用其中的某个频段都会遇到不可预测的干扰源。为此，蓝牙特别设计了快速确认和跳频方案以确保链路稳定。跳频技术是把频带分成若干个跳频信道（hop channel），在一次连接中，无线电收发器按一定的伪码序列不断地从一个信道"跳"到另一个信道，只有收发双方是按这个规律进行通信的，而其他的干扰不可能按同样的规律进行；跳频的瞬时带宽是很窄的，但通过扩展频谱技术可使这个窄带成百倍地扩展成宽频带，使干扰可能的影响变得很小。与其他工作在相同频段的系统相比，蓝牙跳频更快，数据包更短，这使蓝牙比其他系统都更稳定。前向纠错（FEC, Forward Error Correction）的使用抑制了长距离链路的随机噪音。另外，蓝牙技术中应用了二进制调频（FM）技术的跳频收发器，以此来抑制干扰和防止衰落。

蓝牙基带协议是电路交换与分组交换的结合。在被保留的时隙中可以传输同步数据包，每个数据包以不同的频率发送。一个数据包名义上占用一个时隙，但实际上可以被扩展到占用 5 个时隙。蓝牙可以支持异步数据信道和多达 3 个的同时进行的同步话音信道，还可以用一个信道同时传送异步数据和同步话音。每个话音信道支持 64 kb/s 的同步话音链路。异步信道可以支持一端最大速率为 721 kb/s 而另一端速率为 57.6 kb/s 的不对称连接，也可以支持两端速率为 43.2 kb/s 的对称连接。

1. 蓝牙系统的基本参数

（1）工作频段：ISM 频段，2.402～2.480 GHz；

（2）双工方式：全双工，TDD 时分双工；

（3）业务类型：支持电路交换和分组交换业务；

（4）数据速率：1 Mb/s；

（5）非同步信道速率：非对称连接时为 721/57.6 kb/s，对称连接时为 432.6 kb/s；

（6）同步信道速率：64 kb/s；

（7）功率：美国 FCC 要求功率不超过 0 dBm(1 mW)，其他国家可扩展为 100 mW；

（8）跳频频率数：79 个频点/每频点 1 MHz 瞬时带宽；

（9）跳频速率：1600 hop/s；

（10）工作模式：暂停(PARK)/保持(HOLD)/呼吸(SNIFF)；

（11）数据连接方式：面向连接业务 SCO，无连接业务 ACL；

（12）纠错方式：1/3FEC, 2/3FEC, ARQ；

（13）鉴权：采用反应逻辑算术；

（14）信道加密：采用 20 位、40 位、60 位密钥；

（15）语音编码方式：连续可变斜率调制 CVSD；

（16）发射距离：一般可达 10 m，增加功率情况下可达 100 m。

2. 蓝牙系统的主要功能单元

（1）天线射频单元；

（2）链路控制单元；

（3）链路管理单元；

（4）软件功能定义。

3. 蓝牙网络的基本形式

蓝牙网络的基本形式是皮克网（Piconet）。所谓皮克网，就是通过蓝牙技术连接在一起的所有设备。一个皮克网可以只是两台相连的设备（比如一台便携式电脑和一部移动电话），也可以是八台连在一起的设备。在一个皮克网中，所有设备都是级别相同的单元，具有相同的权限。但是在皮克网网络初建时，其中一个单元被定义为主单元（Master），其时钟和跳频顺序被用来同步其他单元的设备；其他单元被定义为从单元（Slave）。每一个皮克网只能有一个主单元，从单元可基于时分复用参加不同的皮克网。

具有重叠覆盖区域的几个独立且不同步的皮克网组成一个散射网络（Scatternet）。另外，在一个皮克网中的主单元仍可作为另一个皮克网的从单元，各皮克网间不必以时间或频率同步。各皮克网各有自己的跳频信道。几个皮克网可以被连接在一起，靠跳频顺序识别每个皮克网。同一皮克网的所有用户都与这个跳频顺序同步。其拓扑结构可以被描述为"多皮克网"结构。

蓝牙系统提供点对点连接方式或一对多连接方式。在一对多连接方式中，多个蓝牙单元之间共享一条信道。也可以说，共享同一信道的两个或两个以上的单元形成一个皮克网。其中，一个蓝牙单元作为皮克网的主单元，其余则为从单元。在一个皮克网中最多可有 7 个活动从单元，另外的从单元可被锁定于某一主单元，即处于休眠状态。在该信道中，不能激活这些处于休眠状态的从单元，但仍可使之与主单元之间保持同步。对处于激活或休眠状态的从单元而言，信道访问都是由主单元进行控制的。

蓝牙技术规范的目的是使符合该规范的各种应用之间能够实现互操作。互操作的远端设备需要使用相同的协议栈，不同的应用需要不同的协议栈。但是，所有的应用都要使用蓝牙技术规范中的数据链路层和物理层。

图 6-11 示出了蓝牙协议栈的基本结构和各种协议之间的相互关系，但这种关系在某些应用中是有变化的。需要说明的是，不是任何应用都必须使用全部协议，而是可以只使用其中的一列或多列。

完整的协议栈包括蓝牙专用协议（如连接管理协议 LMP 和逻辑链路控制应用协议 L2CAP）以及非专用协议（如对象交换协议 OBEX 和用户数据报协议 UDP）。设计协议和协议栈的主要原则是尽可能地利用现有的各种高层协议，保证现有协议与蓝牙技术的融合以及各种应用之间的互操作，充分利用兼容蓝牙技术规范的软硬件系统。蓝牙技术规范的开放性保证了设备制造商可以自由地选用其专用协议或习惯使用的公共协议，在蓝牙技术规范基础上开发新的应用。

蓝牙协议体系中的协议按 SIG 的关注程度分为四层：核心协议（BaseBand、LMP、L2CAP、SDP）、电缆替代协议（RFCOMM）、电话传输控制协议（TCS-Binary、AT 命令集）

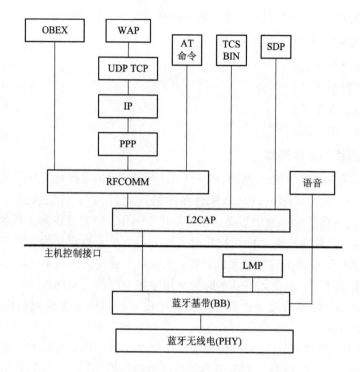

图 6-11 蓝牙协议栈

及选用协议(PPP、UDP/TCP/IP、OBEX、WAP、vCard、vCal、IrMC、WAE)。

除上述协议层外,该技术规范还定义了主机控制器接口(HCI),它为基带控制器、连接管理器、硬件状态和控制寄存器提供命令接口。在图 6-11 中,HCI 位于 L2CAP 的下层,也可位于 L2CAP 的上层。

蓝牙核心协议由 SIG 制定的蓝牙专用协议组成。绝大部分蓝牙设备都需要核心协议(加上无线部分),而其他协议则根据应用的需要而定。总之,电缆替代协议、电话控制协议和被采用的协议在核心协议基础上构成了面向应用的协议。

6.5 时分多址混合扩频系统——JTIDS

战术通信网(野战通信网)由三大部分组成,即单工无线电网、地域通信网及战术信息分发系统。单工无线电网主要由高频(HF)和甚高频(VHF)(跳频)电台构成。地域通信网指的是与指挥所相连,为指挥人员和参谋人员提供通信手段的干线通信网。战术信息分发系统是一个集通信、导航、识别功能于一体的综合系统,即 CNI(Communication Navigation Identification)系统,它将地面指挥中心、预警飞机、战术飞机、军舰、地面用户等连接在一起,可为陆、海、空三军提供联合服务。由于战术信息分发系统具有通信、导航和识别等综合功能,具有很高的抗干扰和保密能力,并具有容量大、用户多(可上千)、覆盖范围广(300~500 海里)、生存能力强及使用灵活等优点,因而该系统是一个重要的 C3I 系统。战术信息分发系统的一个典型例子,就是美军使用的"联合战术信息分发系统",即 JTIDS(Joint Tactical Information Distribution System)。JTIDS 有两种类型,即基本型 TDMA

和分布型 TDMA(DTDMA)。两者的主要差别在于对整个时隙的分配方式不同。这里主要介绍基本型 TDMA，即 JTIDSI 或 JTIDS/TDMA 型。

1. JTIDS/TDMA 系统结构及参数

JTIDS 系统是一个时分多址（TDMA）接入、无中心和信息共享的多用户系统。图 6-12 是其工作示意图。图中的信息分发系统就是将各用户要传送的信息组织在一个周期性的时间分隔的系统中，各用户根据需要从此系统中得到其他用户的信息。它的时间分隔系统可以从图 6-13 的信号格式中看出。

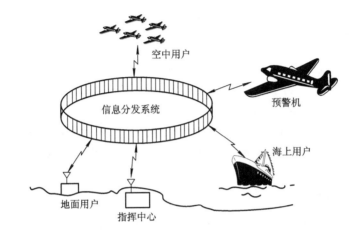

图 6-12　JTIDS 系统工作示意图

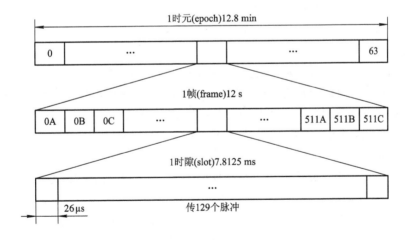

图 6-13　JTIDS 的信号格式

图 6-12 中，一个环形周期称为一个时元(epoch)，为 12.8 min。每个时元分为 64 帧 (frame)，每帧长 12 s。一帧中再分为 1536 个时隙(slot)，一个时隙为 7.8125 ms。时隙是分配给用户的基本单位，容量小的用户，每时元中只分得一个时隙，即 12.8 min 才发一次信息，而容量大的用户可以分得多至上千个时隙。每个时隙又分为信息段和保护段，信息段中传 129 个脉冲，总持续时间为 3.354 ms，每个脉冲重复周期用作粗同步，后 4 个脉冲用作精同步。保护段持续时间为 4.4585 ms。保护段的作用在于使下一时隙开始之前所发射的信号能传播到 JTIDS 网的视距内的其他所有成员。由于 JTIDS 的各成员间的相对位

置关系是变动着的，因此天线一般为全向的，在作直接通信时网的范围为 300 海里视距，在作接力通信时为 500 海里。

来自信息源的二进制信息经分组和纠错编码（可以不编码，称为非编码自由电文），形成 109 组数据。每组数据在 6.4 μs 长的脉冲中进行（32，5）编码，即扩频，形成占空比为 6.4/26 的扩频编码信号，携带 5 b 信息。因此扩频码片的宽度为 200 ns，扩频码速为 5 Mc/s。每时隙的有效信息量为 $109 \times 5 = 545$ b，平均信息速率为 $545/(7.8125 \times 10^{-3}) = 69.7$ kb/s。由此可见，JTIDS 系统是以传输数据为主的，只有个别用户必要时才能通话。每个用户在规定其发射的时隙以外的时隙可以接收所有信号，从而使网内的信息资源共享。

由于 MSK 的频谱特性好，扩频后的信号对载波进行 MSK 调制，信号带宽约为 3.5 MHz。载频在 Lx 波段中的 960～1215 MHz 范围内跳频。跳频的频道间隔为 3 MHz，跳频的频道数为 51 个。为了和此波段中的其他现有系统（导航、空中交通管制）相容而不互相干扰，51 个频道分散在其中的几个小波段中。应当注意，JTIDS 的跳频是在时隙中的各脉冲之间进行的。每个时隙内的脉冲既可以单发射，也可以双发射（双脉冲）。双脉冲（每个脉冲发相同信息）格式抗人为干扰的能力较强，但对现存的其他系统（如 TACAN 测距器）的干扰也大一些。

2. JTIDS 的功能

通信功能是 JTIDS 的基本功能，从上述介绍中可以很容易地看出这一点。

JTIDS 的导航功能是建立在网内各对象之间的相对定位基础上的。在此系统中每个用户都保存一时钟，而由某一指定用户作为整个网的时间基准，并定时发布带有基准时间的入网消息（new entry message）。各个用户接收此信息来校准各自的时钟，以使其时钟与系统时钟同步。这样，每个时隙的起始和终止时间是统一的，每一发射成员的信号发射时刻与时隙开始时刻对齐，这就是网同步。在此基础上，利用同步段中的同步信息可产生精确的定时信号，此定时信号真正标记了信号的到达时刻。因此，系统其他成员根据这个定时信号便可算出其与发射成员的相对距离，从而实现定位和导航。

要指出的是，由于 JTIDS 是一种无节点系统，即网的成员没有一个是不可或缺的，因此作为时间基准来说，任何成员都可承担起这个责任，只不过网内只能有一个基准而已。而当所指定的作为基准的成员由于某种原因不能工作时，则根据预先约定，基准的责任自动转移至下一个指定成员。

下面结合本系统采用的一种有源同步（精同步的一种）法说明其定位功能。有源同步法又叫 RTT 法，其具体过程是：实现精同步的成员向某一已实现精同步的成员（donor）发出询问信号（这是通信的一种格式），回答信号中包括收到的时间和发射回答的时间，即图 6-14 上的 TOA_D 和 T_R，这样，询问者便能根据收到回答信号的时间 TOA_U 等，由下面两式决定自己发送的准确时刻 ε 和传播时延 T_P：

$$\text{TOA}_D = \varepsilon + T_P, \quad \text{TOA}_U + \varepsilon = T_R + T_P$$

式中 ε 可以用来校准自己的时钟，使之与系统时钟一致；T_P 可以决定与被询问者的距离。若能决定两个已知位置对象间的距离，就可以决定自己的方位。

JTIDS 的识别功能则是依靠在各自的发送时隙中传送某种识别信号来实现的。

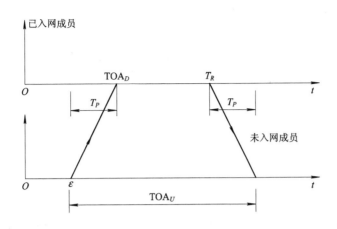

图 6 - 14　JTIDS 的有源同步法

3. JTIDS 中保密、抗干扰的考虑

由于战场环境复杂，JTIDS 系统在设计时就对抗干扰和保密方面作了许多考虑，采取了一些有效措施来加以解决。这些措施包括：

(1) 信息保密。在传送的数据中进行数字加密，跳频中的跳频图案也是加密的。

(2) 采用 DS - FH 混合扩频方式。这是系统中抗各种干扰，特别是抗有意干扰的主要措施。在 DTDMA 型 JTIDS 系统中，还同时采用了跳时(TH)技术，使其抗干扰能力更强。JTIDS 系统采用混合扩频方式而不采用单一的 DS 或 FH，是考虑到混合扩频在此有更多的优点：

——混合扩频更便于 FDMA 和 TDMA 的结合。由于有 FH，就可以在同一频段组织多个互不干扰的通信网。

——与单纯的 DS 方式相比，在得到基本相同的处理增益时，FH/DS 的信号频谱更均匀，抗单频及窄带干扰的能力更强。

——采用 DS/FH 方式，可以解决不能利用连续波段的问题。由于在所用波段中，有些现有系统占据了一些窄频带，若采用宽带 DS，则无法避免对它们的干扰。而采用 DS/FH 方式，跳频频率不选择在这些频带，就可以避免对它们的干扰。

(3) 抗多径及多普勒效应的考虑。在 JTIDS 中，由于采用了 DS 和脉冲工作方式，较好地解决了多径影响，接收端对 6.4 μs 射频脉冲进行相关接收，相关输出脉冲宽度为 0.4 μs，周期为 26 μs。此周期远大于最大的传播时延，这就可以将多径干扰区别开来，甚至加以利用。

由于采用扩频后信号瞬时频带有 3.5 MHz，比由于多普勒效应引起的载频偏移(f_d 约 4 kHz)大得多，采用非相干解调时，对信号解调影响很小，MSK 的最大频偏 Δf_{max} = 1.25 MHz，这也比多普勒效应引起的寄生调频频偏大得多。

(4) 信道编码。JTIDS 是以传输数据为主设计的。对于数字话音来说，10^{-4} 甚至 10^{-3} 的误码率是允许的。而对数据来说，10^{-4} 的误码率则不能容忍。在实际信道上要保持低于 10^{-4} 的误码率是很难的。为此，在 JTIDS 中传送的数据都采用了纠错编码，用的是 Reed - Solomon(R - S)码。前述的 109 个脉冲中，每个脉冲携带 5 位，共 545 位数据。在纠错码格式中，实际上只传送 245 位二进制信息。数据部分采用(31,15)的 R - S 码纠错，在

31 位中可以纠正 8 个错误。

为了防止突发性干扰引起的误码，在纠错编码后还进行了交错编码。

采用信道编码后，在信道上误码率为 10^{-3} 时，信息的误字率可以减小 3 个数量级，即可以低于 10^{-6}。

（5）抗跟踪和转发干扰的考虑。在 FH 系统中跳频速率是抗跟踪干扰和转发干扰的重要参数。在 JTIDS 中，每个脉冲为一跳，脉冲周期为 26 μs，因此跳频速率为 38.5 khop/s（千跳/秒）。这应该属于高速跳频。但应注意，由于是脉冲跳频，其抗跟踪和转发干扰的能力比连续工作系统更强些，因此抗跟踪和转发干扰的能力取决于每一跳中的同一频率的持续时间。本系统中脉冲的持续时间为 6.4 μs，此时间对应的双程传播距离为 0.96 km。这就表示超过此行程差以外的敌方电台无法进行转发干扰（即没有处理和反应的时间）。而 1 km 的路径差对于此系统覆盖范围为几百千米而言是很小的。因此，这时的高速跳频相当于连续通信系统中的跳频速度 $(1/6.4)\times10^6 = 156.25$ khop/s。

第 7 章　扩频系统的方案设计(一)

本章将较为详细地介绍 ASIC Stel-2000 和 Z87200 的工作原理以及其直扩芯片的应用，还将简单地介绍直扩芯片 SX043 的应用和直扩电力线载波 ASIC 及其应用。

7.1　用 ASIC(Stel-2000 和 Z87200)构成数传收发机

到目前为止，研究开发出的扩频专用集成电路虽然不少，但还不十分丰富。比较典型的主要有以下几种：

(1) Stanford Telecom 公司的系列 ASIC 芯片，如 Stel-1032 数字下变频器、Stel-3340 数字匹配滤波器、Stel-2120 差分 PSK 解调器、Stel-1032 伪随机码产生器及数控振荡器(NCO)等。其最典型的高集成度扩频 ASIC 芯片是 Stel-2000A。

(2) Zilog 公司的可编程的直扩收/发单片机，采用 CMOS 工艺，可支持 BPSK、QPSK 两种调制方式，双工/半双工收发模式，最大数据速率可达 2.048 Mb/s，有两个独立的 PN 码，以数字形式来实现中频和基带的全部处理过程。Z8700、Z8720 等的结构和功能与 Stel-2000A 很相似。

(3) 美国 Intersil 公司(原 Harris 公司)的直扩无线收发芯片，包括 HFA3724 中频处理芯片、HFA3824 和 HFA3861 扩频调制处理芯片等。

(4) 美国 RF MD 公司的直扩发送芯片 RF2423(支持多种调制方式)、带 PLL 频率合成器的 915 MHz 扩频接收芯片 RF2908 以及 2.4 GHz 的扩频收发芯片 RF2938 等。

(5) Sirius 公司的高速直接序列扩频 ASIC 芯片 SC2001。这是一个全数字芯片，可编程的伪随机码序列的最大长度为 1023，它的最大伪码速率为 11.75 Mc/s，中频调制可以采用 BPSK、QPSK、OQPSK 和相应的差分调制方式；当 PN 码设为 1 时，可以实现非扩频的常规调相通信。

(6) Unisys 公司的扩频无线收发芯片，可支持多种调制方式，数据速率为 100 b/s～64 Mb/s，切普速率为 64 Mc/s。

(7) GEC PLESSEY 公司的跳频处理模块 DE6002/3 和许多公司的蓝牙(Blue Tooth)芯片。

7.1.1　直扩专用芯片 Stel-2000A 的工作原理

Stel-2000A 是一个功能很强的可编程扩频处理芯片，它由发射单元和接收单元两部分组成，其内部逻辑如图 7-1 所示。片内设置有 86 B 的寄存器，可以对芯片功能进行编程，因此使用这种芯片非常灵活。

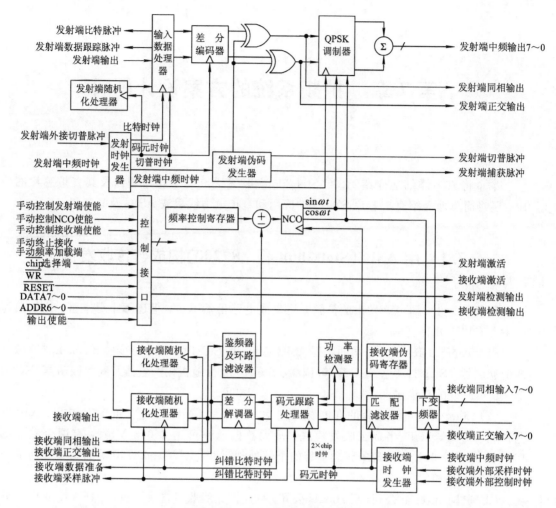

图 7-1　Stel-2000A 内部逻辑图

1. 主要特征

（1）直接序列扩频，工作于突发/连续模式。

（2）收发全数字化，支持 BPSK/QPSK 两种调制方式。

（3）使用数字匹配滤波器，实现一个符号码元的快速捕获。

（4）两个独立的 PN 码（长度、码序列均可编程）分别用于捕获和数据扩频，其长度可编程控制（最大长度为 64 chip）。

（5）伪码速率最高为 11.264 Mbc/s。数据速率在 BPSK 和 QPSK 模式下分别为 11.264 Mb/s 和 22.528 Mb/s。

（6）可全/半双工工作。

（7）低功耗，工作在突发模式时，不工作的功能模块可处于休眠（Sleep）状态，减小了功耗。

（8）码元计数器允许处理长达 65 533 个符号的帧长。

上述特性使得 Stel-2000A 在扩展频谱数据通信中发挥着巨大的作用，其高速处理的特性使其适合应用在无线局域网中，其可编程控制性能使其适合应用于捕获、遥测和数据处理等用途中。

2. 功能描述及工作原理

1) 发射单元

由图 7 - 1 可知，发射单元由发数据的扩频处理、时钟发生器、串/并变换、差分编码、PN 码产生器和 QPSK 调制器等部分组成。发射机的输出是经过采样的数字已调信号，送往外部 D/A 转换器(或如果需要，可以将扩频基带信号直接送往外部调制器)，这些功能实际上都是针对突发扩频信号设计的。需特别提出的是，芯片内部的 PN 码匹配滤波器可以保证使用较短的 BARKER 码，也可使扩频信号的频谱满足 FCC 规定的频谱特性。发数据的加扰处理是把输入数据与一伪随机序列(Stel-2000A 内设置长度为 63、511 和 1023 三组)模 2 加，不仅可以把输入信号的频谱在带内均匀化，而且具有一定的数据加密功能。时钟发生器用来提供发射单元各功能的定时。串/并变换完成输入数据由串行到双路并行的转换，双路信号分别称为 I 路和 Q 路信号。

差分编码器完成对双路并行数据的差分编码。在 DPSK 情况下，其编码规则为

$$\text{out}_n = \text{in}_n \oplus \text{out}_{n-1}$$

式中，out、in 分别表示输出和输入；n 表示时刻。在 DQPSK 情况下，编码规则如表 7 - 1 所示。

表 7 - 1　DQPSK 差分编码表

当前时刻的输入 $\text{in}(I, Q)_n$		前一时刻编码器的输出 $\text{out}(I, Q)_{n-1}$							
		0	0	0	1	1	1	1	0
0	0	0	0	0	1	1	1	1	0
0	1	0	1	1	1	1	0	0	0
1	1	1	1	1	0	0	0	0	1
1	0	1	0	0	0	0	1	1	1
		当前时刻编码器的输出 $\text{out}(I, Q)_n$							

经差分编码的输出信号与来自 PN 码产生器的伪码序列进行模 2 加，完成扩频。PN 码产生器提供两组最长可达 64 chip 的伪码序列，分别用于捕获和数据的扩频。PN 码的长度可在 1~64 bit 之间编程。一般地，为提高系统捕获概率，宜用长序列来捕获，而为了提高数据传输速率，宜用短序列来进行数据扩频。

QPSK 调制器由两个乘法器构成，它将 I、Q 支路已编码的数据分别与来自数控振荡器(NCO)的两路正交载波相乘，然后将乘得的结果相加。调制器的输出是数字化的已调信号，载波由 NCO 的编程控制寄存器设定。当工作于 BPSK 方式时，I 路和 Q 路具有相同的数据，调制器输出信号的矢量只位于复平面的第一、三象限。应当指出，Stel-2000A 把已扩频的 I 路、Q 路信号通过引脚引出，以便用户在外部使用其他调制方式。

2) 接收单元

接收单元由数字下变频器、PN 码产生器、数字匹配滤波器、功率检测、差分解调、并/串变换、去扰处理、数控振荡器及定时电路等部分组成。接收单元对信号的处理也比较复杂，它可以完成由数字中频输入到基带数据输出的全部处理过程。但是，对接收信号有一个特殊的要求，就是输入的必须是数字化的正交信号。因此要求接收信号在送入 Stel-

2000A 之前，必须进行正交数字化处理。

设经正交数字化处理的两路信号分别为

$$I_{\text{in}}(t) = \frac{1}{2}A_r\cos[\omega t + \varphi_i(t)], \ Q_{\text{in}}(t) = \frac{1}{2}A_r\sin[\omega t + \varphi_i(t)]$$

式中，A_r 为接收信号幅度；$\varphi_i(t)$ 为瞬时相位，在不同调制上取值不同。实际上，上述两信号均为经 A/D 变换后的数字信号。下面介绍数字下变频器和数字匹配滤波器。

（1）数字下变频器完成由数字中频信号到数字基带信号的变频，其内部逻辑组成如图 7-2 所示。四个乘法器的 $\cos\omega t$、$\sin\omega t$ 信号由内部 NCO 提供，并通过内部反馈控制，使其锁定在输入信号频率上。乘法器相乘的结果为

$$I_{\text{dat}} = \frac{1}{2}A_r\cos\varphi_i(t), \ Q_{\text{dat}} = -\frac{1}{2}A_r\sin\varphi_i(t)$$

这是两个基带信号。该基带信号再经积分猝灭处理，把若干个样点累加合并（一个 chip 内保证有两个样点输出，这样可以允许基带采样速率和伪码速率异步工作而不影响后级相关峰检测），得到的输出信号形式不变，但幅值发生了变化：

$$I_{\text{out}} = \frac{1}{2}A \cos\varphi_i(t), \ Q_{\text{out}} = -A \sin\varphi_i(t)$$

这里的 I_{out} 和 Q_{out} 为 19 bit 的数字信号，通过 Barrel 窗，得到 3 bit 的近似值。

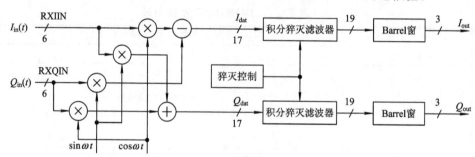

图 7-2　数字下变频器示意图

顺便指出，对于低速传输系统，令 $Q_{\text{in}}=0$，即不进行正交分路，直接把输入信号经单路 A/D 送入 Stel-2000A 即可。

（2）数字匹配滤波器由两组 64 位延迟移位寄存器、乘法器阵列、算术加法器和一组系数寄存器组成，如图 7-3 所示。系数寄存器存放 PN 码，其序列和长度都可编程。用于捕获和数据解扩的 PN 码的切换由芯片内部自动完成。

送入匹配滤波器的信号是 2 样点/chip 的 3 bit 基带信号，如图 7-4 所示，其中虚线称为前样点，实线称为后样点。波形(a)为基带采样脉冲，周期为 $T/2$；波形(b)为基带信号，周期为 T。送入匹配滤波器的 I_{in} 和 Q_{in} 的两路 3 bit 基带信号，经前端延迟相加后，送入移位寄存器组。移位寄存器的级间延迟时间 T 为 chip 周期，但在移位时钟端进行了迟延 $T/2$ 的相加处理，使得后样点序列的相关峰值远大于前样点序列的相关峰值。这样就可以使基带采样时钟与接收信号的伪码时钟异步工作，从而回避扩频通信中需精确的伪码同步这一难题。但需要强调指出的是，这样做时基带采样时钟的二分频与接收信号的伪码时钟之间的频差不能太大，一般应控制在晶体振荡器频率稳定度的精度之内。

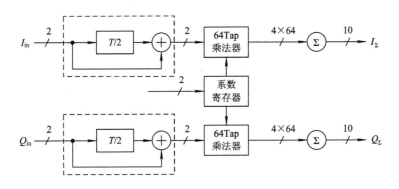

图 7 - 3　数字匹配滤波器原理图

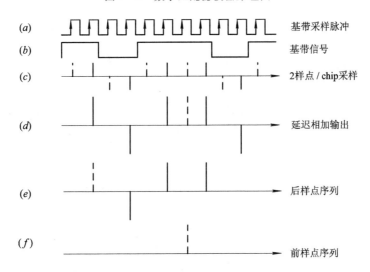

图 7 - 4　数字匹配滤波器波形分析

3. 采用 Stel-2000A 的直扩系统的设计

采用 Stel-2000A 的直扩系统一般有两种方案可供选择。根据系统传输速率的不同,可分别采用单路 A/D 和双路 A/D 方案,如图 7 - 5 所示。图中英文缩写为:

RXIFCLK:接收中频时钟;　　　　　　RXCLK:接收时钟;

RXIOUT:接收 I 通道输出;　　　　　DATAOUT:数据输出;

RXQOUT:接收 Q 通道输出;　　　　　$\overline{\text{RXDRDY}}$:接收数据就绪;

RXCLK:接收时钟;　　　　　　　　　TXIN:发射输入;

DATAIN:数据输入;　　　　　　　　TXBITPLS:发射 Bit 长度;

TXCLK:发射时钟;　　　　　　　　　TXIFCLK:发射中频时钟;

TX Chip CLK:发射切普时钟。

采用单路 A/D 的直扩方案一般适合低速传输系统,且要求中频的采样速率为 8 倍的伪码切普速率。这是因为单路输入数字下变频器后包含有中频的二次谐波分量,只有提高中频的采样速率,才能通过积分猝灭滤波器将其消除;否则会影响系统性能。而在双路输入时,经数字下变换后不存在中频的二次谐波分量,因此,伪码的切普速率和信息的比特速率均可选用较高的速率。

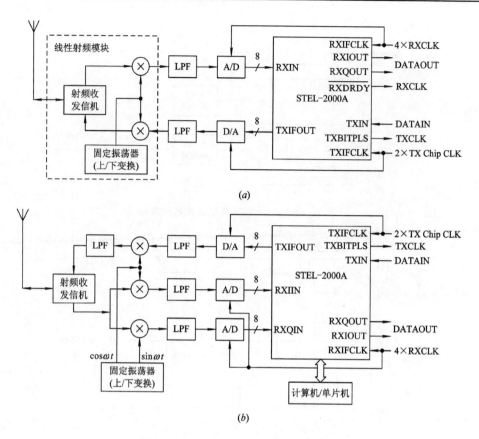

图 7 - 5 采用 Stel - 2000A 的直扩系统

(a) 单路 A/D；(b) 双路 A/D

不论何种方案，都必须根据芯片的极限参数和系统的数据传输速率来决定 PN 码的长度、中频采样速率、中频频率和基带采样速率等参数。Stel-2000A 的最大切普速率为 11.264 Mc/s，最高中频采样频率为 45.056 MHz，这是芯片本身决定的。设 PN 码的码长为 N，则一般选择 PN 码的最大长度为

$$N_{\max} \leqslant \frac{11.264}{R_b} \quad (\text{BPSK}) \qquad \text{或} \qquad N_{\max} \leqslant \frac{22.528}{R_b} \quad (\text{QPSK})$$

式中，R_b 为系统要传送的数据速率，以 Mb/s 为单位。应当指出，由于捕获的 PN 码的长度不受上述限制，为了提高捕获概率，宜取较长的 PN 码。为了方便与外设等其他设备的同步，一般取用于数据扩频 PN 码长的整数倍。

当数据率 R_b 和伪码长度确定后，伪码的切普速率也就确定了。Stel-2000A 规定，基带采样速率是切普速率的两倍，即

$$\text{基带采样速率} = 2R_b \cdot N$$

由于 Stel-2000A 中规定积分猝灭滤波器至少需要两个样点相加(在一个切普时间内)，因而一般中频采样速率选为切普速率的偶数倍(至少为 4 倍)。过高的中频采样速率无多大必要，反而会使 A/D 变换器的成本提高。芯片内部 NCO 的频率 f_{NCO} 与中频采样时钟频率有以下关系：

$$f_{\text{NCO}} = \frac{\text{FCW} \cdot f_{s\text{IFCLK}}}{2^{32}}$$

式中，f_{sIFCLK} 为中频采样时钟频率，应满足 $f_{\mathrm{sIFCLK}} > 2f_{\mathrm{NCO}}$；FCW 为内部可编程寄存器的值，在 $0 \sim 2^{32}$ 之间可变。

中频频率的选择应满足基带信号的带宽要求，同时还要尽量降低中频频率，以便降低 A/D 变换器的成本，一般选择 $20 \sim 30$ MHz 左右为宜。顺便指出，中频频率和中频采样时钟没有直接关系，中频频率可以高于中频采样速率，也可以低于中频采样速率。

7.1.2　用 Z87200 构成数传收发机

1. 系统主要的设计指标

(1) 频率范围：$2.4 \sim 2.4835$ GHz；

(2) 扩频方式：直接序列扩频；

(3) 载波调制方式：BPSK；

(4) 信道带宽：10 MHz；

(5) 处理增益：$\geqslant 10$ dB；

(6) 数据速率：1.024 Mb/s；

(7) 数据接口：可提供 232 接口，可与探测单元连接，也可以与计算机连接。

2. 系统的构成

从总体上看，本系统和其他无线系统一样，可分为基带处理模块、射频模块、天线等几部分。探测单元来的数据信号通过基带处理模块后，变为扩频基带信号，再通过射频模块发射出去。在接收端，射频模块将收到的扩频无线信号下变频到基带信号，再通过基带处理模块处理后，变为数据信号送给后台进行处理分析或进入 FIFO 等待转发。

鉴于以上考虑，可选用 Zilog 公司的单片直扩收发芯片 Z87200 作为扩频收发部分的关键器件。Z87200 采用 45.056 MHz 的时钟频率，输出中频频率、PN 码速率可选。其特点如下：

(1) 在单个 IC 上实现完全的直接序列扩频收发功能；

(2) 具有的可编程功能支持许多不同的操作；

(3) 采用数字匹配滤波器可实现一个码元内的快速捕获；

(4) 提供两个独立的 PN 码序列，每个可长达 64 位，分别用于同步和数据的扩频；

(5) 系统工作最高时钟可达 45.056 MHz，当使用 45 MHz 时，PN 码位元的收发速率可达 11.264 Mc/s；

(6) 允许处理长达 65 533 个符号的帧长；

(7) 使用其内部的电源管理功能可以大大节省功耗；

(8) 可工作于连续和突发两种模式；

(9) 允许双频(频分双工)和单频(时分双工)操作。

3. 射频模块和天线

1) 模块设计的基本要求

射频模块的主要功能有：射频功率放大、接收器放大、升频变频、降频变频、滤波、AGC 等。接口信号为：

输入(出)：扩频后的中频信号；

输出(入)：2.4 GHz 的射频信号。

2）器件选型

可选用 GEC MACONI 公司的砷化镓单片微波集成电路，该电路工作在 2.4 GHz 的 ISM 频段。天线可选用定制的扩频专用天线。

（1）功率放大电路。GaAs MMICP35 - 4750 包含有二级接收放大器和二级发射放大器，开关控制电压为 0～5 V，不需要任何外加偏置元件，其接收增益为 21 dB，其发射增益为 22 dB，其工作频率范围为 2.2～2.6 GHz。

（2）微波收发单片电路。选取 P354710 - 1 为收发电路主芯片。该芯片可以用在 ISM 的 2.4～2.5 GHz，片内集成有放大、T/R 开关、振荡器和混频器，它完成 ISM 频段收发机的所有前端功能。该芯片可工作在三种模式：静候模式、发射模式和接收模式。所有的控制信号幅度都为 0～5 V。

3）控制电平转换和驱动电路

M198 提供了将 CMOS 控制电平 0～+5 V 转换为 GaAs 电路控制信号 0～5 V 所需的所有功能。它为 RF 模块提供了所有的控制信号，输入为 0～+5 V 的 CMOS 电平。

4）扩频通信系统基带部分设计思路

该系统主要由传感器探测单元、微控制器和基带处理三部分组成，如图 7 - 6 所示。

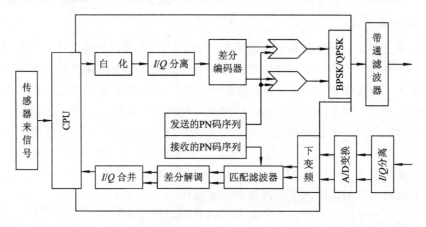

图 7 - 6　本扩频系统基本部分组成框图

各部分功能如下：

（1）传感器探测单元：探测对应区域的目标，一旦探测到目标，将产生一个触发信号，以触发微控制器，使其进入发射中断程序，开始发射对应的探测单元的编码信号。

（2）微控制器：控制基带处理芯片，如初始化芯片，何时发射，何时接收以及完成数据的转发和控制信息的解释等。

（3）基带处理：完成对数字信号的适当处理，如差分编码、PN 码序列发生器、下变频、匹配滤波器、功率检测、同步跟踪处理、差分解码等。

各部分具体功能介绍如下：

（1）发送和接收时钟的产生。Z87200 的发送和接收部分的定时由发送和接收时钟模块产生器控制，该模块可以是一个可编程的独立模块。通过可编程控制寄存器以码片或符号率提供信号，如必要还可发送和接收部分的异步时钟。同时该芯片还允许来自外部的 TXMCHP 和 RXMSMPL 分别作为发送和接收的参考信号。对特定的 PN 码速率，发送的数据率由可编程的每符号的 PN 码片数(即 N)决定。在接收方,符号同步和接收的符号率由 PN 匹配滤波器决定。如有必要可由每接收符号的 PN 码片数或外部的 RXDECT 控制。突发模式时,突发由内部的突发计数器控制,可设置每次突发的符号数,在符号数完成时,计数器去中止突发。

(2) 输入输出处理器。当采用 QPSK 模式时,发送或接收的数据成对地被并行处理,一个是 I 通道(同相)的,一个是 Q 通道(正交相位)的。每一通道的数据单独差分编码。发送时,从 TXIN 口进入的串行数据经输入输出处理器转化成双比特格式,接收时,输出的数据经其处理则由双比特格式变为串行输出。如有必要,接收数据也可以 RXIOUT 和 RXQOUT 双比特格式输出。接收的定时来自芯片的符号跟踪处理器,发送的定时则由输入处理器提供。

在 BPSK 模式下,输入处理器每个符号产生一次 TXBITPLS 脉冲,以请求一个比特数据,而在 QPSK 模式下,将产生两次以获取两个比特的数据。

(3) 发送 PN 码的产生。Z87200 提供两个独立的 PN 码序列,一个用于同步引导,另一个用于对数据的扩频。当 Z87200 工作于突发模式时,每次突发首先发送的是同步引导符。同步引导符自动地先于扩频的 PN 序列产生。为了提高捕获的概率,必须提高作为同步引导符的增益。

发送的同步引导码和扩频 PN 码是彼此独立的,最长可达 64 位。它们是以二进制代码编程的。同步引导码的长度存储在寄存器 43H 的 5~0 比特中,同步引导码的系数则存储在地址 44H~4BH 中。扩频码的长度存储在地址 42H 中,扩频码的系数存储在地址 4CH~53H 中。

MTXEN 或地址 37H 的比特 1 的上升沿使 Z87200 开始发送同步引导符,当它发完时,TXACQPLS 将产生一个上升沿。TXTRKPLS 则标志着正在发送数据。在 BPSK 模式下,数据比特和 PN 码异或;在 QPSK 模式下,数据比特对和 PN 码异或,从而完成扩频。扩频后的数据去片内或片外调制器进行调制。

(4) BPSK/QPSK 调制。Z87200 配置了片上的 BPSK/QPSK 调制器,用片上的 NCO 产生正弦量和余弦量去调制经过编码和扩频后的信号,产生一个直接数字中频输出信号 TXIFCLK7-0。该信号输出到外部的模/数转换器,它工作在 RXIFCLK 下,产生一个中频的模拟输出信号。要注意的是,BPSK/QPSK 调制模块仅能工作在 20 MHz 以下,也就是说,如果 RXIFCLK/TXIFCLK 超过 20 MHz,就必须使用片外的调制器。

(5) 下变频。为了使接收到的中频信号能准确地下变频到基带信号,需首先将接收到的中频模拟信号通过 ADC 转换成中频数字信号,然后通过基带处理部分将其转换成基带信号。

下变频的输出表达式为

$$I_{\text{out}} = I_{\text{in}}\cos\omega t - Q_{\text{in}}\sin\omega t, \quad Q_{\text{out}} = I_{\text{in}}\sin\omega t + Q_{\text{in}}\cos\omega t$$

其中,$\omega = 2\pi f_{\text{NCO}}$,$f_{\text{NCO}}$ 为中频频率。

(6) 匹配滤波器。由于系统工作在突发模式,在每次接收数据前系统都认为首先接收到的信息是同步码,因而匹配滤波器将把同步 PN 序列用于解扩。而一旦同步,处于跟踪时,匹配滤波器将自动从同步模式切换到接收模式,从而将 PN 序列发生器中的序列用于数据解扩。

匹配滤波器将计算 I/Q 通道的信号本地 PN 序列之间的相关值，计算表达式如下：

$$\text{out}(I, Q) = \sum_{0}^{63} (\text{Data}_n(I, Q) * \text{PN}_n(I, Q))$$

式中，$\text{out}(I, Q)$ 为 I 或 Q 通道信号的相关输出值，$\text{Data}_n(I, Q)$ 为 I 或 Q 通道的数据值，$\text{PN}_n(I, Q)$ 为 PN 序列的值。相关器的输出结果将送到功率检测器，确定其是否超过一个门限，该门限值可设定。

（7）功率检测。功率检测器检测每一个基带采样周期内，I、Q 通道的相关器输出幅度的矢量和 A，其表达式如下：

$$A = \sqrt{I^2(k) + Q^2(k)}$$

功率检测的结果代表每一个码元周期内信号的功率。理想情况下，如果接收端 PN 码序列发生器的值与发送端相同，那么在每一个 PN 码元周期内都应该有一个比较高的峰峰值。与此同时，匹配滤波器 I、Q 通道的输出，从理论上讲，就是 I、Q 通道解扩的信号。

（8）同步跟踪处理。系统同步之后，将进入同步跟踪阶段。在该阶段，系统将进行数据的发送和接收。为了提高系统的同步跟踪能力，系统将对下一次接收数据的时间进行预测，并设定其偏离的时间不超过一个基带采样时间。如果在预测期间没有检测到有用信息，将忽略该数据的接收，但与正确的接收数据一样，也将产生一个符号检测脉冲。符号检测脉冲的个数由接收数据的长度决定。如果产生的符号检测脉冲个数超过了接收数据的长度，系统将重新回到同步模式。

4. Z87200 芯片的工作原理和硬件设计

Z87200 芯片是由 Zilog 公司 1994 年研制的。该芯片结构灵活，与 CPU 接口十分方便。由于其快速的捕获、提供的宽范围的数据率和扩频的参数的特点，Z87200 支持宽范围的突发数据通信应用，可用于构成点对点的或点对多点的无线通信，如可构建本地无线局域网，也可应用于无线数据采集系统等。

Z87200 芯片是一个单片，是可编程的、直接序列扩频收发芯片，其全集成而且可以具有较高的数据速率；具有多种可编程的不同模式功能，有两个独立的 PN 码序列，并且随着不同的工作状态可以控制该功能。Z87200 支持差分编码的 BPSK 和 QPSK。发送器包括差分 BPSK/QPSK 编码、PN 调制器、BPSK/QPSK 调制器。接收部分包括下变频器、PN 码发生器、匹配滤波器、BPSK/QPSK 解调器。Z87200 内部具体结构如图 7-7 所示。

1）Z87200 中的编码与解码

• 差分编码器

Z87200 欲传的数据，在被 PN 序列扩频前，先要进行差分编码，这对 Z87200 来讲是很重要的信号处理。差分编码的方案则取决于调制方式是 BPSK 还是 QPSK。对于 BPSK 方式，其算法很简单

$$Q_k = I_k \oplus Q_{k-1}$$

式中，I_k 代表第 k 位的输入；Q_k 代表第 k 位的输出。

对于 QPSK 方式，差分编码较复杂。第 k 位编码的输出与第 k 位的输入 $(I, Q)_k$ 及第 $k-1$ 位的输入 $(I, Q)_{k-1}$ 有关，共有 16 种状态，如表 7-2 所示。

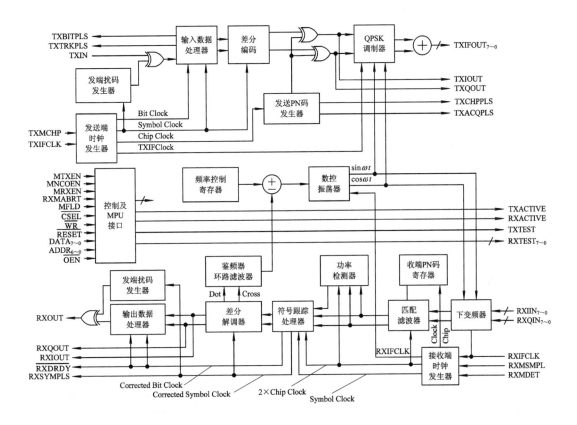

图 7 - 7　Z87200 芯片结构框图

表 7 - 2　QPSK 差分编码序列

当前时刻的输入 in$(I, Q)_k$	前一时刻的输出 out$(I, Q)_{k-1}$			
	00	01	11	10
00	00	01	11	10
01	01	11	10	00
11	11	10	00	01
10	10	00	01	11
	当前时刻差分编码器的输出 out$(I, Q)_k$			

不论是 BPSK 还是 QPSK，它们在芯片内部的编码都是通过集成的硬件电路来实现的。

• 差分解码器

从 Z87200 方框原理图可知，经过采样量化的接收信号进行数字下变频，然后经 PN 码匹配滤波器等器件处理后产生相邻两个符号的 I 通道和 Q 通道信息，差分编码就是在前列器件处理的基础上对 I、Q 通道参量进行硬件上的点积和叉积得到的。下面详细阐述解码的理论依据。设 $I_k I_{k-1}$ 和 $Q_k Q_{k-1}$ 分别代表 DPSK 及解码器 I 通道和 Q 通道的第 k 位和第

$k-1$ 位符号信息的输入，其点积 $\text{Dot}(k)$ 和叉积 $\text{Cross}(k)$ 的表达式定义为

$$\text{Dot}(k) = I_k I_{k-1} + Q_k Q_{k-1}, \quad \text{Cross}(k) = Q_k I_{k-1} - I_k Q_{k-1}$$

由于两个相邻的复数共轭积的相角为相邻符号相位差，而 DPSK 的信息就包含在相位差中，因此上式的两个积可看做复数域中相邻两个符号的两次复数共轭积。

2）Z87200 中的扩频和解扩

在 Z87200 芯片内发射端和接收端都工作在符号同步 PN 调制模式。这里的符号是指欲传的基带数据单元。所谓符号同步，就是 PN 码序列与符号变化沿对齐，且每个符号重复一次。接收时也是通过在一个符号时间内同步一个 PN 码序列，在捕获一个 PN 码序列的同时就实现了符号的同步。这样不但可以缩短捕获时间，而且可省去一般窄带数字通信系统中锁相环路构成的时钟同步系统。Z87200 可工作在两种模式下，一种是突发模式，另一种是连续模式。在突发模式工作时为了增大接收捕获的可能性，在发送正式的数据前可自动发送一个前缀符号，这种前缀符号和欲传的数据符号分别用不同的 PN 码进行扩频处理。由于 Z87200 采取了种种特殊的措施，所以用它能高速可靠地进行数据通信。下面分几个方面阐述。

• 两种工作模式

通过 Z87200 内寄存器的设置可使它既能工作在突发模式又可工作在连续模式。在突发模式时，内部的符号计数器允许 Z87200 自动发送和接收最长达 65 535 个数据符号的突发数据块。而在连续模式下，Z87200 接收和发送的数据符号只是被当作无限长的突发块而已。不论工作在哪种模式下，Z87200 的接收部分都用一个数字式的 PN 码匹配滤波器进行码探测。也正是由于这个原因，它才能在一个符号时间内检测到所需的信息符号。这种快捕功能的实现是由于 Z87200 使用了在发送每一个突发数据块之前自动加一个前缀符号的技术，前缀符号和数据符号都可独立地分别用不同的 PN 码序列进行扩频处理。有了这个措施，就可以在发前缀符号时用一个较长的 PN 码序列，以获得较高的处理增益，利于 Z87200 接收部分较快地探测到发射的突发数据块。而在发正式的数据时使用较短的 PN 码序列扩频，可提高传送信息的数据率。因此，在扩频系统中可合理设计前缀符号扩频序列，以保证接收机的捕获快速可靠地实现；而接收数据时，可让 Z87200 工作在跟踪状态。

• 接收 PN 码寄存器和 PN 码匹配滤波器

Z87200 为接收数据块，与发射部分相似，在接收部分的匹配滤波器中有两组分开且独立的 PN 码匹配滤波器系数，一组用于解扩前缀符号，另一组用于解扩数据。它们都可解扩最长为 64 位的 PN 码序列。

数字匹配滤波器由两组 64 位迟延移位寄存器、乘法器阵列、算术累加器和一组系数寄存器构成，如图 7-8 所示。系数寄存器用于存放 PN 码序列，通过设置芯片内部的 39H 单元的 6～0 位得到不同长度的 PN 码序列；系数的取值为 ±1 或 0，每个单元的系数都按 2 位存储，PN 码为 1 时系数取 +1（存为 01），PN 码为 0 时系数取 −1（存为 11），不用的系数赋以 0 值（存为 00）。这样，64 个抽头就必须有 16 个字节单元来存放相应的系数，因为前缀符号与数据符号结构相同，因此共有两组 16 字节单元来存放抽头系数，它们分别是奇存器内的 07H 至 26H 单元。用于捕获同步头和数据解扩的 PN 码由 Z87200 内部完成自动切换。

前已谈到，突发数据块的前端为前缀符号的扩频 PN 码，因此芯片 Z87200 一开始就使

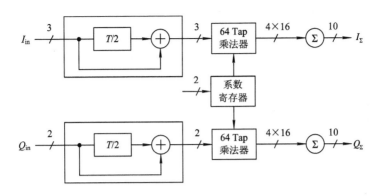

图 7 - 8　匹配滤波器结构图

接收机工作于自动搜索状态，用前缀符号的 PN 码匹配滤波器系数来筛选所接收的信号。若某一突发块的前缀符号被成功地检测到，那么接收机将自动地离开搜索模式，转为用数据符号的 PN 码匹配滤波器系数来解扩后面的数据信息。为了防止 PN 码扩频的片速率与输入采样频率同步，Z87200 让 PN 码匹配滤波器在每码片时间内以基带采样率采两次样，然后在其前端处理器中将相邻两采样值相加以得到每码片时间的输入数据平均值。其公式表达是：

$$\text{FEP}_{\text{out}} = \text{FEP}_{\text{in}}(1 + z^{-1})$$

I 通道和 Q 通道均是按上式分别同时处理的。上式中的 FEP_{in} 代表从 14 位下变频器输出中取三位为匹配滤波器的输入值；而 FEP_{out} 仍用三位作为 LSB 表示，其有效范围为 ±3.5。

PN 码匹配滤波器中有两条分别属于 I 通道和 Q 通道的与各抽头连接的延时线。每条延时线有 64 个乘法器，每个乘法器将相应延时的三位信号与其对应的抽头系数相乘。所有来自 I 通道和 Q 通道延时线的乘积分别在各自的通道加法器中按下式运算：

$$\text{out}(I, Q) = \sum_{0}^{63} \text{Data}(I, Q) * \text{Coefficient}t_n(i, Q)$$

式中 Coefficient 是相关系数。这样得到的两个乘积和组成复数相关因子。因每片采样两次，故 PN 码匹配滤波器以基带采样率计算两次由上式决定的相关因子，得到 I 和 Q 通道信号与寄存器中的 PN 码系数的互相关性。为了避免解调时对数据的剪切，在匹配滤波器的输出端设置了一个可编程控制的视口电平控制，现用 VPMF 代表。Z87200 要求它将 10 位匹配滤波器的输出变为 8 位后再送入功率检测器。因匹配滤波器的输入为 3.5LSB(LSB，最低位)，若用 N 代表每个符号中扩频的码片数，则用下式可求出 VPMF 的取值范围：

$$\frac{3.5\text{LSB} \times N}{\text{VPMF}} < 128 \text{ LSB}$$

- 相关处理

(1) 功率检测。功率检测接收来自匹配滤波器 I 和 Q 通道的输出，并在每个基带采样时钟周期内计算 I 和 Q 通道相关值的和 $\sqrt{I^2(k) + Q^2(k)}$，这个值可近似用下式表示：

$$\max[\text{Abs}(I), \text{Abs}(Q)] + \frac{1}{2}\min[\text{Abs}(I), \text{Abs}(Q)]$$

所得的 10 位数据表征每个周期内相关信号的功率电平。

(2) 门限设置。如果输入信号的扩频码序列与 PN 匹配滤波器的参考 PN 序列相同，且时间是对准的，那么在每个符号内（即每个 PN 码序列的周期内），来自功率检测器的输出将出现一个很高的峰值，这时 PN 码序列 I 通道和 Q 通道的输出，从理论上来讲，就是解扩的 I 和 Q 通道的信号。为了在每个符号时间内检测到这个最大相关值，还必须将这个信号电平与用户设置的一个门限相比较。每当 PN 码匹配滤波器的输出值超过此门限时，就产生一个符号脉冲，表明检测到一个符号。PN 码匹配滤波器的门限值设置非常重要，门限过高，则不易检测到信息，而一旦丢失了前缀符号，就会使整个数据帧丢失。如果门限过低，则可能在没有真正的符号时发生错误的检测，从而会使 Z87200 中的数据处理器被错误的数据占用。因而门限值必须反复地调整，最后找到一个能使以上两个方面都比较满意的门限值。

前已谈到，前缀符号与数据可能用不同的 PN 码扩展，因而它们的相关峰值就可能不同，因此这两种门限的设置也可以不同。Z87200 内分别是用寄存器的 29H、2AH 单元及 2BH、2CH 单元来放置这两种符号的门限值的。接收时，如果已检测到前缀符号的相关峰，那么接收机将自动从搜索状态向跟踪状态切换。如果已检测到数据符号的相关峰，则将保持符号时钟的相位同步。

（3）跟踪处理。扩频接收机一般工作在信噪比很低的情况下，如 -25 dB 以下。为了对数据符号进行有效的跟踪，Z87200 设计了一个"飞轮电路(Fly Wheel Circuit)"。它有两种功能：一是补脉冲的作用，如果前一次成功检测到相关值，而一个符号时间后（据预置的每个符号的码片数而定）没有检测到第二个相关峰值，则此电路会自动插入一个符号时钟脉冲；二是削脉冲的功能，它会根据前一次成功检测到的相关峰值脉冲，自动为后一个相关峰脉冲在时间上设置一个"窗口"，此窗口大约距上次脉冲一个符号时间，而宽度为前后各占一个基带采样的时间。窗口内的峰值被认为是第二个符号相关峰，而窗口外的峰值被当作噪声而削掉。这种记忆功能可有效地消除尖脉冲的干扰。

为了跟踪，Z87200 还设计了最大值的选择电路，这种电路在三个连续的峰值脉冲中选择一个作为相关峰。因为噪声可能会使得峰值脉冲落在相邻的码片时间上，所以其界限可能会模糊不清，造成 2 或 3 个功率电平值超过门限，这时用最大值选择电路可以准确地得到最佳符号脉冲定时。这种最大值选择的功率可以通过人为地设置寄存器来取消。

此外，Z87200 中还有一个跟踪丢失检测电路，它能自动检测峰值电平有没有达到预置门限的脉冲，并能由一个计数器自动记录下丢失的次数。Z87200 允许设置一个跟踪丢失次数的门限，当计数器记录的丢失次数超过此门限时，Z87200 会自动终止接收而重新进入搜索状态。

3）Z87200 中的采样模式

芯片 Z87200 中有两种采样模式：直接中频采样和正交采样。工作时究竟采用哪种模式，还要根据实际情况而定。在码片速率小于中频采样的 1/8 时，Z87200 可以用一个 A/D 转换器工作在直接中频采样模式；而对于更高码片速率的情况，Z87200 应工作在正交采样模式，这时接收端需要输入两路正交信号和两个 A/D 转换器。前者虽然数据率较低，但由于只用一个 A/D 转换器，因此系统成本较低。如果通信速率不高，可以考虑用此模式工作。

Z87200 接收部分下变频器内有一个复数乘法器，它可以将接收到的经两个 A/D 转换器处理后的 8 位复数输入信号与 NCO 产生的复数信号相乘，这个作用可表示为

$$I_{out} + jQ_{out} = (I_{in} + jQ_{in})(\cos\omega t - j\sin\omega t)$$

相乘后，实部和虚部分别是

$$I_{\text{out}} = I_{\text{in}} \cos\omega t + Q_{\text{in}} \sin\omega t$$

$$Q_{\text{out}} = - I_{\text{in}} \sin\omega t + Q_{\text{in}} \cos\omega t$$

在正交采样模式，两个 A/D 转换器经 I 通道和 Q 通道分别提供正交(复数)输入 I_{in} 及 Q_{in}，即 $I_{\text{in}} + jQ_{\text{in}}$。在直接中频采样模式时只有一个 A/D 转换器提供 I 通道的实数输入 I_{in}，而这时 Q 通道接地，即 $Q_{\text{in}} = 0$。

4) 微控制器的使用

系统中使用了微控制器 AT89C51，它是一种 8 位、完全静态的 CMOS 智能外围控制器，含 2 个定时计数器、6 个中断，内有 4 KB 闪存，128 B 的片上 RAM。它用来完成电路控制、芯片初始化等工作，还提供数据与外部的接口功能。

开机后，首先由它来完成系统的初始化工作，然后利用其两个外部中断口来中断发射和接收。传感器来的信号有 5 位，其中 4 位为编码信号，1 位为触发信号。触发信号与中断口相连，每次传感器触发都会引起发射机的发射。

Z87200 提供了 7 位地址线 Adress6～0 和 8 位数据线 data7～0。单片机数据线直接与 Z87200 的数据线相连接，低位地址线与 Z87200 的地址线对应连接。这样可以通过片选信号 $\overline{\text{CSEL}}$、$\overline{\text{WR}}$、Adress6～0 和 data7～0 等来对内部的功能进行操作控制。

5) A/D 和 D/A

接收到的扩频数据经过一个适当的带通滤波器后，送入具有 I 与 Q 双通道的 8 位 A/D 转换器。该转换器以 Z87200 正交采样的方式工作在 Z87200 的最大采样速率下。转换后的数据送入 Z87200 I/Q 接收通道进行解调以取得基带数据。要发送的数据经过 Z87200 数字式的 BPSK/QPSK 调制后形成扩频数据，由 D/A 转换器转换成模拟信号经高速宽带放大器放大后，经带通滤波器取出其中的中频信号送到发射端。

本系统使用的 8 位 A/D 是 AD9058，D/A 是 AD9721。AD9058 内含两个 ADC，提供可选择的片上参考电压。它为那些需要两个或多个 A/D 转换器(ADC)的系统提供了很好的选择。数字输入和输出是与 TTL 电平兼容的。AD9058 的大致结构图如图 7-9 所示。

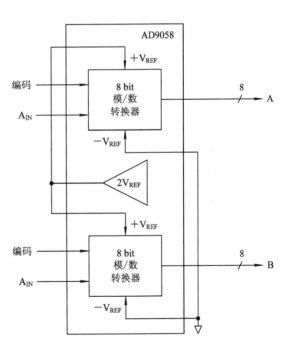

图 7-9　AD9058 的大致结构图

片上的两个 ADC 在模拟输入、参考电压和时钟方面都是独立的，它们可分别使用各自不同的值。当使用内部的参考电压时，输入电压为 0～2 V，它能驱动两个 ADC。当使用外部的参考电压时，范围为 -1～+2 V。当使用内部的参考电压时，其连接方式如图 7-10 所示。

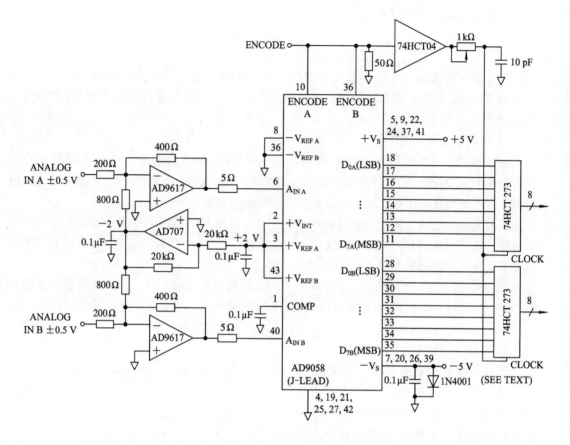

图 7-10 使用内部参考电压时的连接图

AD9058 用于接收机侧，速率高达 50 Mb/s，它的双 8 bit 数据线通过缓冲器与 Z87200 的接收端 I、Q 通道管脚 RXIIN7～0 和 RXQIN7～0 相连接，它将模拟中频输入信号转换为数字信号进入 Z87200。AD9058 的两个 ENCODE 管脚与驱动器相连接，接收从时钟电路来的，并由接收信号中提取的时钟。

AD9721 用于发射机侧，它将 8 bit 数字信号变为模拟信号，其速率高达 60 Mb/s，它的数据线通过 TTL-ECL 电平转换与 Z87200 的管脚 TXIFCLK（发射机中频输出）连接。

6）基带部分的硬件设计

• 设计思想

具体设计方案前面已经论述，由于系统含有单片机、模拟信号和高速的数字信号，因此设计电路时一定要注意电路的抗干扰性设计。

设计工具：Protel 99 SE。

• 主要芯片及功能

Z87200	扩频收发器
AT89C51	智能外围微控制器
AD9058	8 位 A/D
45.056 MHz	晶振
16 MHz	晶振

MT5C 1008　　　4 KB SRAM

74LS139　　　　地址译码器

74LS373　　　　锁存器

- Z87200 芯片封装

该芯片封装如图 7 - 11 所示。

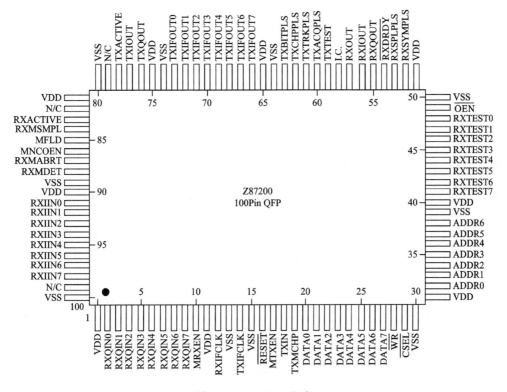

图 7 - 11　Z87200 芯片

- 片外调制部分

Z87200 中的调制器只能用于中频小于 20 MHz 的情况，不能适应正交中频采样模式的需要，如果使用 45 MHz 的晶振，必须使用外加的 BPSK/QPSK 调制器，因此如果工作在这种模式下就必须采样外部的调制器。这里使用的外部调制原理如图 7 - 12 所示。

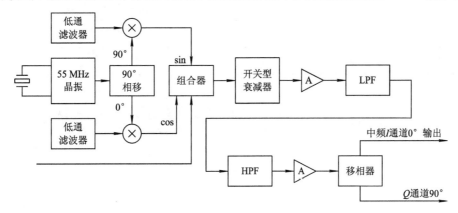

图 7 - 12　中频回环板原理图

I 和 Q 通道的数据输入分别来自 Z87200 上的 I、Q 通道的输出端；同理，中频（IF）回环板上的 I、Q 输出接至 Z87200 上的 I、Q 通道的输入端。IF 回环电路一方面将基带部分输出的 I、Q 信号通过 QPSK/BPSK 调制形成中频信号；另一方面将接收到的信号经 I、Q 相位分离及 A/D 转换而形成 I、Q 中频信号，然后送至基带部分处理。

在系统调试时，可将发射机的经调制的信号不送到射频去发射，而是直接送到接收机的中频回环板解调，然后去下变频。这样可方便去验证基带部分设计的正确性。

5. 系统的软件设计

1）Z87200 中各功能寄存器

Z87200 芯片内部设置了 86 个寄存器，用来对芯片的功能选择进行编程控制，使用时应对这组寄存器设置所需的初始数据，以选择不同功能和工作方式。这组寄存器对应的功能设置见表 7 - 3。

表 7 - 3　Z87200 寄存器地址与内容

地址	内　　容							
	bit 7	bit 6	bit 5	bit 4	bit 3	bit 2	bit 1	bit 0
00H								数控振荡器负载
01H	积分—清洗滤波器视口控制				2s C. Input	数控振荡器	inv. LF	RXMSMPL
02H			接收机基带采样频率控制					
03H～06H	数控振荡器频率控制字							
07H～16H	匹配滤波器捕获前导码符号参数							
27H								前端处理器禁用
28H							MF 视口控制	
29H～2AH	捕获前导码符号门限							
2BH～2CH	数据符号门限 bit 9～0							
2DH			每数据符号接收机码片数					
2EH	每突发接收机数据符号							
2FH	每突发错检数门限							
30H	接收符号/突发终止	每比特误检数	脉冲终止半符号数	旁路最大功率选择	强迫控制捕获	手动调整精度	手动检测	
31H								开启
32H							手动调整终止	

续表

地址	内容							
	bit 7	bit 6	bit 5	bit 4	bit 3	bit 2	bit 1	bit 0
33H	AFC 视口控制				LF Clr. Dis.	未用(0)	信号旋转控制	
34H	载入	K2 开	K2 增益值					
35H	L2 冻结	K1 开	K2 增益值					
36H						Inv. O/p	BPSK En.	Rev. I & Q
37H						Rx. En.	Tx. En.	数控振荡器使能
38H					接收试验 0~7 功能选择			
39H	匹配滤波器功率保存							
3AH	每突发接收机数据符号 bit 15~8							
3BH					接收机扰码选择		中频	Lpbk 使能
3CH~3FH								
40H					Inv. Symb.	TXMXHP	O'Bin. O/p	发射 BPSK
41H	每切普发射中频周期数							
42H	每数据符号发射码片数							
43H	每捕获前导码符号发射码片数							
44H~4BH	发射机捕获/前导码(64 bit)							
4CH~53H	发射机数据符号码(64 bit)							
54H							未用(0)	发射机扰码选择

Z87200 的寄存器占用地址 00H~56H，这些寄存器在初始化阶段就由微控制器分别设置，有些是位方式，有些是比特方式，在运行过程中可改写。

Z87200 中的大多寄存器都是独立的，能独立地以任何顺序写入并修改。但有两个例外：

(1) 通过使用 MNCOEN 或寄存器 37H 的第 0 位，可关掉 NCO。但一旦 NCO 被重新启用，FCW(频率控制字)就必须被写入，要么通过引脚 MELD，要么通过地址 00H 的第 0 位。

(2) 置 37H 的 bit 2~0，接收机将使地址 38H 的数据变为 0，因此有可能改变所要测试 RETEST 的引脚选择的功能。所以地址 38H 的内容必须在 37H 的第 2 位置 1 后再写入所要写的值。

按照这些功能寄存器的功能，可将它们分为以下 7 类：

(1) 调制控制：收发方面的 BPSK、QPSK 的选择。

(2) PN 码扩频控制：数据符号式 PN 码的采集/预置选择编程。

(3) 接收器参数控制：Z87200 接收器的控制与操作的各种参数的选择与编程。

(4) 突发控制：对收发过程中的突发参数进行选择与编程。

(5) 测试功能控制：选择与编程各种测试功能。

(6) 操作控制：启停终止控制和电源管理功能。

(7) 固定设置：初始化时必要的设置及在控制过程中基本不改变的参数表与控制功能的设置。

利用这些功能寄存器的值，就可以在控制处理时对 Z87200 的操作进行灵活的改变，有利于简化系统的软件设计。有关这些寄存器的地址分布请参阅表 7-3。

下面介绍各功能寄存器有关参数的设置。

(1) 基带采样频率控制寄存器的设置。基带采样频率取决于 01H 的第 0 位。当它置"高"时，该频率来自外部的 RXMSMPL 的引脚；当它置"低"时，则由内部产生，即基带采样频率 f 为

$$f = \frac{f_{\text{RXIFCLK}}}{n+1}$$

式中，f_{RXIFCLK} 为中频采样频率；n 为地址 02H 的第 5～0 位。

(2) NCO 频率的设置。Z87200 中有一个数字控制振荡器（NCO），从来自接收器的主时钟 RXIFCLK 管脚接收时钟，经 FCW（频率控制字）寄存器的设置，产生一个有 32 位频率分辨率的正交输出的局部振荡信号，提供给发送调制器以及接收器的降频变换器使用。FCW 寄存器决定了 NCO 的振荡频率。FCW 寄存器对应的地址为 03H～06H。当 RXIFCLK 接收的频率改变时，必须改变频率控制字。

NCO 的振荡频率与 FCW 的关系为

$$f_{\text{NCO}} = f_{\text{RXIFCLK}} \times \frac{\text{FCW}}{2^{32}}$$

正常情况下，$f_{\text{NCO}} \leqslant 35\% f_{\text{RXIFCLK}}$。

(3) PN 码的设置。Z87200 总共能提供两个长达 64 位的 PN 码，一个用于同步，另一个用于数据的扩频。每一个码元用两位来表示，见表 7-4。如要使用较短的码序列，可在寄存器的结尾使用 00。

表 7-4 PN 码片的表示方法

码 元		表示值
X	0	0
0	1	+1
1	1	−1

具体的每位的对应关系如表 7-5 和 7-6 所示。

Z87200 中 PN 码由用户来编程选择。要注意的是，该 PN 码的码长对于位元及数据的速率影响很大。PN 码越长，速率越低。为提供 11.264 Mb/s 的位元速率及 2.048 Mb/s 的数据速率，PN 码的码长最长为 11 位。

地址 07H～16H 共 16 个八位的寄存器，总共能存取 128 bit。

表 7 - 5 同步引导符的存取对应关系

Address 16H			
bit 7,6	bit 5,4	bit 3,2	bit 1, 0
Coeff. 63	Coeff. 62	Coeff. 61	Coeff. 60
Address 15H			
bit 7,6	bit 5,4	bit 3,2	bit 1, 0
Coeff. 59	Coeff. 58	Coeff. 57	Coeff. 56
…	…	…	…
…	…	…	…
Address 08H			
bit 7,6	bit 5,4	bit 3,2	bit 1, 0
Coeff. 7	Coeff. 6	Coeff. 5	Coeff. 4
Address 07H			
bit 7,6	bit 5,4	bit 3,2	bit 1, 0
Coeff. 3	Coeff. 2	Coeff. 1	Coeff. 0

表 7 - 6 扩频码系数的存取对应关系

Address 26H			
bit 7,6	bit 5,4	bit 3,2	bit 1, 0
Coeff. 63	Coeff. 62	Coeff. 61	Coeff. 60
Address 25H			
bit 7,6	bit 5,4	bit 3,2	bit 1, 0
Coeff. 59	Coeff. 58	Coeff. 57	Coeff. 56
…	…	…	…
…	…	…	…
Address 18H			
bit 7,6	bit 5,4	bit 3,2	bit 1, 0
Coeff. 7	Coeff. 6	Coeff. 5	Coeff. 4
Address 17H			
bit 7,6	bit 5,4	bit 3,2	bit 1, 0
Coeff. 3	Coeff. 2	Coeff. 1	Coeff. 0

(4) 相关峰比较门限的设置。用于捕获数据相关峰门限比较的两组寄存器值的设置比较复杂，受诸多因素的影响，比如输入幅度、A/D 转换器的动态范围、积分猝灭滤波器累加点数、PN 码长度等。一般需要通过片内对应测试点的反复实验测试来确定。用于捕获的门限设置在地址为 2BH～2CH 的寄存器中。

(5) Barrel 移位寄存器的窗口设置。Z87200 内部是全数字化的处理。数字信号经运算后，比特位数势必加长了，为了简化处理，Z87200 内部多处都是由 Barrel 窗口选择移位寄存器来缩短比特位数的，这些窗口的选择位置通过内部寄存器来设置。这些寄存器的值也需要通过对内部各点的数据反复实验来确定，以便达到最佳的近似和最大的动态范围。

2) 初始化设置

当确知系统的硬件正常后，首先考虑的是根据选择方式来设置其中的控制寄存器，这包括发送数据率、PN 码片率、PN 扩频码，是连续方式还是突发方式传送等。

表 7 - 7 给出了独立状态下的 Z87200 控制寄存器的数据典型值。其中"/"表示此地址未使用。

表 7 - 7 Z87200 控制寄存器的典型设置值

地址	0	1	2	3	4	5	6	7	8	9	A	B	C	D	E	F
0XH	00	50	01	00	00	E8	38	7F	75	ID	00	00	00	00	00	00
1XH	00	00	00	00	00	00	00	7F	75	ID	00	00	00	00	00	00
2XH	00	00	00	00	00	00	00	00	00	30	00	30	00	0A	14	FF
3XH	60	00	00	90	00	00	02	07	00	00	00	00	/	/	/	/
4XH	03	07	0A	0A	47	02	00	00	00	00	00	00	47	02	00	00
5XH	00	00	00	00	00											

3) 控制软件的设计

为了实现对数据的发送和接收，必须对 Z87200 进行控制和操作。系统采用 AT89C51

来对单片机实现控制和操作。控制软件由三部分组成。

（1）主程序：完成单片机 89C51 的初始化以及对 Z87200 的控制，如图 7-13 所示。

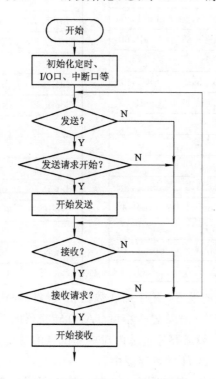

图 7-13　单片机主程序流程图

（2）中断接收程序：完成单片机 89C51 与 Z87200 之间的数据接收，如图 7-14 所示。

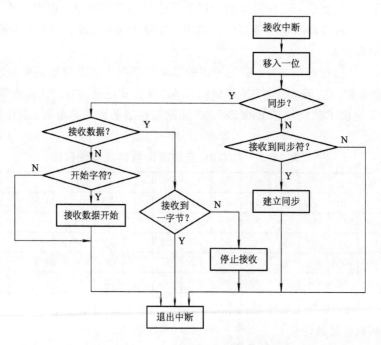

图 7-14　单片机中断接收程序流程图

(3) 中断发送程序：完成单片机 89C51 与 Z87200 之间的数据发送，如图 7 - 15 所示。

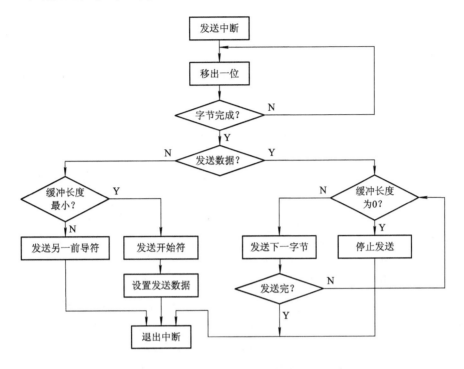

图 7 - 15　单片机发送中断流程图

大家知道，扩频通信本身就因为其地址码而具有很好的保密性。但是应该明白这也不是绝对的保密，地址码毕竟是有限的，很容易被获取，一旦获取地址码之后就很容易窃取信息，因此为保密起见，应采取更为保险的措施，即在发送时对信号进行加密处理，接收方知道密码后，方可获取后面的数据信号。显然这样使得系统保密性更加完善。

加密方法如下：首先进行同步，同步后发送 3 B 的密码，进行密码校正，校正成功方可进行数据的接收；若校正失败，则发一信号让其重发密码，三次验证不过，则停发该指令。

7.2　用 SX043 芯片实现高处理增益的扩频系统

下面介绍一种利用美国 AMI 公司生产的直接序列扩频芯片 SX043 制作的 Modem。

1. SX043 的主要特点和性能

SX043 的主要特点有：

(1) 具有可编程功能，可通过内部 108 个寄存器的值控制芯片的收、发；

(2) 完成直接序列扩频基带处理的全部功能；

(3) 采用全双工或半双工通信；

(4) 支持 BPSK、DBPSK、QPSK、DQPSK、QAM(8 或 16)等调制方式；

(5) 具有高达 1 Mb/s(BPSK/DBPSK)、2 Mb/s(QPSK/DQPSK)、3 Mb/s(8QAM)、4 Mb/s(16QAM)的数据速率。

（6）可选长度为 11 码片的 Barker 码和最大码长可达 2047 的 m 序列或 gold 码。

SX043 具有如下性能：

（1）SX043 的突出优点（性能）是处理增益高。内部有收、发独立的 PN 码发生器，由 11 级移位寄存器组成，可产生 m 序列和 gold 码序列，最大码长可达 2047。因此 SX043 处理增益高达 33.1 dB。同时用户可选择与传输使用的 m 序列互相关值最小的另一 m 序列，它们的互相关位加上用户设定的偏移位作为跟踪、捕获环路的基准位，从而使得同步的误判率减小。用户还可以通过设定寄存器位，在信息传输完成后，使捕获跟踪环路保持在跟踪状态，继续寻找一个新的同步头。这个特性允许连续传输任意数量的数据块，而不需要重新锁定信息。由于 SX043 的内部时钟为 64 MHz，因此在 BPSK(DBPSK)方式下，可支持的最大数据速率为 1 MHz；在 QPSK(DQPSK)方式下，可支持的最大数据速率为 2 MHz。

（2）SX043 通过相互独立的输入、输出 FIFO 作为数据缓冲器与微控制器通信，它最大可存储 16 B。通过 FIFO 可监督数据传输、接收的状态，在数据传输完成、数据溢出或数据传输被强行放弃时发出中断信号送入微控制器。用户可通过 SX043 的内部寄存器查看 FIFO 的状态，控制 FIFO 在何状态下送出中断。

（3）SX043 内部有包格式发生器，使用 HDLC 协议传输数据，也可以由用户自定义协议通知收信方信息传输完成。如果在信息的传输过程中信息被放弃，SX043 会发送放弃标志 FF 告知用户。用户还可以选择是否对数据包的信息部分加扰码。SX043 支持 CRC - 32 和 CRC - 16 两种错误检测方式，使用扰码可增强数据传输的可靠性，消除长连 0、连 1 现象，减小多径干扰、码间干扰等，但是使用扰码会产生误码扩散现象。

2. SX043 的内部结构

SX043 的内部结构框图如图 7 - 16 所示。SX043 由发送模块、接收模块、微控制器接口以及控制与标识寄存器组成。发送模块由时钟发生器、PN 码发生器、深度为 16 B 的 FIFO 及信息处理模块组成。SX043 通过外部输入的参考时钟和其内部的锁相环，可产生 64 MHz 的稳定工作时钟。此时钟被寄存器 TVCO - DIV 的值加 1 所除，作为 PN 码时钟（频率最大可达 64 MHz）。待传信息由 FIFO 输入后，经过打包、扰码（可选）再与用户设定的 PN 码相乘后送出。

接收模块由时钟恢复电路、捕获跟踪环路、深度为 16 B 的 FIFO、PN 码发生器及信息处理模块组成。

SX043 接收模块内有一 PLL，其中的相位检测器一端输入 4 MHz 的参考频率，另一端输入 $f_{vco}/16$。VCO 输出振荡频率为 64 MHz 的时钟，它被寄存器 RN4 中的值加 1 所除，而得到 PN 码时钟。

SX043 接收模块中，PN 码发生器产生的 PN 码通过 PN2 引脚输出，与接收到的扩频信号相乘，再通过解调，产生接收信号强度指示信号（RSSI1、RSSI2）。此信号提供给捕获跟踪环路，完成对接收信号的正确接收。捕获采用相位滑动法，跟踪采用 τ 抖动锁相环电路。根据设定的滑动速率，PN2 每次滑动码元长度的 1/2，同时电路对 RSSI1 抽样，一旦其值大于 PN 码捕获的基准值，电路转到跟踪状态，开始同步头的检测。若在连续 10 个符号周期内没有检测到同步头，则返回到滑动状态；若已检测到同步头，则电路进入 τ 抖动状态。用户可设定抖动速率，抖动幅度可选为相关峰值的 ±10%，从而使得接收端的 PN 码始终与接收到的 PN 码同步，正确接收发送来的信号。

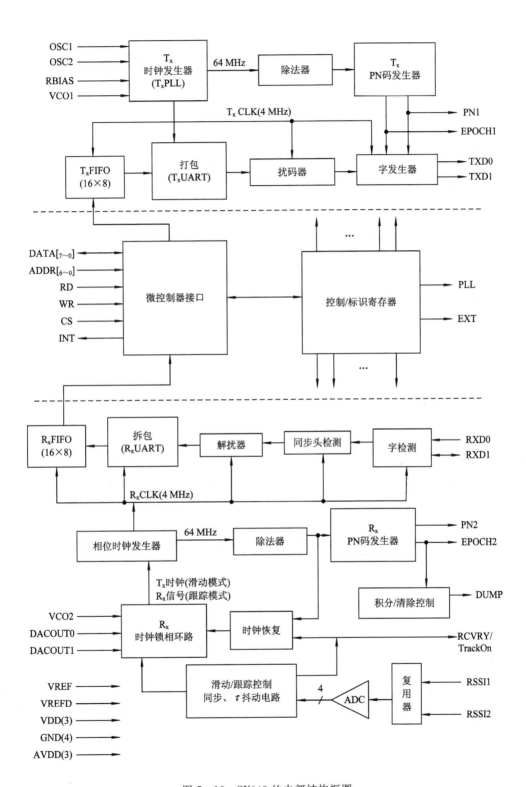

图 7 - 16　SX043 的内部结构框图

接收到的信息通过解扰、解包后送入 FIFO，由微控制器接口输出。

微控制器通过微控制器接口将初始程序写入，设置所有控制寄存器的值，并在数据传输和接收的过程中，监控各标识寄存器的值，从而控制 SX043 的状态，保证信息传输的可靠性。

3. 扩频 Modem 的设计参数

综合考虑了 SX043 的性能和电路的实现难易程度后，扩频 Modem 的设计参数的设计思路如下：

（1）为了实现高扩频增益，保证数据速率不能太低，数据速率定为 32 kb/s，使用码长为 1023 的 m 序列，从而保证扩频增益不低于 30 dB。

（2）采用 BPSK 调制方式。由于在 SX043 的内部扩频，其输出数据速率高达 32 Mb/s，因而必须选用宽带调制器。调制器中频定为 70 MHz。

（3）由于解调是在解扩后完成的，因而可降低对解调器中频的要求，故选择 10.7 MHz 为常用中频频率。选此中频是由于本设计中选用的是 AMI 公司生产的配合 SX043 使用的可编程解调芯片 SX061，它支持的最大中频为 13 MHz。也正是由于此原因，可在接收端加入混频器，从而保证扩频增益及数据传输的可靠性。

4. 扩频 Modem 的系统设计

1）Modem 结构

Modem 的结构图如图 7–17 所示，可分为发送、接收和控制三部分。

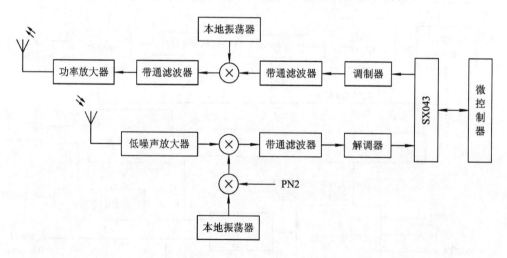

图 7–17　Modem 结构框图

在发送部分，待传数据经过微控制器送入 SX043，变为宽带信号后送入外部的 BPSK 调制器，变为中频信号，经过滤波，然后送入射频发送部分，经过上变频、滤波、功放后由天线发射出去。

在接收部分，接收来的信号经过低噪声放大、下变频、解扩及滤波处理后，与 SX043 产生的接收 PN 码相乘，变为窄带信号，通过混频器使信号中频变为 10.7 MHz 后，再经过滤波解调器处理变为基带信号。此信号经 SX043 处理变为原数据后再输出。

在控制部分，用户通过微控制器输入、输出数据，编写 SX043 的内部寄存器值，控制系统时钟及收、发状态。

2) 软件设计

软件设计主要由两部分组成：一部分是 SX043 内部寄存器值的读写控制程序，另一部分是 SX061 的控制程序。有关 SX043 及 SX061 各寄存器的详细设置请参考这两个芯片的技术资料。下面仅就 SX043 的几个重要寄存器的设置进行说明。

(1) 发、收伪码寄存器设置。对发、收伪码进行控制的寄存器分别为 TPNA、TPNB 和 RPNA、RPNB，它们各占用 11 bit。将 11 bit 中的某一位或多位置 1，便可设定某个长度的 PN 码。例如，若将 TPNA 设为 00100001000，则其为长度为 511 的 m 序列。由于 RPNB 与 RPNA 的互相关值加上寄存器 RFO 中的值作为同步检测的基准值，因而 RPNB 要选择与 RPNA 互相关值最小的 m 序列，从而保证同步码捕获的准确性。

(2) 伪码速率设置。发端的伪码速率由 20 位寄存器 TVCO - DIV 控制；收端的伪码速率由 20 位寄存器 RV4A 控制。当接收模块启动时，RN4A 中的值自动装入 RN4。由于 SX043 的工作频率为 64 MHz，因此，若 TVCO - DIV 或 RN4A 的值为 N，则伪码的码速率为 $64/(N+1)(\text{Mc/s})$。

(3) PN 码滑动幅度和抖动幅度的设定。在伪码速率较高的情况下，当 RN4A 的值为 1~10 时，采用 VCO 抽头控制器控制 PN 码的滑动与抖动幅度，具体可通过寄存器 RN3 设定。VCO 抽头控制器内部可自行实现滑动，只要将 RN3 的第 5 位置 1 即可。RN3 的第 4 位为 1 时，则使其产生抖动。由于 VCO 有 14 个抽头，因此，每一个抽头较前一个抽头延时工作周期的 1/14，即 1.11 ns。因而，选定超前或滞后的抽头数(由 RN3 的 0~3 位确定)就可以设定抖动的幅度。例如，假设伪码速率为 32 MHz，则 $T=31.25$ ns，若抖动幅度设为相关峰值的 ±10%，则应选的抽头数为 3.125 ns/1.11 ns≈3，将 0011 写入 RN3 的 0~3 位即可。

在伪码速率较低的情况下，采用 RN4 模块设定 PN 码的滑动及抖动幅度。滑动时环路自动将 RN4B 的值装入 RN4，超前抖动时环路自动将 RN4C 的值装入 RN4，滞后抖动时环路自动将 RN4D 的值装入 RN4，改变 PN 码的周期，从而产生滑动及抖动。

若滑动幅度为 1/2 码元，则 PN 码时钟周期应增加 50%，因而 RN4B 的值应为 RN4A 值的 1.5 倍。

若抖动幅度为相关峰值的 ±10%，则 RN4C 的值应为 RN4A 值的 90%，因而 RN4D 的值应为 RN4A 值的 110%。

电路经过调试，达到了比较理想的结果。输入速率为 32 kb/s 的周期码序列 0111010，在 SX043 内部与长度为 1023 的 PN 码(见图 7 - 18)相"异或"后变为宽带信号输出(频谱见图 7 - 19)；接收端将接收到的信号解扩、混频，再经解调后输入 SX043 处理，恢复出原信号。

使用 SX043 达到了 30 dB 的处理增益及较高的数据传输速率；采用单片机 89C51 对其控制，工作方式灵活；采用大规模集成电路，集成度很高，因而结构简单，体积较小。此 Modem 可以应用于无线局域网、专用数据网、数据信息处理及其他无线系统中。由于其增益高，因而它还可以应用于军事通信领域。

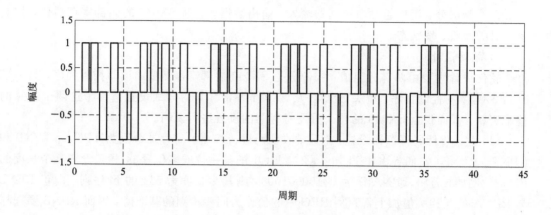

图 7-18　输入信号波形

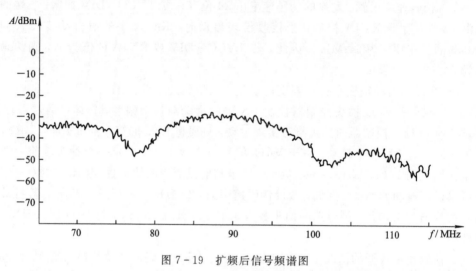

图 7-19　扩频后信号频谱图

7.3　电力线载波通信用收发信机电路设计

7.3.1　电路框图

电力线载波通信收发信机电路框图如图 7-20 所示。

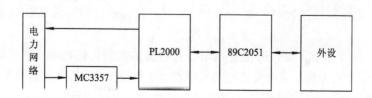

图 7-20　电力线载波通信收发信机电路框图

　　当电力公司管理中心发送过来要求读电表数据的指令时，指令信号从电力网经变压器、通信芯片 MC3357 进入 PL2000，PL2000 经 89C2051 控制解调此信号，并向 89C2051 提出读电表的数据的要求；89C2051 把电表的数据读入到内部的 EPROM 中，并响应要求把数据送入 PL2000 中进行扩频调制，由 PL2000 转发出去。

7.3.2　芯片介绍

1. PL2000 芯片介绍

1）功能特点

（1）采用窄带直接序列扩频技术，抗干扰能力强；

（2）可由软件选择扩频序列的长度；

（3）可由软件选择通信速率；

（4）可由软件设定捕获电平及跟踪电平；

（5）采用半双工同步传输，能方便地给不带 Uart 的廉价单片机提供简单的接口；

（6）发送信号由 D/A 转换器及缓冲器输出，谐波成分少，不用外加复杂的滤波网络就能轻易满足有关电力线通信的谐波要求；

（7）内置看门狗电路；

（8）内置上电复位及电源监测电路；

（9）采用 I/O 口带 4000 V ESD 保护；

（10）单＋5 V 供电；

（11）提供 SOL－20 与 SQJ－20 两种封装形式；

（12）采用数字/模拟混合 0.35 μm CMOS 工艺制作。

2）引脚图

PL2000 芯片的引脚图如图 7－21 所示。

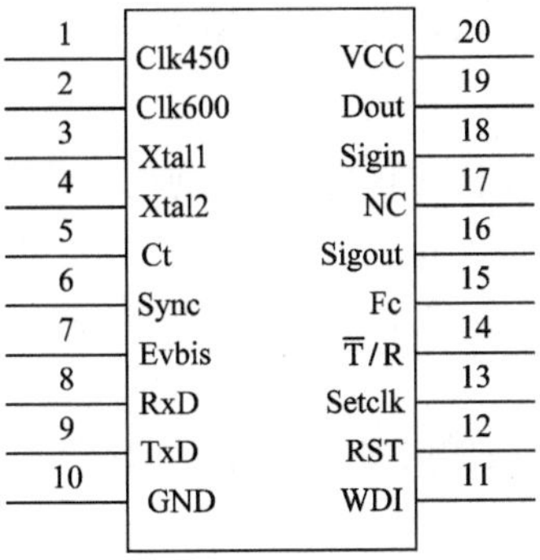

1	Clk450	VCC	20
2	Clk600	Dout	19
3	Xtal1	Sigin	18
4	Xtal2	NC	17
5	Ct	Sigout	16
6	Sync	Fc	15
7	Evbis	$\overline{T}$/R	14
8	RxD	Setclk	13
9	TxD	RST	12
10	GND	WDI	11

图 7－21　PL2000 引脚图

3）引脚说明

Clk450：该引脚输出 450 kHz 方波信号，和 MC3357 配合使用时作其二本振信号，和 480 kHz 中频信号差频出 30 kHz 的二中频信号。

Clk600：该引脚输出 600 kHz 方波信号，作为 MC3357 的一本振信号，和接收到的 120 kHz 信号差频出 480 kHz 的一中频信号。

Xtal1、Xtal2：这两个引脚与内部时钟振荡器和晶振的接法如图 7 - 22(a)所示；如 PL2000 用外部时钟驱动，则接法如图 7 - 22(b)所示。

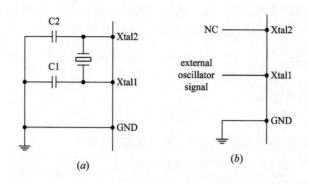

图 7 - 22　Xtal1、Xtal2 引脚接法

Ct：该管脚输出芯片内部产生的本地伪随机码序列(m 序列)，其波形根据芯片设置情况以及收发信号的情况发生变化；当芯片设置成 15 位伪码时，它为

111101011001000

当芯片接收到相应的扩频数据时，应能精确地跟踪发端的伪码序列。

Sync：同步端，用于协调 PL2000 和外接 MCU 的工作，下降沿有效；当芯片处于发送态时，该管脚出现一个占空比为 $1/N$(N 为伪码长度)的脉冲信号。

Evbis：电压监测功能所用的基准电压端，该管脚和 VCC 管脚之间存在 1.23 V 的电压基准，使用时推荐在此管脚和 VCC 之间接一个 0.01 μF 的电容。

RxD：解调数据输出，和 Sync 共同构成一个串行同步发送单元，在 Sync 的下降沿可由外接 MCU 从此管脚读出解调的数据，具体操作参考芯片时序。

TxD：发送数据输入，和 Sync 共同构成一个串行同步接收单元，在 Sync 的下降沿可由外接 MCU 从此管脚置入待发送的数据，具体操作参考芯片时序；同时，它还和 Setclk 共同构成芯片的串行设置总线，作为串行设置总线的数据线。

GND：电源地。

WDI：看门狗复位端，由该管脚输入看门狗的复位脉冲，若超过 1 s 而此管脚上电平无变化，则 PST 管脚输出一个 250 ms 的复位脉冲(高电平)。

RST：MCU 复位端，若超过 1 s 而 WDI 管脚上电平无变化，则该管脚输出一个 250 ms 的复位脉冲(高电平)。

Setclk：芯片串行设置总线的时钟线；当 $\overline{T}/R=0$ 时，上升沿有效，具体操作参考芯片时序。

$\overline{T}/R$：收/发控制端，当该管脚为高电平时，芯片处于接收态；当该管脚为低电平时，芯片处于发送或设置状态。

Fc：DPSK 解调的输出滤波端，推荐在此管脚和地之间接一个 1000 pF 的电容。

Sigout：带三态的正弦发送信号输出端，在此端口由内部 D/A 转换器和缓冲放大器输出低谐波发射信号。

NC(No Connect)：无连接。

Sigin：接收信号输入端，从此管脚输入需解调解扩的信号，推荐在此端输入 120 kHz、

60 kHz 或 30 kHz 的信号，信号幅度(峰峰值)＞400 mV。

Dout：数字发送信号输出端，为一些低成本应用而设计，是一个开漏输出引脚(耐压 25 V)。

VCC：电源端，芯片的＋5 V 供电端。

4) 芯片工作时序

芯片发送时序如图 7-23 所示。当芯片处于发送状态时，由于 PL2000 内部由 Sync 的上升沿对 TxD 的数据进行锁存，故外部 MCU 应当在 Sync 的下降沿将数据置于 TxD 管脚。

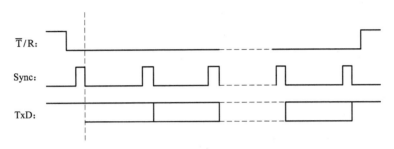

图 7-23　芯片发送时序图

芯片接收时序图如图 7-24 所示。当芯片处于接收状态时，由于 PL2000 内部由 Sync 的上升沿对内部解调的数据进行锁存输出，故外部 MCU 应当在 Sync 的下降沿读取 PL2000 接收到的数据。

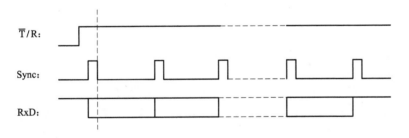

图 7-24　芯片接收时序图

芯片设置时序图如图 7-25 所示。芯片设置时，$\overline{T}/R$ 必须为低；Setclk 由外部 MCU 提供，最大接口速率为 2 Mb/s。

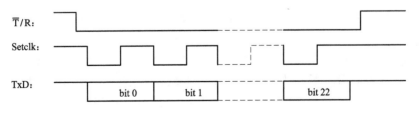

图 7　25　芯片设置时序图

5）芯片工作寄存器

PL2000 的工作寄存器共由 23 bit 组成，各 bit 的定义如表 7-8 所示。

表 7-8 寄存器各 bit 定义

bit 位	说　明	bit 位	说　明
bit 0	保留 bit，使用时置 1	bit 12	SD0(LSB)
bit 1	伪码 chip 速率选择 (1：7.5 kb/s；0：3.75 kb/s)	bit 13	捕获门限 CD9(MSB)
bit 2	伪码长度选择 (1：31 位；0：15 位)	bit 14	CD8
bit 3	同步比较门限 SD9(MSB)	bit 15	CD7
bit 4	SD8	bit 16	CD6
bit 5	SD7	bit 17	CD5
bit 6	SD6	bit 18	CD4
bit 7	SD5	bit 19	CD3
bit 8	SD4	bit 20	CD2
bit 9	SD3	bit 21	CD1
bit 10	SD2	bit 22	CD0(LSB)
bit 11	SD1		

6）芯片操作知识

• 扩频码的捕获（初始同步）

接收机在搜索同步的过程中，本地码序列发生器以不同于发射端的码速率工作，这就相当于两个码彼此"滑动"。若接收机码速率大于发射机码速率，则接收机码滑动超前，否则滞后；当两码序列重合时，滑动停止，完成捕获，转为正常码速，进入跟踪状态。

具体的实现是这样的：由于所选用的扩频伪码具有很强的自相关性，因而经过检测本地伪码和接收序列之间的相关性，并判断其是否大于某个阈值（大于则停止伪码的滑动），就可完成捕获，进入跟踪状态。对芯片进行设置时的 13 到 22 位（CD9～CD0）即为这个阈值（在使用 15 位扩频码时，推荐使用 0001000011，即 0X43）。

• 扩频码的跟踪（精确同步）

PL2000 中的跟踪采用的是数字信号处理技术中的全数字基带延迟锁定环（Delay Locked Loop）电路。

如图 7-26 所示，2 号线表示本地伪码和接收伪码的相关性，1 号线和 3 号线分别表示比本地伪码超前和滞后半个时钟周期的伪码和接收伪码的相关性。本地伪码和接收伪码的同步点即为 2 号线三角形的顶点。在延迟锁定环电路中，是将滞后伪码与接收伪码间的相关性倒相（4 号线所示），然后和超前伪码与接收伪码间的相关性相加，即可得到一个"S"状曲线。此曲线的过零点即为伪码的同步点。

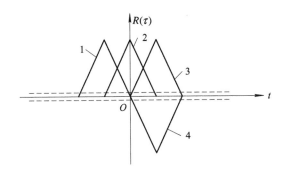

图 7 - 26　同步捕获曲线

在 PL2000 中，用一个数字比较器比较"S"状曲线的绝对值是否超过阈值 SD，若超过，则根据其超过的方向去细微地调整本地伪码产生器的时钟，使本地伪码能够精确跟踪上接收伪码。若不超过，本地伪码产生器的时钟保持不变，以减少不必要的时钟抖动。阈值 SD 由 PL2000 的串行设置总线的 bit 3、bit 12 进行设置，高位在前(推荐值为 0000001100，即 0X0C)。

2. MC3357 通信芯片介绍

MC3357 主要用于话音的接收机中。MC3357 是低功耗窄带 FM 中频集成电路，适用于双变频 FM 通信系统。该芯片内集成有振荡器、混频器等。

1) 芯片特点

(1) 功耗电流小，典型值为 3 mA(VCC＝6 V)。

(2) 灵敏度高，输入限幅电压(－3 dB)＝5.0 μV(典型值)。

(3) 所需外围器件少。

2) 管脚图及电路说明

图 7 - 27 为 MC3357 管脚图。混频器和本地振荡器将输入信号经外接的带通滤波器之后下变频为 445 kHz，完成中频放大。该芯片采用普通的正交检波器来恢复音频信号。如果在音频频带内噪声电平大于有用信号，则通过一个内部开关来实现音频静噪。

本地振荡器是内偏置考比兹型，其集电极、基极、发射极分别引到出端。晶振可用普通的线圈代替。

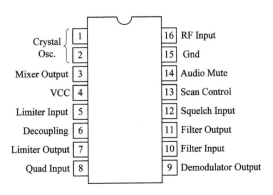

图 7 - 27　MC3357 管脚图

混频器采用双平衡结构用以减少寄生振荡影响，16 端的输入阻抗由一个 3 kΩ 的内部偏置电阻来设置，容性小，因此可以前接晶体滤波器，集电极输出(3 端)必须直流耦合至直流电源正极，其电压在直流电源正极以下 0.5 V 范围内摆动。

输入信号经带通滤波器(陶瓷或 LC 滤波器)后送到 5 级限幅器的输入端(5 端)。限幅器输出端(7 端)一方面通过内部和外部正交线圈进行乘法检波，另一方面为引出端 5 提供直流反馈。第一级限幅器的另一端在 6 端进行退耦。

恢复出的音频信号经过滤波器和缓冲后从 9 端输出，输出阻抗约为 400 Ω。音频输出信号在送到扬声器之前还应该经过去加重、音量控制和功率放大。反相运算放大器的输出端(11 端)为 10 端的输入提供了约 2 V 的外部直流偏置。

当 12 端的外部输入电压较高时，13 端输出低电压，并呈现 60 kΩ 左右的阻抗，音频静噪端(14 端)开路；若 12 端的输入电压低于 0.7 V，则 13 端输出电压升至 0.5 V 左右，输出电流可以达到 500 μA，而 14 端由内部短路到地。若 14 端接至音频通道(9 端到音频放大器之间)中的某个高阻抗点，则能实现音频静噪。为了消除噪声的影响，12 端内部设置有 100 mV 的迟滞量。

3. AT89C2051 单片机芯片介绍

AT89C 系列单片机是 ATMEL 公司 1993 年开始研制生产的，优越的性价比使其成为颇受欢迎的 8 位单片机。AT89C 系列单片机与 MCS-51 系列单片机相比有两大优势：第一，片内程序存储采用闪速存储器，使程序的写入更加方便；第二，提供了更小尺寸的芯片。

1) AT89C2051 单片机的主要特性

AT89C2051 单片机是带有 2 KB 的闪速可编程可擦除只读存储器(PEROM)的 8 位单片机。它具有如下特征：

(1) 与 MCS-51 兼容；

(2) 内部带有 2 KB 可编程闪速寄存器；

(3) 寿命为 1000 次擦/写循环；

(4) 数据可保留 10 年；

(5) 工作电压范围为 2.7~6 V；

(6) 全静态工作频率为 0~24 MHz；

(7) 具有两级程序存储器锁定；

(8) 具有 128×8 B 的 RAM；

(9) 具有 5 条可编程 I/O 线；

(10) 具有 2 个 16 位定时器/计数器；

(11) 具有 1 个两级中断源；

(12) 具有可编程全双工串行 URAT 通道；

(13) 可直接对 LED 驱动输出；

(14) 具有片内精确的模拟比较器；

(15) 具有片内振荡器和时钟电路；

(10) 具有低功耗的休眠和掉电模式。

2) AT89C2051 单片机的管脚图

AT89C2051 单片机的管脚图如图 7-28 所示。

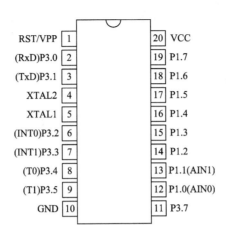

图 7-28　AT89C2051 单片机的管脚图

3) AT89C2051 单片机芯片的各引脚功能

VCC：电源端。

GND：接地端。

RST/VPP：复位输入端，当 RST 变为高电平并保持 2 个机器周期时，所有 I/O 引脚复位至 1。

XTAL1：反向振荡器的输入及内部时钟工作电路的输入。

XATL2：来自反向振荡器的输出。

P1 口：8 位双向 I/O。引脚 P1.2～P1.7 提供内部上拉，当作为输入并被外部下拉为低电平时，它们将输出电流(I_1)，这是因为内部上拉的缘故。P1.0 和 P1.1 需要外部上拉，可用作片内精确模拟比较器的正向输入(AIN0)和反向输入(AIN1)。P1 口输出缓冲器能接 20 mA 电流，并能直接驱动 LED 显示器；P1 口引脚写入"1"后，可用作输入。在闪速编程和内部校验期间，P1 口也可接收编码数据。

P3 口：引脚 P3.0～P3.5 与 P3.7 为 7 个带内部上拉的双向 I/O 引脚。P3.6 在内部已与片内比较器输出相连，不能作为通用 I/O 引脚访问。P3 口的输出缓冲器能接收 20 mA 电流；P3 口写入"1"后，内部上拉，可用作输入。P3 口同时也可为闪速存储器编程和编程校验接收控制信号。P3 口也可用作特殊功能口，其功能如下：

P3.0：RxD(串行输入口)；

P3.1：TxD(串行输出口)；

P3.2：INT0(外部中断 0)；

P3.3：INT1(外部中断 1)；

P3.4：T0(定时器 0 外部输入)；

P3.5：T1(定时器 1 外部输入)。

从上述引脚说明可看出，AT89C2051 没有提供外部扩展存储器与 I/O 设备所需的数据及控制信号，因此利用 AT89C2051 构成的单片机应用系统不能在 AT89C2051 之外扩展存储器或 I/O 设备，也即 AT89C2051 本身构成了最小单片机系统。

4) AT89C2051 内部结构图

此外，AT89C2051 的内部结构与 8051 内部结构基本一致(除模拟比较器外)，引脚

RST、XTAL1、XTAL2 的特性和外部连接电路也完全与 51 系列单片机相应引脚一致，但 P1 口、P3 口有其独特之处。

5) 特殊功能寄存器(SFR)

AT89C2051 中特殊功能寄存器描述如表 7 - 9 所示；它们共占用了 19 B，其功能与 8051SFR 的功能相对应。

表 7 - 9　AT89C2051 的 SFR 及复位值

0F8H							0FFH
0F0H	B 00000000						0F7H
0E8H							0EFH
0E0H	ACC 00000000						0E7H
0D8H							0DFH
0D0H	PSW 00000000						0D7H
0C8H							0CFH
0C0H							0C7H
0B8H	IP x0000000						0BFH
0B0H	P3 11111111						0B7H
0A8H	IE 00000000						0AFH
0A0H							0A7H
98H	SCON 00000000	SBUF xxxxxxxx					9FH
90H	P1 11111111						97H
88H	TCON 00000000	TMOD 00000000	TL0 00000000	TL1 00000000	TH0 00000000	TH1 00000000	8FH
80H		SP 00000111	DPL 00000000	DPH 00000000		PCON 00000000	87H

注：① 对未使用的地址操作，读取将返回随机操作，写入的结果不确定；

② 对未使用的地址及位，用户软件不应写"1"，因为将来有可能用它们来研发一些新的器件特性。

7.3.3　电力线扩频载波电路图及工作原理

电力线扩频载波电路如图 7 - 29 所示。图的下部为给 PL2000 供电的 220 V 电力线耦合电路图。

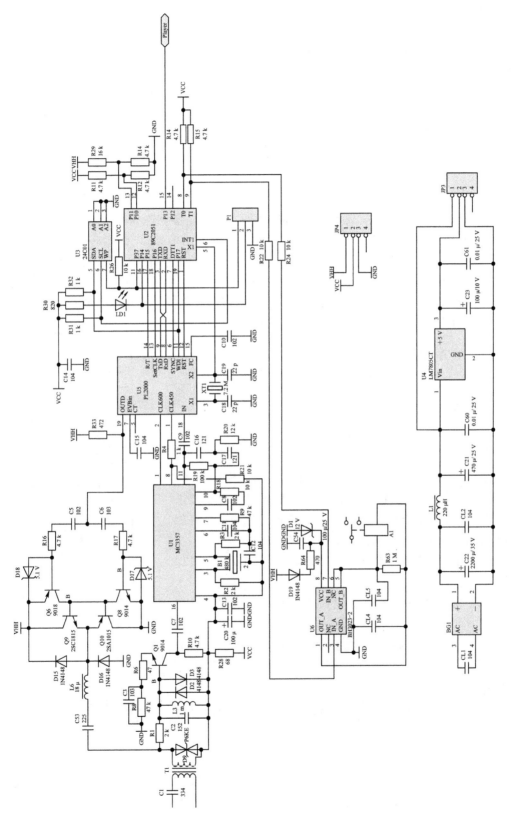

图7-29 电力线扩频载波电路原理图

接收信息过程：带有信息的载波信号从电力网中经过变压器 T1 送到电路中。载波信号首先经过带通滤波器，仅让 120 kHz 的数据信号通过。为了不让外界较高幅度的干扰信号进入，信号经过带通滤波器之后又经过一个由二极管 D2 和 D3 组成的过压保护电路，然后经过 C7 将直流分量滤除后进入 MC3357。MC3357 将接收的 120 kHz 的信号与从 PL2000 的 CLK600 端（2 端）输入的 600 kHz 信号进行混频，从而产生一个 480 kHz 的频率分量。480 kHz 的信号再送到 PL2000 的 CLK450 端（1 端）去再一次混频产生 30 kHz 的二中频信号。PL2000 将接收的载波信号做了 A/D 转换。PL2000 接收到信号后，发送一组串行同步信号，此同步信号经 89C2051 送到外部电路中控制外设的工作状态。若要提取本月电表数字，还应切断电源。

发送信息过程：89C2051 将外设的状态读入，并送至 PL2000 进行扩频调制。调制信号送入放大电路进行放大，在进入电力网络前用 LC 振荡电路滤除非有用信号。

在本应用中给出的是一个低成本的应用，由开路输出的 Dout 直接驱动一个 PNP 三极管作功率驱动，由外接的 LC 电路作带通滤波；在高性能的应用方案里，可由 PL2000 的正弦波输出端 Sigout 驱动一个带三态的功率运放 TLE2301（TI 公司产品），这样可以得到极好的频谱特性。此应用不仅可以用于电力线的单用户收集器、电力线的多用户收集器，还可用于电力线的集中器、扩频终端、扩频现场测试仪等。

7.3.4 程序流程图和程序清单

AT89C2051 与 PL2000 之间的串行通信程序流程图如图 7-30 所示。

1. 同步接收及发送数据过程

同步接收数据过程：SYNC 发生下降沿中断后，将 RxD 状态读入缓冲字节；在 8 bit 的滑动窗口搜索同步帧，当搜索到 0X09 后，接收后续字节，若为 0XAF，表示已进入同步状态；随后接收数据，每 8 bit 依次还原为一个有效字节数据，由规约进行解释，直至接收完成。

发送数据过程：每次 SYNC 中断后，将 1 bit 数据发送到 TxD 脚即可。

初始化为向 PL2000 芯片设置 22 bit，定义如表 7-10 所示。

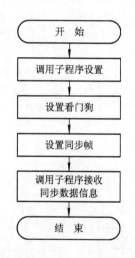

图 7-30 串行通信程序流程图

表 7-10 PL2000 初始化比特设置

bit 1	bit 2	bit 3～bit 12	bit 13～bit 22
0	0	0000001010（0X0A）	0001000000（0X40）
伪码 chip 速率为 3.75 kc/s	伪码长度选择为 15 位	同步比较门限	捕获门限

由于 PL2000 芯片采用 FIFO（先进先出）方式，且 bit 1 在前，因而将上述数据排列后，最高位补 2 bit 零，再经 8 B 截取后得设置的 3 B 数据分别为 00H、28H、40H。

2. 程序清单

```
              org      000h              ；开始
              ajmp     main
              org      0003h
              ajmp     A51PL
              org      000bh
              ajmp     time0
main：                                   ；主程序
              acall    init              ；调用子程序
              setb     EX0               ；设置外部中断 IT0
              setb     IT0
              setb     EA
              mov      R2，＃09h          ；设置同步信息
              mov      R3，＃0AFh
              clr      P1.7              ；设置看门狗中断电路
              mov      TMOD，＃01h
              mov      TIL1，＃00h
              mov      THI，＃00h
              setb     TR0
L3：          ajmp     L3                ；主程序结束
              Ret
A51PL：
              push     ACC               ；保持状态字
              push     PSW jnb P3.7，pp   ；判断是接收还是发送
              P1.5                       ；设置为接收状态
L1：          CLR C
              mov      A，R2              ；搜索同步帧 0X09
              RLC      A
              mov      P1.3，C
              mov      R2，A
              CJNE     R2，＃00H，L1
L2：          CLR      C
              mov      A，R3              ；搜索同步帧 0XAF
              RLC      A
              mov      P1.3，C
              mov      R3，A
              CJNE     R3，＃0h，L2
              setb     P1.3
              setb     P1.0              ；置 P1.0 灯亮
              AJMP     tt1
pp：          CLR      P1.5              ；设为发送状态
              setb     P1.2
```

```
         setb    P1.1              ; 置 P1.1 灯亮
tt：     pop     PSW               ; 取出状态字
         pop     ACC
         RETI
time0：                            ; 看门狗电路中断子程序
         push    ACC               ; 保持状态字
         push    PSW
         CLR     TR0               ; 开中断
         setb    P1.7
         mov     R0，#0ffh         ; 设初值并延时
ss：     DJNZ    R0, ss
         CLR     P1.7              ; 复位
         mov     TMOD，#01h         ; 重复设置中断
         mov     TL0，#00h
         mov     TH0，#00h
         setb    TR0               ; 关中断
         pop     PSW               ; 取出状态字
         pop     ACC
         RET
init：
         CLR     P1.5              ; 置 PL2000 为设置态
         mov     a，#0h             ; 将发送数据#0H置于 ACC
         ACALL WR_PL               ; 将数据#0H设置到 PL2000
         mov     A，#28h            ; 将发送数据#28H置于 ACC
         ACALL WR_PL               ; 将数据#28H设置到 PL2000
         mov     A，#40h            ; 将发送数据#40H置于 ACC
         ACALL WR_PL               ; 将数据#40H设置到 PL2000
         setb    P1.5              ; 置芯片接收态
         RET
WR_PL：
         mov     B，#08h            ; 发送字节共 8 bit，暂存于 B
RR：     CLR     P1.6              ; 设置时钟下降沿
         RLC     A                 ; 发送数据的最高位左移到进位位 C
         mov     P1.2, C           ; 进位位 C 移位到发送管脚
         setb    P1.6              ; 设置时钟上升沿
         DJNZ    B，RR             ; 发送 1 bit 后，判断是否发送完毕
         RET
```

第 8 章　扩频系统的方案设计(二)

本章将较为详细地介绍用 AD9852＋PLL 实现高速跳频器和 FH/DS 混合扩频数传系统，其中包括采用 DSP 和 FPGA 模块的方案设计和 CPLD 芯片介绍，最后举例说明线性调频 ASIC 的应用。

8.1　用 AD9852＋PLL 实现高速跳频器

8.1.1　实现跳频器的关键问题

要完成跳频器的设计，必须解决两个关键问题：

① 频率合成器的设计；

② PN 码发生器的设计。

1. 频率合成器

频率合成器是跳频通信系统的重要组成部分，其性能完全决定了系统本身的性能。频率合成器的性能需要一系列指标来表征。跳频频率合成器与普通频率合成器的原理是相同的，其主要技术指标有以下 3 个。

1) 跳频速率

跳频速率是跳频系统的主要性能指标，而跳频系统最重要的部件之一就是跳频频率合成器，其跳频速率和由它产生的频率数是对系统性能起决定性作用的两个量。

在跳频收发信机中，与跳频的速率密切相关的要求是频率转换时间。若频率转换要求是快速的，则要求转换时间短，而相对太长的频率转换时间将会造成信息的损失，严重降低传输质量。

跳频速率 h 的表达式为

$$h = \frac{1}{t_d + t_s}$$

式中，t_d 为驻留时间(s)；t_s 为频率转换时间(s)。

频率合成器从接收跳频指令开始到完成频率的跳变需要一定的切换时间，我们把从一个频率转换到下一个频率的时间叫做频率转换时间，记作 t_s。

跳频收发信机在频率转换期间都处于断开状态。发射机发射信息，接收机接收信息这段时间叫做"驻留时间"，记作 t_d。

跳频通信系统只有在驻留时间才能有效地传送信息。为了能更有效地传送信息，要求频率切换占用的时间越短越好。通常，换频时间约为跳频周期的 $\frac{1}{10} \sim \frac{1}{8}$。提高跳频速率的关键是减少频率的转换时间。

GJB 2928—97 规定，跳频速率范围为：低速时小于 100 hop/s（跳/秒），中速时为 100～1000 hop/s，高速时大于 1000 hop/s。本设计要求跳速为高速，即跳频周期小于 0.1 ms，所以换频时间 $t_s < 10$ ns。

2）频率范围

频率范围是指频率合成器输出 $f_{min} \sim f_{max}$ 之间的变化范围，也可定义为频率覆盖系数 $k = f_{o\,max} / f_{o\,min}$。当频率覆盖系数 $k > 2 \sim 3$ 时，整个频段可以划分为几个分频段（每个分频段采用独立的环路滤波器与压控振荡器），频率覆盖系数表示为 $k_1, k_2, k_3, \cdots$。在频率合成器中，分频段的覆盖系数一般取决于 VCO 的频率覆盖系数，本设计要求的频率范围为 30～80 MHz，频率覆盖系数 $k = 2.67$。

3）频率分辨率

频率合成器的频率分辨率即指输出信号的频率间隔。在短波通信中，常采用的最小频率间隔为 100 Hz；在超短波通信中，以 60 kHz 和 25 kHz 最为常见。本设计设定频率间隔为 25 kHz。

2. PN 码发生器

跳频图案是由伪码控制跳频频率合成器来实现的。跳频图案采用最长线性移位寄存器序列 m 序列，此序列是伪随机序列中最重要的一种序列。这种序列易于产生，并具有优良的自相关特性，在直扩系统中用于扩展要传递的信号，在跳频系统中用来控制跳频系统的频率合成器，组成随机跳频图案。

本设计中伪随机序列选择的 m 序列长为 2047。为了提高跳频速度，m 序列的产生不是按照通常的硬件实现的方法，在单片机中根据 m 序列的生成多项式实时地计算出 m 序列值，而是事先计算好整个 m 序列并且在 EPROM 中存储好，而后根据从键盘中输入的序列选择数据，选择 8 种不同序列中的一种，并且取出对应的数据按式计算出 DDS 的频率控制字，送到 DDS 芯片中。

8.1.2 芯片选择和芯片工作原理

1. 芯片选择

目前用得最多的 DDS 芯片是 AD 公司的 AD985X 系列，该系列从 AD9850 到 AD9858，型号一应俱全，性能和功能有所不同。AD9850～AD9854 为纯 DDS 芯片，结构基本相同，性能略有差异。这些芯片已推出好几年了，所以价格适中，应用较广。表 8-1 对这些芯片作了简单比较。

表 8 - 1 AD985X 芯片比较

名称	主频	分辨率/bit	调频字/bit	额定电压/V	额定电流(最大)	输出电流/mA	波动范围/V	I/O接口
AD9850	125 MHz	10	32	Single(+3.3) Single(+5)	96 mA	20	1.5	Parallel Serial
AD9851	180 MHz	10	32	Single(+3) Single(+3.3) Single(+3.6) Single(+5)	130 mA	20	1.5	Parallel Serial
AD9852	300 MHz	12	48	Single(+3.3)	922 mA	20	1	Parallel Serial
AD9854	300 MHz	12	48	Single(+3.3)	1210 mA	10	1	Parallel Serial
AD9858	1000 MHz	10	32	Multi(+3.3, +5)	n/a	40	3.8	Parallel Serial

AD9851 是在 AD9850 的基础上,做了一些改进以后生成的具有新功能的 DDS 芯片。AD9851 相对于 AD9850 的内部结构,多了一个 6 倍参考时钟倍频器,当系统时钟为180 MHz 时,在参考时钟输入端,只需输入 30 MHz 的参考时钟即可,这就降低了外部参考时钟频率,减小了高频辐射,提高了系统的电磁兼容能力。

AD9852 可接收 48 位调频字,使得它在 300 MHz 系统时钟下输出的频率分辨率更低,可达 1 μHz。片内有 4~20 倍可编程时钟倍频器,使得外部只提供一低频参考时钟,输出频率可达 120 MHz,频率转化时间小于 1 μs。

AD9854 相对于 AD9852 来说,只是将 AD9852 内置 12 位的 D/A 转换器改成了内置12 位两路正交 D/A 转换器,但是价格却高出很多。

AD9858 内置 10 位的 D/A 转换器,以及 150 MHz 相频监测器、充电泵和 2 GHz 的混频器。

2. 芯片的工作原理

1) AD9852

AD9852 是 AD 公司采用先进的 DDS 技术生产的具有高集成度的 DDS 电路器件,其内部结构如图 8-1 所示。

AD9852 内部包含高速、高性能 D/A 转换器及高速比较器,以形成可编程、可灵活使用的频率合成功能。外接精密时钟源时,AD9852 可以输出一个频谱纯净、频率和相位都可以编程控制且稳定性良好的模拟正弦波，该信号可直接作为基准信号源广泛地应用于通信、雷达及其他电子应用中。AD9852 输出的正弦波也可通过其内部比较器方便地转换成方波输出。

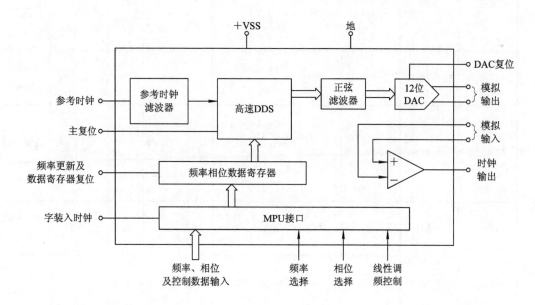

图 8-1 AD9852 内部结构

AD9852 有以下主要特性：

（1）内含 300 MHz 内部时钟；

（2）集成 12 位 D/A 转换器；

（3）内含 4~20 倍可编程参考时钟倍频器，可方便地在内部产生高频时钟信号，免除了对外部高频振荡器的需要，减小了由于外频过高而产生的相位噪声；

（4）频率分辨率高，内有双向 48 位可编程频率寄存器，在 300 MHz 系统时钟下输出频率的精度可达 0.07 Hz；

（5）相位可调，内含双向 14 位可编程相位偏移寄存器；

（6）具有 12 位振幅调谐和可编程的 Shaped On/Off Keying 功能；

（7）具有单引脚 FSK 和 PSK 数据接口；

（8）FM 线性调频模式中 HOLD 引脚具有线性或非线性跳频功能；

（9）自动进行双向频率扫描；

（10）可进行 $\frac{\sin x}{x}$ 校正；

（11）控制接口简单，可选择串行或并行方式；

（12）3.3 V 单电源供电；

（13）低功耗，最大功耗小于 500 mW；

（14）参考时钟可采用单端或差分输入。

AD9852 有五种可编程工作模式，可通过可编程控制寄存器中的两位工作模式设置位进行选择，设置方式如表 8-2 所列。

表 8 - 2　　AD9852 工作方式

工作模式	Mode0	Mode1	Mode2
Single -Tone	0	0	0
FSK	0	0	1
RAM PED FSK	0	1	0
Chirp	0	1	1
BPSK	1	0	0

各个工作模式下可实现的功能不尽相同,但所有的工作模式都具有对输出信号的频率和相位进行调节和控制的功能。

下面以 Single -Tone 工作模式为例作一简单介绍。

该模式为 AD9852 上电复位后的缺省模式,也可通过设置控制寄存器(1FH)的工作模式位(Mode000)来实现。相位累加器的溢出频率,即 DDS 的输出频率的大小取决于频率调节字寄存器 1 中的 48 位控制值的大小,其缺省值为 0。AD9852 复位后,输出频率为 0 Hz 且相位和幅度也为 0 的信号。通过对相关寄存器进行编程设置,即可输出用户所定义的信号。

首先确定输出信号的频率,依据频率控制字的计算公式计算出频率控制值,若该值不为整数,在写入频率控制字寄存器之前,必须将其处理为整数。

DDS 输出信号频率的改变并不影响相位的连续性,因为下一个频率的第一个相位是以前一个频率的最后一个相位作为参考点来计算的。

在 Single -Tone 模式下,用户可改变输出信号的下列参量:

(1) 输出频率的 48 位分辨率;

(2) 输出振幅的 12 位分辨率;

(3) 相位输出的 14 位分辨率。

上述特性均可通过对相关可编程寄存器进行设置加以控制。

AD9852 有并行编程模式和串行编程模式,可通过 AD9852 的串/并行选择(S/P SELECT)引脚进行选择。当该引脚设为高电平时,AD9852 处于并行编程模式,此状态下接口为 6 位地址位和 8 位双向数据口;反之为串行编程模式,SDIO 引脚用作双向串行数据输入输出口。

2) MC145152

MC145152 是 Motorola 公司生产的大规模集成电路,它是一块采用半行码输入方式置定、由 14 根并行输入数据编程的双模 CMOS-LSI 锁相环频率合成器,其内部组成框图如图 8 - 2 所示。

该芯片具有如下特点:

MC145152 为 N、A 计数器提供了 16 条并行输入线,还为 R 计数器提供了 3 条输入线。输入电压范围为 3～9 V,可选用片内或片外参考振荡源,参考时钟分频比可选 8 种。

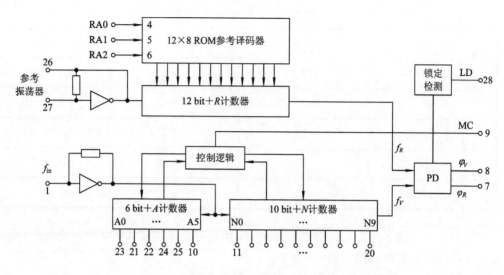

图 8-2 MC145152 内部结构

N 计数器的范围为 $3 \sim 1023$，A 计数器的范围为 $0 \sim 63$。该芯片的主要管脚分布及说明如下：

1：f_{in}，频率输入端。典型地，f_{in} 从预置双模分频器得到，经 AC 耦合输入到 MC145152 中。当幅度很大时（如标准 COMS 逻辑电平），也可使用 DC 耦合。

4、5、6：RA0、RA1、RA2 这三个输入端决定参考时钟的 8 种分频比，具体对应关系如表 8-3 所示。

表 8-3 参考分频比与预置码关系

RA0	RA1	RA2	总分频比
0	0	0	8
0	0	1	64
0	1	0	128
0	1	1	256
1	0	0	512
1	0	1	1024
1	1	0	2048
1	1	1	4096

7、8：φ_R、φ_V 鉴相器输出端。鉴相器（PD）的输出可由环路误差信号组合输出，该鉴相器是具有鉴频功能的数字式鉴相器。参考频率源的频率经参考分频器分频后送入 PD，作为鉴相器的参考频率 f_R；压控振荡器 VCO 的输出频率 f_o 经吞脉冲程序分频器分频后的 f_V 也送到 PD，作为鉴相频率。f_R 和 f_V 在 PD 中进行鉴频鉴相，如果 $f_V > f_R$ 或 f_V 的相位超前于 f_R 相位，φ_V 输出一负脉冲，脉冲宽度与超前相位成正比，而 φ_R 基本保持高电平；如果 $f_V < f_R$ 或 f_V 的相位滞后于 f_R 相位，φ_R 输出一负脉冲，脉冲宽度与滞后相位成正

比，而 φ_V 基本保持高电平；若 $f_V = f_R$，φ_V 和 φ_R 相位相同，两者都保持高电平，且各自输出非常窄的同相负脉冲。

9：MC 双模预分频控制输出，这是芯片内部控制逻辑电路产生的信号，用来控制外部双模预分频器。一个计数周期刚开始时模式控制电平为低电平，此后一直保持为低电平，直到"÷A 计数器"已经达到其编程值时变为高电平。高电平一直保持到"÷N 计数器"的值达到其预设值。随后模式控制电平被设置为低电平，计数器被预设为它们具体的编程值，再次重复以上过程。这样，总的可编程分频比为 $M = N \times P + A$，P 和 $P+1$ 分别代表模式电平分别为高和低电平时的双模分频比，A 是"÷A 计数器"的分频比，它在这里起吞食计数器的作用，N 是"÷N 计数器"的分频比，它在这里起主程序分频器的作用。

10、21～25：A0～A5，计数器 A 的编程输入值。

11～20：N0～N9，计数器 N 的编程输入值。

28：LD(Lock Detector Output)，锁定检测信号，当环路锁定(f_R、f_V 相位和频率都相同)时为高电平，当失锁时为低电平。

8.1.3　PN 码发生器的设计

在本设计中，跳频器由 DDS+PLL(即 AD9852+MC145152)构成，但 AD9852 芯片中并未集成 PN 序列发生器和码变形器电路，有必要另行设 PN 序列发生器和码变形器来产生 DDS 需要的频率控制字。

1. PN 码的产生

这里的 PN 码发生器采用 MATLAB 软件仿真产生伪随机序列，再以数据文件形式将其存放在 EPROM 中，并在地址发生器的作用下输出伪码序列，再送入码变形器变成频率控制字后送入 DDS 中。该方案有以下三个特点：

① PN 码的产生及固化迅速而准确；

② 电路结构简单，几乎不需要调试；

③ 使用方便，可根据实际需要同时输出多组 PN 码序列，还可以从若干 PN 码序列中选取一组输出。

由于本设计要实现至少 1000 hop/s 的跳速，故现对 $r=11$ 的 PN 码发生器加以说明。

图 8-3 是一个 Simulink 用模块组成的 m 序列发生器，对应的本原多项式为

$$F(x) = 1 + x^2 + x^{11}$$

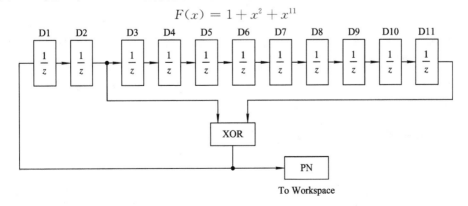

图 8-3　Simulink 用模块组成的 m 序列发生器

PN 码的初始状态需要进行设置，即将移位寄存器设置为相应的初始状态(1 或 0)。若输出到 MATLAB 工作空间的 PN 码是完整的一周期序列，且将移位寄存器的抽样时间定为 1 单位时间，那么仿真时间就应设为 $N-1$ 个单位时间(N 为码长)。依上例则应设为 2046 个单位时间进行仿真。图中"To Workspace"模块的作用是将仿真后的 PN 序列以向量的形式输出到 MATLAB 的工作空间。

$$PN=(10101010101110\cdots)_{2047}$$

只要将该 PN 序列存储到 EPROM 中连续 $2^r-1(r=11)$ 个单元的同一位，即可在计数器(地址产生器)的作用下从该位输出这个 PN 序列。那么一片 EPROM 就可以同时输出 8 个 PN 码，用 n 片 EPROM 就可以同时输出 $n\times8$ 个 PN 码。在实际中可选择其一用来对信息数字序列进行扩频，即利用软件将 PN 码序列组下载到一片 EPROM 中。

2. 实际电路

在实际中由 HC4040(12 bit)计数器和 CD6740(EPROM)组成了一个 PN 码发生器。发生器电路图如图 8-4 所示。

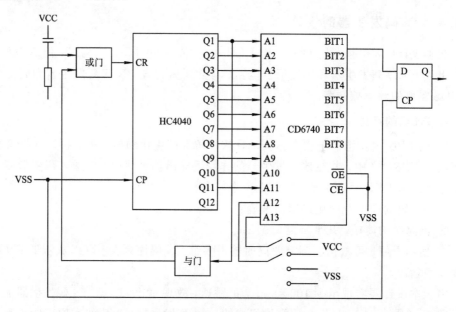

图 8-4 PN 码发生器电路图

HC4040 在 5 V 电压下最高输入时钟为 3.5 MHz，在 15 V 电压下可达到 12 MHz，满足一般情况下的 PN 码速率要求。由于 PN 码码长定为 2047，因此当 Q1～Q11 均为高电平时可将计数器清 0。图中 D 触发器的作用是对输出数据起整形作用，以去掉数据流中的毛刺。通过让 EPROM 的高位地址线 A12、A13 分别接高、低电平，能够使该电路产生 32 组不同的 PN 码序列。

8.1.4 高速跳变频率合成器的设计方案

本设计选定以 AD9852＋MC145152 的实现方案。然而要达到快速跳频用频率合成器的要求，还必须具备硬件电路的合理设计和软件的协调控制。从设计要求出发，以下主要介绍硬件电路、控制方式和软件流程。

1. 主要设计指标

频率范围：30~80 MHz；

最低跳频次数：1000 hop/s；

最小频率间隔：25 kHz。

2. 实现方案及基本参数

如图 8-5 所示，设计一个以 DDS 作为参考频率源的 PLL 跳频频率合成器，其中跳频功能由单片机接口直接控制 DDS 的频率字来实现。图中：

DDS 时钟频率：$f_c = 300$ MHz；

DDS 的输出频率：$f_{DDS} = 11.52 \sim 30.72$ MHz；

PLL 鉴相频率：$f_r = 0.1 \sim 0.24$ MHz；

输出频率：$f_o = 30 \sim 80$ MHz。

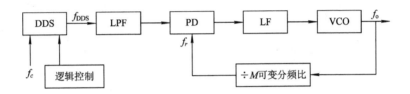

图 8-5　实现跳频合成器的模拟方案

3. 主要芯片的选择

(1) DDS 电路：选用 AD9852(该芯片具有 48 bit 相位累加器，内含 4~20 倍参考时钟倍频器，在 300 MHz 时钟信号驱动下相位可调)。

(2) 鉴相器：选用 MC145152(该芯片内置分频器，可外接晶振，也可直接输入参考频率)。

(3) VCO：选用 E1648(该芯片可对谐振回路产生的频率进行线性放大)。

(4) LF：选用 AD8041，用以充当有源积分滤波器(AD8041 在开环增益为 2 时最高工作频率达 30 MHz，响应时间快)。

(5) 接口电路：选用 AT89C51。

4. 硬件电路设计

硬件电路的设计由四部分组成：DDS 的电路设计、低通滤波器的设计、MCU 控制电路的设计和接口电路的设计、锁相环倍频电路的设计。

1) DDS 的电路设计

本设计对整个频率合成器的要求为 30~80 MHz 的带宽，所以对 DDS 的要求设定为 11.52~30.72 MHz 的可变频率输出。同时采用并行送数据模式。最高时钟频率选择为 300 MHz，这样在 11.52~30.72 MHz 的低频段输出时，由于 DDS 相位舍位带来的频率杂散分量对输出频谱纯度的影响很小，再通过后面的低通滤波器送入 PLL 环路，因此频谱很纯净，基本上能保证杂散分量影响不到后面环路的输出。本设计同时要求频率间隔为 25 kHz，同时 PLL 分频比固定不变，所以设定 DDS 的频率步进速率为 9.7 kHz(PLL 参考分频比为 128，吞脉冲分频比为 330，DDS 以 9.7 kHz 的速率步进，经过 PLL 环路后的步进速率就变为 25 kHz）。选用单片机 AT89C51 给 DDS 送数，整个电路用 AT89C51 的 P3 端口并行送入 40 位频率/相位控制字给 AD9852。在 AD9852 的 IOUT1 口送出 11.52～30.72 MHz 的频率，如图 8-6 所示。

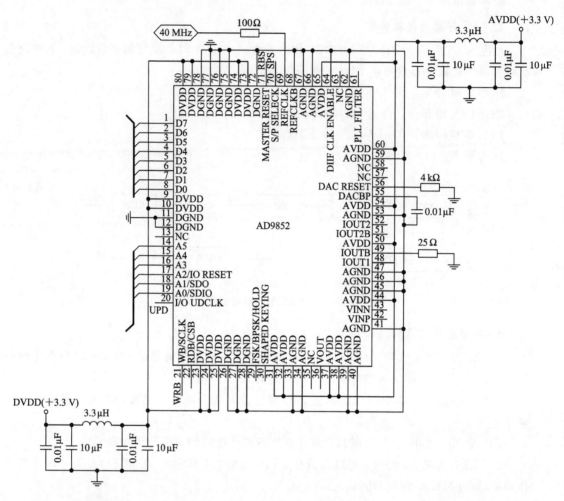

图 8-6　AD9852 电路图

2) 低通滤波器(LPF)的设计

为了使输出的频率不受高频谐波的干扰，选用了两级的 Ⅱ 形 LC 低通滤波器(LPF)。其动态范围宽，为 0～83 MHz；增益高，为 83 MHz 时仅衰减 1.4 dB；输入、输出阻抗为 50 Ω。其电路图如图 8-7 所示。

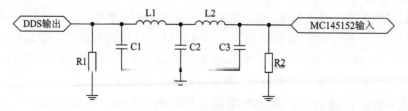

图 8-7　低通滤波器电路图

3）MCU 控制电路的设计和接口电路的设计

为了能让跳频参考信号发生器正常工作，必须对其提供所需的控制信号。这里选用 AT89C51 单片机来实现控制功能。电路图如图 8-8 所示。

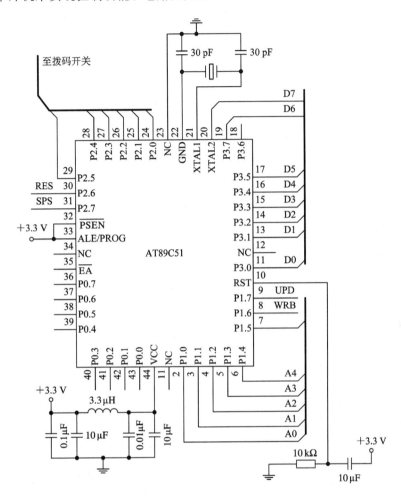

图 8-8　AT89C51 电路图

4）锁相环倍频电路的设计

如图 8-9 所示，给出了整个锁相环倍频电路的方框图，下面将逐个对电路模块进行介绍。

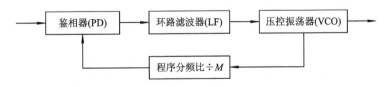

图 8-9　锁相环倍频电路的原理图

（1）鉴相器的电路设计。本设计中的鉴相器是利用 MC145152 来实现的。它是美国 MOTOROLA 公司生产的一个大规模并行输入的集成电路，内部的"÷R"为参考分频器，

R 大小可预置。MC145152 自带"÷A 计数器"、"÷N 计数器",故在设计之前必须对该芯片进行初始设置。

① MC145152 的初始设置。同样选择 AT89C51 给 MC145152 送数,这里选择 AT89C51 的 P0.2 作为数据输入,P0.1 作为时钟输入,P0.0 作为使能控制信号。按照参考分频比为 128、"÷A 计数器"为 10、"÷N 计数器"为 32 来设置 MC145152 的初始状态。

参考分频比预置码分别接在 RA0、RA1、RA2 端,故"÷R 计数器"设置如表 8 - 4 所示。

表 8 - 4   "÷R 计数器"设置

端口	RA2	RA1	RA0
预置码	0	1	0

由 MC145152 的参考分频比与预置码关系可知,RA2RA1RA0＝010 时,参考分频比为 128,那么从 AD9852 送到 MC145152 内部鉴频/鉴相器的参考频率就转化为 0.1～0.24 MHz。

"÷A 计数器"设置如表 8 - 5 所示。

表 8 - 5   "÷A 计数器"设置

端口	A5	A4	A3	A2	A1	A0
预置码	0	0	1	0	1	0

"÷N 计数器"设置如表 8 - 6 所示。

表 8 - 6   "÷N 计数器"设置

端口	N9	N8	N7	N6	N5	N4	N3	N2	N1	N0
预置码	0	0	0	0	1	0	0	0	0	0

A5A4A3A2A1A0＝001010,保证"÷A 计数器"值为 10,N9N8…N0＝0000100000,保证"÷N 计数器"值为 32。"÷A 计数器"、"÷N 计数器"、计数器电路与高速前置分频器 MC12012 一起,构成了吞脉冲分频比,其分频比为

$$M = P \times N + A = 10 \times 32 + 10 = 330$$

式中,P 为 MC12012 的工作模式。

② MC145152 的电路形式。图 8 - 10 中,OSC_{in} 为从 AD9852 接收的可变频率,R 和 V 作为误差控制信号送入后面的有源比例积分滤波器,VCO 是指从压控振荡器送入的振荡频率。MC 为 0 电平时,前置分频器 MC12012 按"÷$P+1$"模式工作,为 1 电平时按"÷P"模式工作。前置分频器输出信号交流耦合进 MC145152 的 1 脚,再同时送入"÷A 计数器"和"÷N 计数器"。LD 是失败指示信号端,环路锁定时为高电平,图中的发光二极管 LED 不亮,环路失锁时 LD 端为不稳定的负脉冲信号,LED 亮。PD 输出的两路信号 φ_V 和 φ_R,经环路滤波后得到一直流控制电压 U_c,作用到 VCO 的变容二极管上,用以控制 VCO 的振荡频率 f_c。环路锁定时的输出频率为

$$f_c = M f_R$$

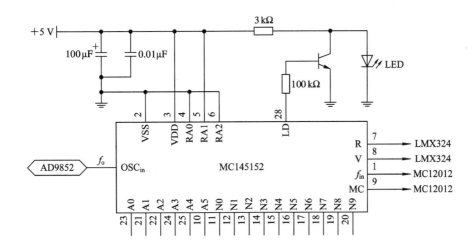

图 8 - 10　MC145152 电路图

（2）压控振荡器的设计。本频率合成器中的 VCO 是由中规模单片集成压控振荡器 E1648 构成的，电路连接如图 8 - 11 所示。变容二极管选用 2 只特性一致的 FV1043 背对背连接，作为回路的可控电容。变容二极管的这种连接方式，可以改善互调特性，改善控制特性曲线，提高回路的有载 Q 值，降低 VCO 的开环相位噪声。

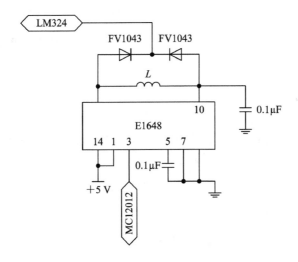

图 8 - 11　E1648 电路图

E1648 采用＋5 V 电源时，变容二极管的正极有＋1.6 V 的电压，为防止正偏，加于变容二极管上的控制电压应大于 1.6 V。压控振荡器 VCO 中的 E1648 接＋5 V 电源，选控制电压为 2～4 V，这时测得每只变容二极管 FV1043 的电容变化范围为 50～70 pF，计算回路电感：

$$L = \frac{1}{(2\pi f_{min})^2 \frac{1}{2} C_{Dmax}} = 0.71 \ \mu H$$

（3）环路滤波器的设计。环路滤波器采用有源比例积分滤波器，放大器用集成运放

LM324，电路连接见图 8 - 12。图中，7 和 8 脚分别为 MC145152 的 φ_R 和 φ_V。设计的基本要求为环路带宽为 30～80 MHz，锁定时间小于 10 ns，频率间隔为 25 kHz。

在图 8 - 12 所示电路中，R_1、R_2、C 的取值直接影响到整个环路的带宽、捕捉时间等。现在将综合考虑环路的各种性能指标来合理地选取 R_1、R_2、C。

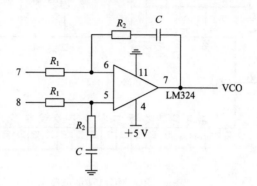

图 8 - 12　环路滤波器电路图

对于锁相环而言，其阻尼系数 ξ 和自然角频率 ω_n 对环路性能都有很大影响。ξ 较大时，环路低通特性较差，对于滤除 f_r 不利；当 ξ 较小时，环路的瞬态特性有较大过冲，捕捉时间太长。兼顾这两方面，通常取 $\xi=1$ 为最佳。本设计中，选取 $\xi=1$。ω_n 对环路捕捉时间也有较大影响（最大快捕捉时间 $T_{Lmax}\approx\dfrac{4}{\xi\omega_n}$），为增加对 f_r 的滤除能力，应使 $\omega_n\ll2\pi f_r$；为了减少捕捉时间应该增大 ω_n，一般选取 $\omega_n=2\pi f_r/10$；又因在电路中鉴相频率可变，范围是 0.1～0.24 MHz，选取 $\omega_n=2\pi\times0.1\times10^6/10=2\pi\times10^4$ rad/s。资料表明，VCO 的压控灵敏度为

$$K_{VCO}=\frac{2\pi\times\Delta f_o}{\Delta U_c}=\frac{2\pi(80-30)\times10^6}{4-2}=50\pi\times10^6\ \text{rad/(V·s)} \tag{8-1}$$

本环路中的 PD 是具有双输出的数字式鉴相器，其输出又经过 LMX339 运算放大器，运放的电源电压 VDD 选为 5 V，所以鉴相灵敏度为

$$K_d=\frac{\text{VDD}}{2\pi}=\frac{5}{2\pi}\ \text{V/rad} \tag{8-2}$$

环路采用了有源比例积分滤波器，由于运算放大器有足够大的增益，因而滤波器可以视为理想积分滤波器，所以，滤波器的参数为

$$R_1=\frac{K_{VCO}K_d}{M\omega_n^2C} \tag{8-3}$$

$$R_2=\frac{2\xi}{\omega_nC} \tag{8-4}$$

式(8 - 3)中，M 为整个环路的分频比，即 $M=65\times5+5=330$，选取 $C=0.47\ \mu F$，根据式(8 - 3)和(8 - 4)可以得到：

$$R_1=\frac{K_{VCO}K_d}{M\omega_n^2C}=\frac{50\pi\times10^6\times\dfrac{5}{2\pi}}{330\times(2\pi\times10^4)^2\times0.47\times10^{-6}}=967\ \Omega \tag{8-5}$$

$$R_2=\frac{2\xi}{\omega_nC}=\frac{2}{2\pi\times10^4\times0.47\times10^{-6}}=67.7\ \Omega \tag{8-6}$$

根据电路的标称值,我们选择 $R_1 = 1\ \mathrm{k\Omega}$, $R_2 = 100\ \Omega$。

(4) 前置分频器电路的设计。本设计中的分频器采用 MC12012,其电路图如图 8-13 所示。分频器 MC12012 是 ECL 型双模前置分频器,工作频率可达 250 MHz。该双模前置分频器有"÷5/6"、"÷10/11"、"÷11/12"等工作模式,本频率合成器电路图中连接的是 "÷10/11"工作模式,即 $P = 10$。

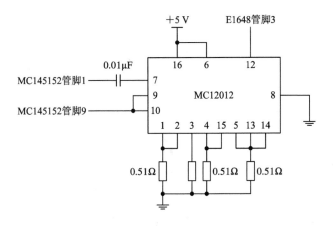

图 8-13　MC12012 电路图

5. 验证跳频速率

由前几章分析可知,改变频率后,频率稳定的时间,即输出频率 f_o 的建立时间 $T = T_{\mathrm{DDS}} + T_{\mathrm{PLL}}$。DDS 的系统时钟为 50 MHz×6,即 AD9852 中的参考输入时钟为 50 MHz, 采用 6 倍频,则 $T_{\mathrm{DDS}} = \dfrac{1}{50\ \mathrm{MHz} \times 6} = 0.003\ \mu\mathrm{s}$。资料表明,$T_{\mathrm{PLL}}$ 用最大快捕捉时间 T_{Lmax} 作估算:

$$T_{\mathrm{Lmax}} \approx \frac{4}{\xi \omega_n}$$

本设计中,$\omega_n = \dfrac{2\pi f_r}{10} = 2\pi \times 0.1 \times \dfrac{10^6}{10} = 2\pi \times 10^4\ \mathrm{rad/s}$, $\xi = 1$,所以,由上式可得: $T_{\mathrm{PLL}} \approx 64\ \mu\mathrm{s}$,即频率建立时间 $T \approx 64\ \mu\mathrm{s}$;又因为频率建立时间约为跳频周期的 1/10,因而跳频周期约为 640 $\mu\mathrm{s}$。

所以,跳频速率为 $\dfrac{1}{640\ \mu\mathrm{s}} = 1560\ \mathrm{hop/s}$。

显然,满足本设计的要求。

6. 软件流程

AD9852 传送数据的流程图如图 8-14 所示。图中,在接收数据之前,先必须对 AD9852 进行初始化设置,保证其以并行方式工作。开始接收数据时,先判断 AD9852 是否接收到 8 位数据,若是,则进行移位处理,等待下一组数据,否则,继续等待其初始化过程,直到 40 个控制字接收完毕。接着就进入发射状态,先设置 I/O 状态及 I/O UD CLK、 SHAPED KEYING 等控制状态,I/O UD CLK 由 1 变为 0 时,发送 8 位控制字,然后继续通过改变 I/O UD CLK 的值来发送控制字,直至数据全部发送完毕。

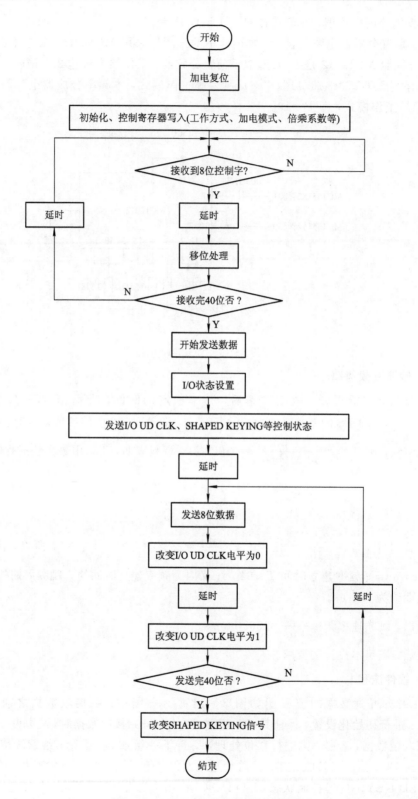

图 8-14 AD9852 传送数据的流程图

8.2　FH/DS 混合扩频数传系统的设计

8.2.1　发射/接收模块原理性设计

混合扩频通信近些年来受到了越来越广泛的注意,这是由于直接序列和跳频的混合扩频通信系统(FH/DS)将直接序列和跳频两种扩频通信系统的优点结合在一起,同时又消除了它们的缺点。由于 JTIDS 系统为美军的现役装备,具体的设计方案并不公开,可供直接采用的 ASIC 并未发现,因此只能采用 DSP+FPGA+无线收发 ASIC 来设计 FH/DS 数据收发信机的实现方案。

8.2.2　采用 DSP 和 FPGA 模块的方案设计(一)

FH/DS 混合扩频方式在解决扩频通信中的多址干扰和远近效应问题上具有优越的性能。下面对 FH/DS 混合扩频通信系统的主体部分进行硬件设计。

1. 设计参数

本设计的目标是一种用于数据通信的收发信机。在本设计中,调制方案采用的是 MSK,信道编码采用的是 Reed-Solomon 码加交织,扩频同步采用的是滑动相关法,而跳频同步采用同步字头法。系统的信息数据传输速率为 32 kb/s,采用 R-S(31,15)码作为前向纠错码。跳频速率选用 2560 hop/s,直扩伪码速率选用 62.5 kc/s。综合考虑抗跟踪干扰的性能、技术的先进性、实现的难度及电磁干扰的大小,同步方案采用同步字头法,原因是同步字头法建立时间快,能够提高数据的吞吐量。信道间隔采用 62.5 kHz,总共的跳变频率数为 256 个,所以系统总的带宽为 16 MHz。综合考虑DDS的时钟频率及中频滤波器的实现,中频带宽选用 10~26 MHz,射频频段初步选为230~246 MHz,属于超短波数据传输频段。表 8-7 是设计参数。

表 8-7　设 计 参 数

信息速率/(kb/s)	32	信道间隔/kHz	62.5
信道编码	R-S(31,15)	频点数/个	256
调制方案	MSK	系统带宽/MHz	16
直扩同步	滑动相关法	跳频同步	同步字头法
跳频速率/(hop/s)	2560	直扩伪码速率/kHz	62.5
中频频率/MHz	10~26	射频频率/MHz	230~246

2. 收发信机的方案设计

混合扩频数据通信系统的发射机和接收机的原理框图分别如图 8-15(a)和(b)所示。

首先分析数据发送的过程:在混合扩频数据通信系统中,数据是分包传送的,以提高数据的可靠性,并可构成分组数据网。在发射机中,每1500个信息字节经编码后构成3100 B的数据包,经过交织后进入发射机的调制部分。

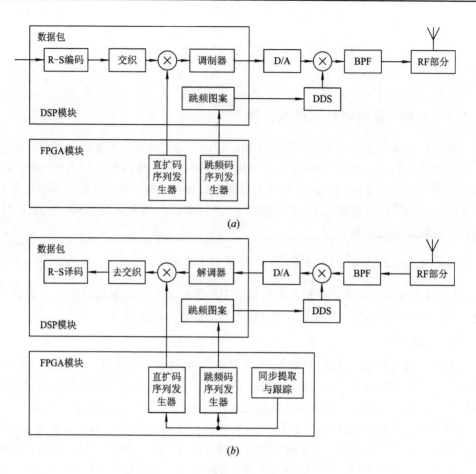

图 8-15　混合扩频数据通信系统的发射机和接收机的原理框图

(a) 发射机；(b) 接收机

数据首先和扩频码序列发生器所产生的伪随机码模 2 加，然后经过 MSK 调制产生基带的 MSK 扩频调制波形。数据的分包和 CRC 校验由微处理器完成，R-S 编码和交织以及 MSK 调制均由数字信号处理芯片 DSP 完成。DSP 输出的样点值经过 D/A 变换后产生模拟的 MSK 基带调制波形。

跳频的核心部件是直接数字频率合成器 DDS。跳频码序列采用 M 序列＋混沌序列的方式，具体的实现在 FPGA 中完成。根据跳频码序列查找跳频图案表获得所需的频率值，并且可算得产生该频率 DDS 所需写入的相应的控制字。在 DSP 产生的控制字的控制下，DDS 产生跳变的载波（跳速为 2560 hop/s）与 MSK 基带信号混频后，产生扩展了的中频（频率为 10～26 MHz）。本地锁相环路产生固定的本地 220 MHz 载波，与中频信号混频并经带通滤波后产生 230～240 MHz 的射频信号，经过功放后由天线发送出去。

在接收端，天线端接收到的信号经过带通滤波和低噪声放大器 LNA 放大后，送到混频器中，与本地锁相环路产生的固定的本地 220 MHz 载波混频，取下边带，得到 10～26 MHz 的中频信号。该中频信号与 DDS 产生的跳变的载波频率相混频，当接收机与发射机实现完全跳频同步，即接收机中的 DDS 产生的跳变载波与发射机产生的跳变载波完全相同时，混频器的输出经过低通滤波器后就可得到解跳后的基带扩频信号。此信号经过 A/D 变换器转换为数字信号，由 DSP 进行处理。DSP 完成 MSK 解调、解扩、解交织和 RS 译码等任务。同步的捕获和跟踪是由 FPGA 完成的，FPGA 通过控制和调整扩频码与跳频码序列而产生时钟和相位，从而完成同步的捕获和跟踪任务。

3. 总体设计

图 8－16 所示为收发信机的硬件设计方案。整个硬件系统分为基带子系统、中频子系统和射频子系统。

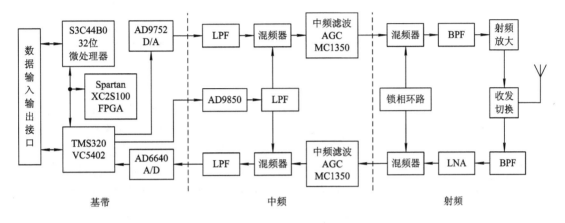

图 8－16　总体设计原理图

基带子系统由微处理器系统(包括数据输入输出接口部分)和数字信号处理器系统(包括 A/D 转换电路、D/A 转换电路及波形成形滤波器)组成。

微处理器选用 Samsung 公司的 32 位单片机 S3C44B0，时钟速率为 66 MHz。S3C44B0 主要控制数据输入输出接口电路，完成与数据终端之间的数据交换。待发送的数据从数据终端设备经数据接口设备输入到 S3C44B0 中。S3C44B0 将数据加上包头，封装成数据包，并对数据包进行 CRC 校验，将校验位加在包尾，然后将该数据包送给数字信号处理子系统进行调制和发送。在接收时，S3C44B0 对数字信号处理子系统解调出来的数据包进行 CRC 校验，以判别数据包中是否有误码。若数据包正确，则将其中的数据帧通过数据输入输出接口电路送给数据终端设备。

数字信号处理器系统包括 TI 公司的 16 位定点数字信号处理芯片 TMS320VC5402、Xilinx 公司的现场可编程门阵列 XC2S100 和所需的数据及程序存储器以及 A/D 转换器(AD6640)和 D/A 转换器(AD9752)。从图 8－16 中的原理框图可以看出，TMS320VC5402 是整个系统的核心处理部分，大部分的信号处理任务均由其完成。TMS320VC5402 的指令执行速度为 100 MIPS(百万指令数每秒)，在每跳的时间间隔内可以完成近 4 万条指令，足够完成所需要处理的任务。在发送时，TMS320VC5402 首先对数据进行 R－S(31,25)编码，然后对数据进行交织。交织后的数据先和 XC2S100 产生的扩频码序列进行扩频调制，然后进行 MSK 调制，产生 MSK 波形的样值点。样值点由 D/A 转换器和成形低通滤波器(LPF)产生 MSK 的基带模拟波形。XC2S100 同时还产生跳频码序列，通过查阅预先存储在存储器中的跳频图案表，获得产生该频率信号所对应的 DDS 控制字，将该控制字写入 DDS 中，并对 DDS 发出频率切换的指令。TMS320VC5402 以 2560 次/s 的频率更新 DDS 的输出频率，这样，在发射机中就产生了 2560 hop/s 的跳变中频载波信号。在接收时，

TMS320VC5402 的处理过程相反。TMS320VC5402 控制 DDS 在一个定频上等待同步字头，同时 XC2S100 的程序处于同步捕获过程中。一旦捕获到同步信号，XC2S100 便启动跳频码序列发生器，控制 DDS 产生与发射机同步跳变的中频载波。一旦跳频同步，则解调出解跳后的基带扩频 MSK 波形。A/D 转换器对基带扩频 MSK 波形采样后，将样点值送给 TMS320VC5402 进行处理。TMS320VC5402 首先对样点值进行 MSK 解调，解调出来的数据根据 XC2S100 产生的同步扩频码序列进行相关解扩，解扩出来的数据经过去交织后由 R - S 译码程序进行译码。译码后的数据交给 S3C44B0 微处理器系统进行处理。在数据解调的过程中，XC2S100 还执行另外一个重要的进程——同步跟踪。通过监视和分析基带信号，同步跟踪算法获得码序列发生器产生时钟的微调值，通过微调使序列发生器的相位始终保持在最佳的同步状态。

中频子系统包括直接数字频率合成器 DDS、混频器、中频滤波器以及中频自动增益控制 AGC 电路。DDS 是跳频的核心部件。在本设计中，DDS 选用 AD 公司的 AD9850，在 120 MHz 时钟信号的驱动下，可以产生分辨率为 0.0291 Hz、频率范围为 0～60 MHz 的信号，其频率切换速率可达 23 兆次/s，完全能满足本设计对频率合成器的要求。混频器完成产生频率跳变中频信号和解跳功能。在处于发送状态时，MSK 基带扩频信号与 DDS 产生的跳变的载波信号在混频器中混频后产生跳变的中频信号，经滤波后送入射频电路发送出去。在接收时，从射频电路接收下来的宽带中频信号首先经过中频滤波器和中频 AGC 电路，以滤除带外噪声和稳定幅度，然后与本地 DDS 产生的跳变的中频载波信号在混频器中混频，经低通滤波器后可获得去跳后的基带扩频 MSK 波形。其中中频 AGC 采用 MOTOROLA 公司的 MC1350 芯片。它是一个带 AGC 的宽带放大器，动态范围可达 50 dB。

射频子系统由频率合成器、混频器、滤波器以及射频功放、低噪声放大器 LNA 等构成。其中频率合成器采用固定频率输出的由锁相环路构成的频率合成器。该频率合成器的原理框图如图 8 - 17 所示。

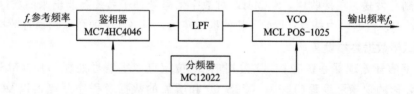

图 8-17　锁相环频率合成器原理图

由锁相环路对参考频率 f_r 锁相，产生 $f_0 = 220$ MHz 的输出频率作为本振频率。待发送的中频宽带信号（10～26 MHz）与本振频率在混频器中混频后，经过带通滤波器取上边带，得到带宽为 16 MHz（230～246 MHz）的射频信号，经过功率放大后进入天线发射出去。从天线接收下来的信号经过滤波后，由低噪声放大器 LNA 放大，然后在混频器中与本振信号混频，经带通滤波后恢复出 10～26 MHz 的中频宽带信号。

8.2.3　采用 DSP 和 FPGA 模块的方案设计（二）

数据收发信机中的主要部分是接收部分，因此本设计中主要侧重接收部分的设计。以下内容即为本设计的具体方案。

1. 电路实现框图

FH/DS 混合系统硬件主要由 DSP 芯片，A/D、D/A 转换器，DDS 芯片和 FPGA 芯片组成，组成框图如 8-18 所示。

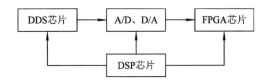

图 8-18 DS/FH 系统硬件原理框图

电路实现框图如图 8-19 所示。

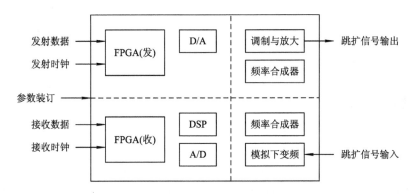

图 8-19 电路实现框图

2. 接收部分电路

图 8-20 是接收部分的设计实现框图。

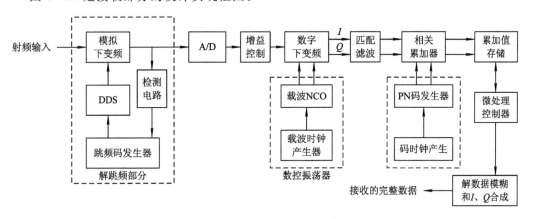

图 8-20 DS/FH 系统接收部分的实现框图

1) 数控振荡器

数控振荡器是接收模块中的核心模块，主要用于向伪码发生器提供精确的时钟信号，从而实现对接收信号的捕获和跟踪。

2) 数字下变频器

数字下变频器的主要作用是在本地利用数控振荡器产生与输入中频信号频率相同的正

弦和余弦信号。利用本振信号和输入信号进行乘法运算，然后对运算结果做低通滤波，即可完成对中频信号的下变频操作。

3）相关累加器

相关累加器主要完成本地码和接收信号的相关累加运算，运算得到的结果送 DSP 以完成捕获和跟踪算法。

4）PN 码移相电路

PN 码移相电路的主要作用是将 PN 码发生器产生的 PN 码进行移位操作，从而得到多个不同相位的 PN 码。

5）本地码发生器

本地码发生器用于产生 PN 码，从而与接收信号进行相关运算。

6）位同步电路

在本方案中，位同步以及数据提取由硬件电路实现。采用硬件电路具有实时性好、易于实现等优点。由于位同步电路采用编码调制方式，因而在接收方也必须采用相同的方式进行数据解调。

3. 主要器件的选取

（1）频率合成器中的 DDS 选用 AD 公司的 AD9852，后跟倍频电路，可满足跳频指标要求。

AD9852 的主要指标为：具有内部锁相环电路，主时钟频率最高为 300 MHz；具备调相、调频和调幅功能；频率跳变转换时间延迟为 10 个时钟周期。

（2）FPGA 选用 Altera 公司最新的 20K 系列产品。利用 FPGA 实现的主要逻辑与运算功能单元有：升余弦滤波器、数字下变频器、数控振荡器、数字相关累加器、伪码发生器、同步器、控制电路和接口电路。

（3）DSP 芯片选用 TI 公司的 TMS320C33 数字信号处理芯片，主要完成的任务有：载波跟踪算法、伪码跟踪算法、跳频混合跟踪算法、基带信息的同步和工作流程的控制。

（4）模/数转换器采用 AD 公司生产的 AD9059 芯片。该芯片的数据采样率为 60 Mb/s。

（5）数/模转换器采用 AD 公司生产的 AD9731 芯片。该器件为 AD 公司的新产品，转换噪声低，转换分辨率高。

（6）调制与下变频器所用的混频器采用 Philips 公司生产的 FMX2005。

8.2.4 采用 CPLD 芯片的方案设计

本设计中 FH/DS 混合扩频系统中扩频器与跳频器等核心部分的设计采用 Altera 公司的 CPLD 芯片 MAX7000 系列器件来实现。

FPCA/CPLD 不仅具有容量大、逻辑功能强的特点，而且兼有高速、高可靠性的特点。复杂可编程器件(CPLD)是在半导体工艺不断完善、用户对器件集成度要求不断提高的形势下发展起来的。Altera 公司推出的典型代表产品 MAX7000 系列属于电可擦除可编程的逻辑器件。

直接扩频模块和跳频模块的功能相同，均是将两个输入数据进行异或运算，从而实现扩频和跳频的功能。图 8-21 和图 8-22 分别是直接扩频模块和跳频模块的示意图。

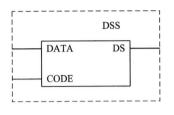

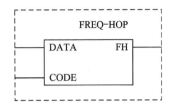

图 8 - 21　直接扩频模块　　　　　　　　　图 8 - 22　跳频模块

8.3　Chirp 扩频技术的应用

1. 用于线性调频的专用芯片 ASIC

目前,基于线性调频技术的电力线扩频通信专用芯片有 Intellon 公司研制开发出的 SSC P200/P300/P485 等,以及媒质接口芯片 SSCP111。它们均得到广泛的应用。下面将对这四种芯片进行介绍。

Intellon 公司在扩频通信行业中处于领先地位,其所有产品都满足美国电子工业协会(EIA)所制定的用户电子总线标准 CEBus(Consumer Electronic Bus)中的 EIA - 600 标准。这些产品主要用于家庭内部网络、水电气费管理、通信、保安系统、自动售货机、交通系统控制和监视以及其他分布式自动控制系统。公司开发的电力线扩频通信专用芯片 SSC P200、SSC P300 和 SSC P485 芯片就是利用前述的线性调频(chirp)扩频方式来对信号进行扩频的。它解决了长期存在于电力线通信中的性能、稳定性和耗费之间的矛盾。由于其所依托的技术,使得其产品在速度、抗干扰性、可靠性及价格等诸多方面具有优势。

1) SSC P200 扩频芯片

SSC P200 扩频芯片的主要特点如下:

(1) 采用双向收发,支持 EIA - 600 标准;

(2) 基于 chirp 的扩频技术;

(3) 支持标准串行通信的 SPI 接口;

(4) 周边元器件最小化;

(5) 采用 20 脚的 SOIC 封装。

SSC P200 节点框图如图 8 - 23 所示。

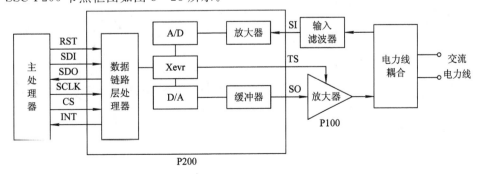

图 8 - 23　SSC P200 节点框图

SSC P200 与主系统的接口是一个由 5 条 I/O 线组成的 SPI(串行外围接口)。I/O 线的定义如下:

SDI:SPI 数据输入;

SDO:SPI 数据输出;

SCLK:从主处理器得到的 SPI 时钟;

CS:片选信号,低电平有效,使 SPI 开始工作;

INT:向主处理器进行中断请求。

模拟数据信号是通过信号输入脚(SI)与信号输出脚(SO)在交流电力线与 SSC P200 之间进行传输的。

在接收模式下,电力线的模拟信号通过外部电力线耦合电路传输到输入滤波器。这个带通滤波器所允许通过的频率为 100~400 kHz。最终,信号传输到 SSC P200 的引脚 SI 进行处理。

在发送模式下,信号由 SSC P200 的 SO 脚输出,先通过一预置滤波器,再经过媒介接口 IC 进行信号放大。

2) SSC P300 扩频芯片

SSC P300 扩频芯片的主要特性如下:

(1) 适用于与 CEbus 兼容的产品;

(2) 提供 EIA - 600 标准中数据链路层服务;

(3) 提供 EIA - 600 标准中物理层的收发器功能;

(4) 提供电力线扩频载波技术;

(5) 提供串行外围接口的主处理器接口;

(6) 提供数据链路、控制和监控三种操作模式;

(7) 采用单电源＋5 V 供电;

(8) 采用 20 针的 SOIC 封装,大小约为 1.3 cm × 1.0 cm;

(9) 可进行即插即用(Home Plug & Play)。

SSC P300 的节点框图如图 8 - 24 所示,图 8 - 25 为 SSC P300 引脚图。

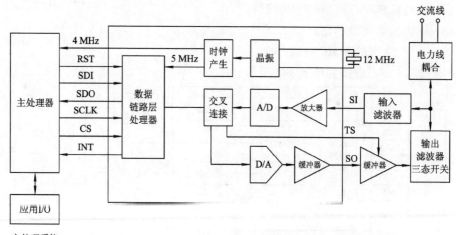

图 8 - 24 SSC P300 节点框图

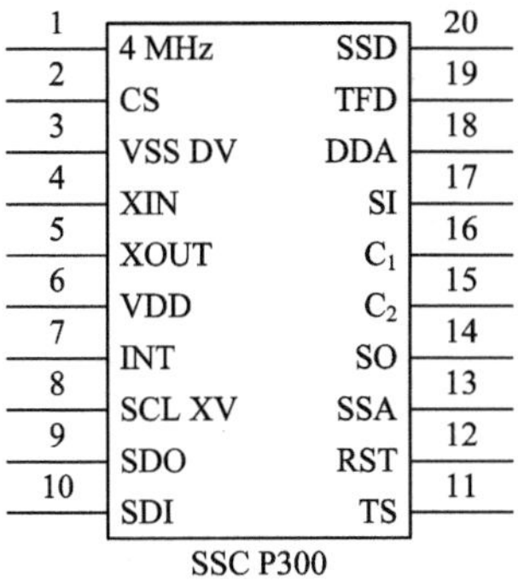

图 8 - 25　SSC P300 引脚图

SSC P300 与主处理器的接口是一个由 5 条 I/O 线组成的串行外围接口(SPI)。主处理器同时提供低电平有效的硬件复位信号(RS)。以上 6 个信号是 INT、CS、SCL、SDI、SDO 和 RST。具体描述如下：

INT：SCC P300 需要主处理器为其服务时，将其置为低电平。通常产生中断的三个条件为分组接收、分组发送和准备下一个 SPI 字节发送。

CS：开始与 SSC P300 通信时，主处理器置片选信号为低电平。在进行读写操作时始终保持此状态。操作结束后，将其置为高电平。

SCL：主处理器产生一个与数据传送同步的时钟信号。当主处理器写数据时，SSC P300 在时钟的上升沿读取数据。当主处理器读数据时，SSC P300 在时钟的下降沿将数据置于 SDO 管脚，而主处理器在时钟的上升沿读取数据。

SDI：主处理器发送的数据通过此线传送到 SSC P300，数据在时钟的上升沿有效。

SDO：SSC P300 在串行时钟的下降沿将产生的数据放在此线上，并且数据在上升沿时有效。

RST：在硬件复位时置为低电平。

模拟信号是通过信号输入脚(SI)和信号输出脚(SO)在 SSC P300 和交流电力线之间传输的。在发送模式下，SSC P300 的"chirp"信号从 SSC P300 的 SO 脚传输到输出放大器，此放大器由 SSC P300 的三态信号(TS)来决定其工作与否。一旦信号被放大，则输出信号通过媒介耦合电路传输到媒介中去。在接收模式下，模拟信号通过外部媒介耦合电路传输到输入滤波器，此带通滤波器可将频率为 100～400 kHz 的信号传输到 SSC P300 的 SI 脚。

3) SSC P485 扩频芯片

SSC P485 扩频芯片的主要特性如下：

(1) 适用于扩频载波通信；

(2) 接口简单；

(3) 低功率运行；

(4) 外围元件少；

(5) 提供物理层收发器；

(6) 采用单电源＋5 V 供电；

(7) 采用 9600 波特率进行数据通信；

（8）采用 20 脚的 SOIC 封装。

SSC P485 节点框图如图 8-26 所示，图 8-27 为 SSC P485 引脚图。

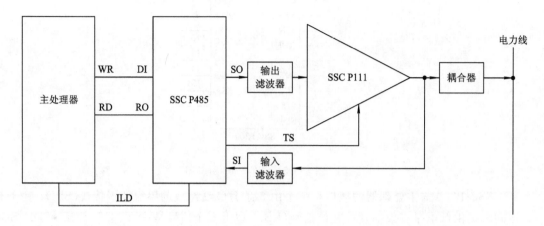

图 8-26　SSC P485 节点框图

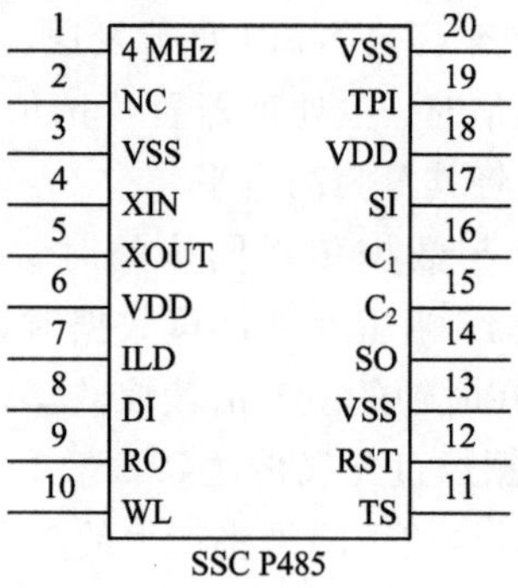

图 8-27　SSC P485 引脚图

SSC P485 通过 6 条信号线和主处理器连接，驱动输入（DI）和接收输出（RO）允许数据比特传送至 SSC P485，或从 SSC P485 传来。线路空闲检测（ILD）为主机提供通信介质的状态。输入到 SSC P485 的字节长度（WL）允许主机选择 10 bit 长度帧（开始位、8 bit 数据、结束位）或 11 bit 长度帧（开始位、9 bit 数据、结束位）来传送信息。如果 WL 脚接 +5 V 或悬空，SSC P485 执行 10 bit 长度帧。SSC P485 的低电平有效复位信号由主机提供。SSC P485 提供可供选择的 4 MHz 时钟输出作为主机时钟源。所有主机接口信号与晶体管—晶体管逻辑兼容。由用户定义 SSC P485 与主机通信的协议。

模拟信号通过 SSC P485 信号输入脚（SI）和信号输出脚（SO），在通信介质与 SSC P485 之间传输。在传送模式下，SSC P485 信号输出脚的 SSC"线性调频脉冲"经低通前置滤波器，去除传输信号中的高频能量后，送到输出放大器。放大器由 SSC P485 三态（TS）信号控制开通。放大后的输出信号经线路耦合/暂态保护电路送到通信介质。

在接收模式下，模拟通信信号经线路耦合电路送到输入滤波器。带通滤波器让线性调频频带（100～400 kHz）内的信号通过，而滤掉带外噪声信号。输入前置放大器提供额外信号增益。经放大和滤波后的输出信号作为 SSC P485 的信号输入脚（SI）的输入。

电力线扩频通信专用芯片的选择应考虑三个部分构成的节点的整体性能。第一部分是提供数据链路功能和物理层的协议服务的电力线扩频通信专用芯片。其中特殊的数据链路层(DLL)服务包含对通信分组的发送和接收(对于发送的分组由字节向符号转化,对于接收的分组则由符号向字节转化)、发送信道的接入(基于分组的优先级和 EIA－600 的接入规则)和 CRC 的产生与校验。第二部分为主处理器和控制器,负责与电力线扩频通信专用芯片的通信及执行特殊的应用工作。第三部分为电力线模拟功能,这些功能包括:将信号耦合到媒体之上,放大发送信号以驱动媒体的阻抗,对输入信号滤波。通过对 SSC P200、SSC P300 和 SSC P485 的特点、性能及与其他两部分构成节点的性能的分析,本设计采用 SSC P300 扩频芯片。由于电力线上线阻抗变化范围大,本设计将 SSC P300 和 SSC P111 媒介接口 IC 组合使用,SSC P111 作为功率放大器。这样不但简化了由几十个分立器件构成的功放电路,而且使系统的性能有所改善。

4) SSC P111 芯片

SSC P111 是一个专用于低压电力载波信号放大的高度集成化的高效放大器,其引脚图如图 8－28 所示,能够取代近 30 个分立元件,适于同 SSC P300 配合而用于载波通信中。SSC P111 媒介接口和电力线耦合电路部分完成缓冲放大、低通滤波、将放大信号耦合到电力线上以及对输入信号进行滤波等工作,受三态信号 TS 控制。

SSC P111 的主要特性如下:

(1) 将功率放大器和三态功能集合为 CEBus 的电力线(PL)物理接口。

(2) 可代替近 30 个分立元件,不仅节省了电路板上的空间,而且提高了工作的可靠性。

(3) 提供的高驱动能力输出功率放大器(10 Ω 负载下,峰峰电压为 6 V),满足 EIA－600(CEBus)标准中关于输出到普通阻抗和低阻抗电力线时所指定的电压值,增强了低阻抗条件下的性能。

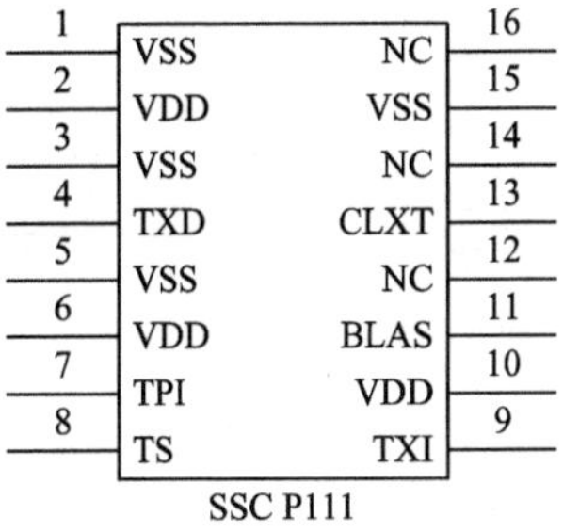

图 8－28　SSC P111 引脚图

(4) 提供了内部温度保护电路,以确保系统的可靠性。

(5) 封装形式采用 16 针的 SOIC,大小约为 1.0 cm×0.74 cm。

当扩频芯片中的 TS 信号为逻辑 0 时,SSC P111 中的放大器停止工作,将其输出设置为高阻态,并在接收操作时将放大器与接收电路隔离开来,还能降低节点的能耗。当三态开关处于工作状态时(逻辑 1),电力线通信信号就通过电力线耦合电路传输到电力线上。

实际使用中,在一些特殊的环境下,由于负载影响以及噪音、强电磁的干扰严重,需要加大发射端的功率,SSC P111 放大器可能不能满足功放范围要求,在这种情况下可以用 OPA549 和 LF353 配合,实现功耗要求范围内的最大输出。

2. 硬件电路设计

图 8－29 所示为一个基于 SSC P300 的电力线载波通信电路的原理图。该电路主要由三部分组成:PM2300 及电力线耦合电路、SPI 控制线与单片机的接口电路以及单片机控制及通信电路。

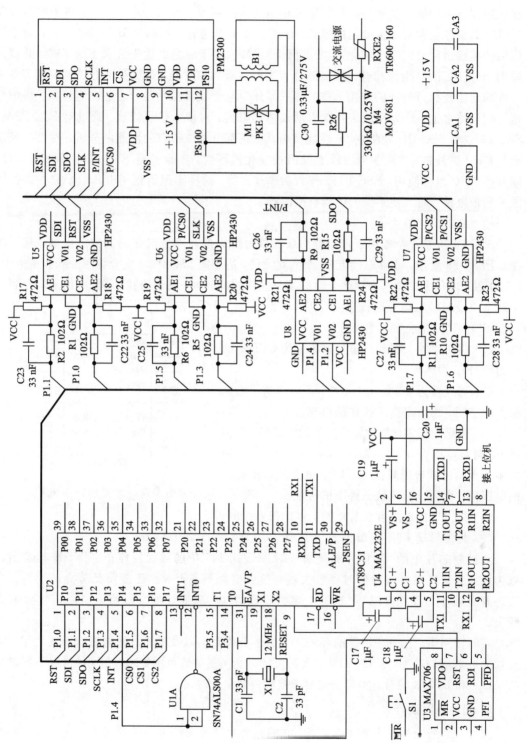

图8-29 基于SSC P300的电力线载波通信电路的原理图

　　PM2300 是将 SSC P300 和电力线接口有关的模拟电路封装在一起的 12 脚单列直插封装的厚膜电路,利用它可使电路设计更加方便,其原理框图如图 8 - 30 所示。网络接口微处理器是一个大规模专用 IC,它包括数字信号处理电路(DSP)和一个标准的串行总线 SPI 接口。数据接收电路在对输入信号进行缓冲放大后,将载波信号从一个很宽的频带取出,再通过一个模拟/数字转换器(ADC)转化为数字信号,最后通过开关切换送入微处理器进行分组解码,从而实现最终的数据分组传输和有关协议功能。需要发送的分组则先从 SPI 接口传输到内部的微处理器,再经 DSP 处理来产生扩频载波(SSC)的低层数据信息。此信息可以驱动数字/模拟转换器,以产生"chirp"的模拟波形。在三态开关打开期间,此波形将通过缓存放大后耦合到电力线上。

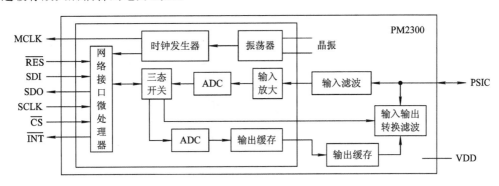

图 8 - 30　PM2300 结构框图

　　M4 为 680 V 的压敏电阻,可以用来在电力线出现瞬间高压时提供保护。M1 为 32 V 的瞬态电压抑制器,用于稳定加在 SSC P300 模拟支持电路上的电压。B1 为耦合变压器,用于提供 100～400 kHz 的扩频载波信号的线性传输通道;电容 C30 用于限制变压器电流,以避免变压器铁芯的饱和。耦合变压器采用高导磁率的铁芯绕制,原边和副边均为 12 匝,电感量约为 0.25 mH。

　　为了减小电路中的杂波干扰,电路中的单片机部分和 PM2300 的有关部分采用了隔离电源。同时,为了使 PM2300 的 SPI 接口和单片机进行隔离,电路中还专门设计了由 HP2430 组成的高速光电耦合隔离电路。HP2430 的输入端采用施密特整形,同时加有由电感和电容组成的脉冲整形网络,以使其波形可以高速准确地进行隔离传输。另外,电路中还采用 AT89C51 单片机来简化外围电路的设计。而用 MAX706 提供的系统复位和看门狗功能则避免了系统的死机现象。MAX232E 组成的标准串口用于实现同上位机的通信。

3. 软件设计

　　PM2300 的命令和数据可通过 SPI 接口并按照相关的命令协议进行发送与接收。它共有 7 种数据结构和 16 条指令,可用于实现主处理器和载波通信芯片之间的 CEBus 功能。具体的命令说明和数据结构可以参照 SSC P300 的使用手册。特别需要注意的是:在进行 SPI 通信时,由于单片机使用的是 P1 口线进行时序的模拟操作,因此在进行口线操作时,必须严格遵守 SSC P300 给出的时序图,因为时序的错误将会造成通信的失败。

　　本系统将数据通信操作模式设定为 UNACK 的数据链路模式。完成一个数据包的发送与接收的基本过程如下:

　　(1) 初始化各节点,也就是写 Layer-Config-Info 的数据结构和节点的地址。

（2）根据 Interface-Flag 各标志位的状态来判定系统的通信状态。

（3）根据所要求的时序来发送 Transmit-Header-Info 和 Transmit-npdu-Field 数据结构。在发送完成后，PM2300 中的中断引脚的输出会变低，电路可以据此进入标志位处理子程序，并通过通信标志位判定系统是否通信成功。

（4）接收到一个数据包时，中断引脚的输出同样会变低，然后可通过中断子程序处理相应的标志位，再用读命令取回数据。

该系统初始化的流程图如图 8 - 31 所示，图中包含了详细的时序操作，可据此写出完整的程序。其他的数据处理程序也可以仿照写出。

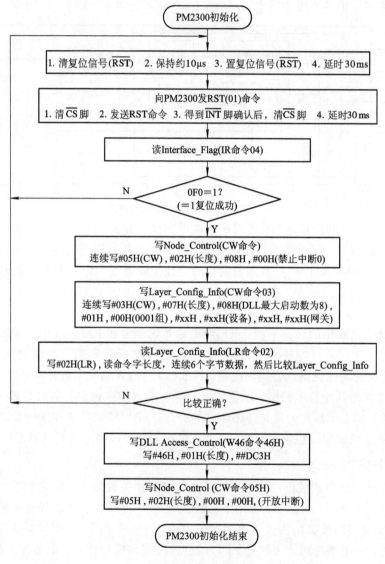

图 8 - 31 系统初始化的流程图

该电路较好地解决了电力线载波传输中的数据易受干扰和通信速率低的问题，同时可用较低的成本实现多用户的电力线载波通信。在中等情况下，其传输距离可达到 500 m。该通信电路设计的缺点是仍局限于同一个变压器下，这在一定程度上限制了应用的范围。

4. 家庭中电力线上的通信信道状况分析

低压电力线无疑是家庭中分布最广泛的有线网络介质,几乎所有的家用电子产品都是连在 220 V 的电力线上的。因此,用低压电力线来实现家庭网络中的控制流不存在重新布线的问题,无疑是最方便的。但由于电力线与双绞线等专用网络介质不同,用电力线实现数据通信必须考虑其特殊性,即干扰的复杂性、信道的时变性。

电力线上存在着复杂的干扰,可分为非人为干扰和人为干扰。

非人为干扰指的是一些自然现象,如雷电在电力线上引起的干扰,这种干扰将影响瞬间的电力线数据通信。通过数据自动重发机制和纠错机制可以有效地避免此类干扰对数据通信的影响。

人为干扰则是由连接在电力线上的用电设备产生的,并对电力线上的数据通信有更严重的影响。

图 8-32 是实验室测得的电力线上的干扰波形,这与在现场测得的干扰波形很相似。在家庭中,电力线上的干扰不能被简单地认为是可加性高斯白噪声,为了表示这种干扰的复杂特性并简化分析,可以近似地将其分成 3 类:周期性的干扰、时不变的连续干扰和随机产生的突发性干扰。

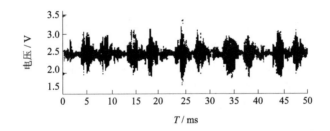

图 8-32　电力线上的干扰波形

在家庭内部,周期性的干扰主要来源是可控硅电路、电机、电视、空调机等设备。可控硅电路一般存在于电子调光设备、开关电源、变频空调等设备中。这些设备产生的干扰频率一般是工频或工频的整数倍,例如图 8-32 中存在着明显的频率为 100 kHz 的干扰信号,这种干扰的幅度很大,频谱不规则,峰值有时能达到 10 V,对电力线的通信有很大的影响。家庭中风扇、空调、洗衣机等设备中的电机运行时,将会在家庭中的电力线上产生大量的高次谐波,这种谐波是工频的整数倍,其频率能到几万赫兹并且能量比较集中,其频谱可能部分覆盖信号频谱,造成通信过程中的信噪比的降低,通信误码率的增加。电视机的干扰则主要是 15～73 kHz 的行频信号,这种信号对电力线也有一定的干扰。

在家庭的实际情况中,由于大量的家用电器同时使用,释放出多种干扰,而这些干扰的瞬时功率、周期、相位等变化很大,各不相同,因此最终会在家庭内部的电力线上产生时不变的连续干扰。这种干扰平均功率很小,但是频谱很宽而且持续存在,一般认为这是 10 kHz～100 MHz 的背景噪声。这种干扰的频谱有可能部分或完全覆盖信号频谱,因此,可能会使通信过程中的信噪比变得很低,通信误码率增加。

在家庭内部,各种大功率负载如冰箱、空调、洗衣机等的突然开关,电力线路上的短路故障等将引起电压、电流的剧烈变化;谐波分量的增加,导致能量很大的脉冲干扰或脉冲干扰群。这类干扰的持续时间较短,但能量很集中,频谱也很宽,对载波数据通信产生很大的影响。而在接收节点近距离的范围内，某些中小功率的负载，如日光灯、计算机等的开机也会产生较大的突发脉冲干扰而影响通信。

由于在家庭中电力线的长度有限，阻抗很小，因此，在家庭内部电力线本身并不是电力线上载波衰减的主要原因，电力线并联的负载才是载波衰减的主要原因。不同的负载吸收不同频率的信号。电力载波的频率远比电网的频率高，一般在几十千赫兹到数百千赫兹。电炉、电灯等纯电阻电路对不同频率的信号衰减比较均匀，而容性负载、感性负载都会使信号畸变，其中容性负载对高频信号的阻抗很小，会吸收大量的载波。如果开关电源的输入端有一个滤波器，如图 8-33 所示，则对于抑制开关电源对电网的干扰有很好的效果，但是它同时要大量吸收电网上的载波信号。在实际应用中，开关电源的插头附近一般都安装一个磁环，以有效地防止吸收网上的载波信号。

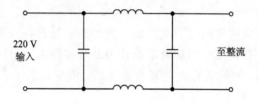

220 V 输入   至整流

图 8-33　开关电源的输入电路

由于人们的生活作息，家庭中电力线上各种性质的负载变化是比较频繁的，各种负载会不断地切入、断开，这就会造成电力线通信信道具有很强的时变性。低压电力线在 1 s 内可对某一频率信号的衰减变化达到 20 dB，同时，在 1 s 内信噪比的变化也可达到 10 dB 左右。负载的变化造成了不同频率载波的衰减特性的时变性。在居民区，晚上 18:00～22:00 的衰减是最大的。合理地利用这种规律，可以提高通信系统的可靠性。例如，相当一部分远程抄表系统通常在零点工作，因为此时人们大多已经休息，而大部分电器都停止运行，电力线的通信信道相对畅通。

在我国，由于对家用电器的电磁兼容性没有欧美国家控制得严格，家用电器对电力线的污染是非常严重的。因此，家庭中电力线上的状况相对于欧美地区就显得更为恶劣。目前，我国的管理部门已经注意到了这个问题，在电视机等行业已经准备实行强制的 EMC 电磁兼容性规定，相信今后对其他电器也将会实行这一规定，这对我国电力线的通信信道状况将会有很大的改善。

第 9 章　扩频系统的仿真

　　MATLAB 是由美国 MathWorks 公司推出的软件产品。MATLAB 是"Matric? Laboratory"的缩写，意即"矩阵实验室"。MATLAB 是一完整的并可扩展的计算机环境，是一种进行科学和工程计算的交互式程序语言。它的基本数据单元是不需要指定维数的矩阵，它可直接用于表达数学的算式和技术概念，而普通的高级语言只能对一个个具体的数据单元进行操作。因此，解决同样的数值计算问题，使用 MATLAB 比使用 Basic、Fortran 和 C 语言等的效率高许多倍。许多人赞誉它为万能的数学"演算纸"。MATLAB 采用开放式的环境，可以读到它的算法，并能改变当前的函数或增添自己编写的函数。在欧美的大学和研究机构中，MATLAB 是一种非常流行的计算机语言，许多重要的学术刊物上发表的论文均使用 MATLAB 来分析计算以及绘制出各种图形。它还是一种有利的教学工具，它在大学的线性代数课程以及其他领域的高一级课程的教学中，已成为标准的教学工具。

　　Simulink 是 MATLAB 软件包中最重要的功能模块之一，是交互式、模块化的建模和仿真的动态分析系统，能够实现精确的电路仿真和系统仿真。它具有功能强大的工具箱，可分为功能性工具箱和学科性工具箱。功能性工具箱服务多种学科，主要用来扩充符号计算功能，图示建模仿真功能、文字处理功能以及硬件实时交互功能。学科性工具箱的专业性比较强，如通信工具箱、控制工具箱等，都是由该领域内学术水平很高的专家编写的，用户无需编写自己学科范围内的基础程序，而直接进行高精尖的研究。此外，Simulink 工具箱文件都是可读可改的源文件，用户可通过源文件的修改以及加入自己的文件来构成新的工具箱。欧美许多大公司在将产品投入实际使用之前都会进行仿真实验，而其主要使用的仿真软件就是 Simulink。

　　本章给出了扩频通信课程涉及的部分内容的程序或者仿真演示，以期有利于读者理解相关的知识。所有的程序和仿真均在 MATLAB 软件中运行，系统的仿真使用 Simulink 仿真模块实现。

9.1　伪随机码的生成及相关函数的计算

　　(1) 函数 ms_generator(registers，connections)是 m 序列的生成函数，其中参数 registers 给出了移位寄存器的初始状态，connections 给出了 m 序列的发生器。

```
function seq=ms_generator(registers，connections)
% registers=[0 0 0 0 1]；%设置初始状态
```

```
% connections＝[1 0 0 1 0 1]；%设置反馈逻辑
n＝length（connections）；
L＝2^(n－1)－1；
seq(1)＝registers(n－1)；
for i=2：L
    sum＝0；
    for m=1：(n－1)
        sum＝mod(sum＋registers(m) * connections(m+1)，2)；
    end
    for k=(n－1)：－1：2
        registers(k)＝registers(k－1)；
    end
    registers(1)＝sum；
    seq(i)＝registers(n－1)；
end
```

运行输出结果为 seq＝[1 0 0 0 0 1 0 0 1 0 1 1 0 0 1 1 1 1 1 0 0 0 1 1 0 1 1 1 0 1 0]。

（2）函数 auto_corr() 计算二进制序列 seq 的自相关函数，并画出函数曲线。在函数内调用了生成 m 序列的函数 ms_generator(*)生成的 m 序列 seq，然后再计算。

```
function auto_correlation＝auto_corr(seq)
registers＝[1 0 0 0 0]；%设置初始状态
connections＝[1 0 1 0 0 1]；%设置反馈逻辑
seq＝ms_generator(registers，connections)；
seq＝－1 * (seq * 2－1)；%负逻辑映射
len＝length(seq)；
temp＝[seq seq]；
for i=0：len－1
    auto_correlation(i+1)＝seq * (temp(i+1：i+len))；
end
auto_correlation
plot(0：len－1，auto_correlation)；
```

（3）函数 cross_corr() 计算二进制序列 seq1 和 seq2 的互相关函数，并画出函数曲线。在函数内调用 ms_generator(*)函数分别生成等长的 m 序列 seq1 和 seq2 后再计算。程序中也画出了自相关函数。

```
function cross_correlation＝cross_corr(seq1，seq2)
registers1＝[0 0 0 0 1]；%设置初始状态
connections1＝[1 0 0 1 0 1]；%设置反馈逻辑
seq1＝ms_generator(registers1，connections1)；
seq1＝－1 * (seq1 * 2－1)；%负逻辑映射
registers2＝[1 1 1 1 1]；%设置初始状态
connections2＝[1 1 1 1 0 1]；%设置反馈逻辑
seq2＝ms_generator(registers2，connections2)；
seq2＝－1 * (seq2 * 2－1)；%负逻辑映射
```

```
temp=[seq2 seq2];
len=length(seq2);
for i=0: len-1
    cross_correlation(i+1)=seq1 * (temp(i+1: i+len))';
end
auto_correlation=auto_corr(seq1);
plot(0: len-1, auto_correlation, '-.', 0: len-1, cross_correlation);
```

如图 9-1 所示，m 序列具有二值自相关函数和多值互相关函数。

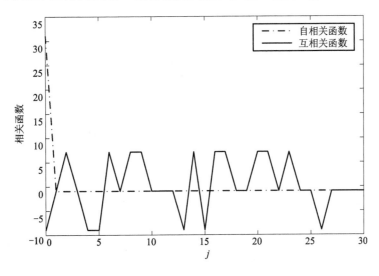

图 9-1　m 序列的自相关函数和互相关函数

（4）函数 gold( )生成一族 Gold 序列。程序中首先生成一对 m 序列优选对 seq1 和 seq2，然后按照并联结构生成了一族 Gold 序列，最后画出一个 Gold 序列的自相关函数以及族内一对 Gold 序列的互相关函数。

```
function gold=gold()
registers1=[1 0 0 0 0 0];
connections1=[1 1 0 0 0 0 1];
seq1=ms_generator(registers1, connections1);
registers2=[1 0 0 0 0 0];
connections2=[1 1 1 0 0 1 1];
seq2=ms_generator(registers2, connections2);
temp=[seq2 seq2];
len=length(seq2);
for i=1: len
    gold(i, :)=mod(seq1+temp(i: i+len-1), 2);
end
gold(len+1, :)=seq1;
gold(len+2, :)=seq2;
plot(0: len-1, auto_corr(gold(1, :)), '-', 0: len-1, cross_corr(gold(1, :), gold(2, :)),
'-.');
```

如图 9-2 所示，一族内的 Gold 序列具有三值互相关函数和三值自相关旁瓣。

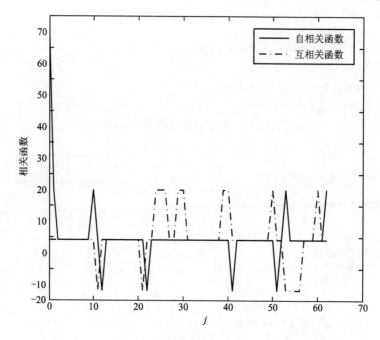

图 9-2　Gold 序列的自相关函数和互相关函数

（5）函数 walsh(L) 可以生成 L 阶的 Walsh 函数，并给出其互相关矩阵。其中 inverse（＊）完成矩阵按元素取反的功能。

```
function walsh＝walsh(L)
L＝64
n＝log2(L);
temp＝[0];
temp2＝zeros(4, 4);
for i＝1: n
    temp2＝zeros(2.^n, 2.^n);
    temp1＝inverse(temp);
    temp2＝[temp temp; temp temp1]
    temp＝zeros(2.^n, 2.^n);
    temp＝temp2;
    temp1＝zeros(2.^n, 2.^n);
end
walsh＝temp2;
correlation＝(walsh＊2－1)＊(walsh＊2－1)′

function result＝inverse(temp)
len＝size(temp);
for i＝1: len
    for j＝1: len
        if (temp(i, j)＝＝0)
```

```
        temp(i, j)＝1;
    else
        temp(i, j)＝0;
    end
  end
end
result＝temp;
```

9.2　直扩系统发送端的仿真

使用 MATLAB 下的 Simulink 进行仿真。直扩系统的参数为：数据速率为 1 kb/s，扩频码速率为 127 kb/s。扩频码使用 7 级移位寄存器生成的 m 序列，生成多项式为 $f(x) = 1 + x^6 + x^7$，周期为 127。调制采用 BPSK 调制，载波频率为 500 kHz。图 9 - 3 给出该直扩系统发送端仿真模块。

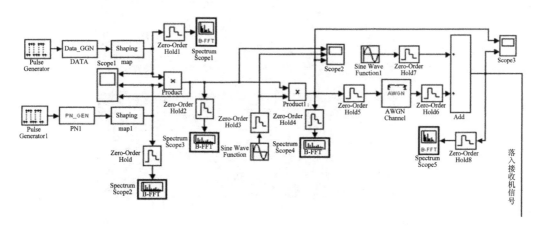

图 9 - 3　直扩系统发送端仿真模块

发送端数据由时钟脉冲发生器(Pulse Generator)控制产生随机二进制"0"或"1"数据，产生过程由 Data_GEN 模块控制，使用了 S 函数 Data_GEN。扩频码由时钟 Pulse Generator1 控制产生周期为 127 的 m 序列，产生过程由 PN_GEN 模块控制，使用了 S 函数 PN_GEN。Shaping 模块完成负逻辑映射，将二进制"1"映射为—1 电平，"0"映射为+1 电平。扩频调制由 m 模块 Product 完成。射频调制由 Product1 完成，使用的正弦载波由模块正弦波函数(Sine Wave Function)产生，正弦载波幅度为 1。射频调制后信号经过加性白噪声信道，再使用模块 Sine Wave Function1 产生的单频正弦载波作为干扰，该干扰的频率为 300 kHz。仿真中假定信噪比(信号与高斯白噪声功率比)为 20 dB，单频正弦干扰的幅度为 10。仿真模块中的 Zero - Order Hold 均为零阶保持器，完成对各个节点数据的采样和保持，以利于后接的模块对于数据的计算(后面的仿真不再分别赘述其功能)。仿真显示各个节点的波形图和频谱图分别如图 9 - 4 至图 9 - 11 所示。

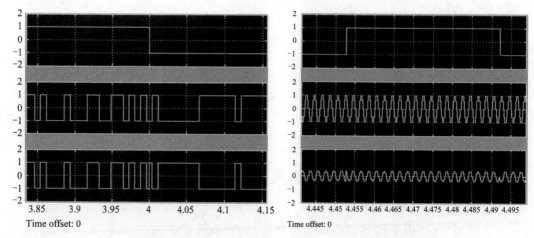

图 9-4 扩频前后波形图（Scope1 所示）　　　　图 9-5 调制过程波形图（Scope2 所示）

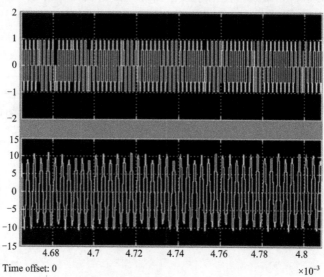

图 9-6 加噪及加干扰前后波形（Scope3 所示）

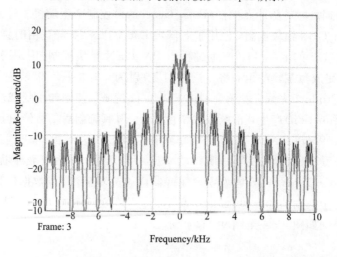

图 9-7 基带信息数据频谱图（Spectrum Scope1 所示）

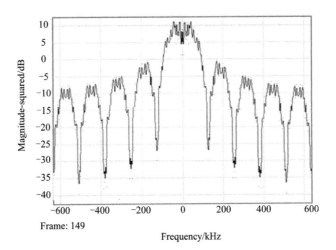

Frame: 149

图 9 - 8　扩频码频谱图（Spectrum Scope2 所示）

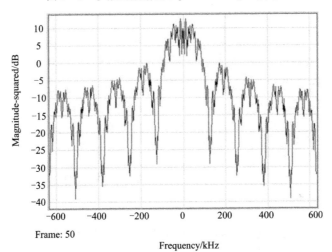

Frame: 50

图 9 - 9　扩频调制后频谱图（Spectrum Scope3 所示）

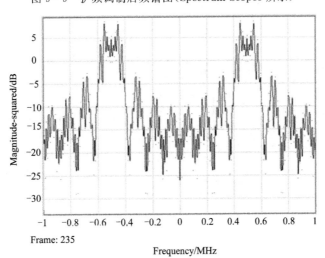

Frame: 235

图 9 - 10　射频调制后频谱图（Spectrum Scope4 所示）

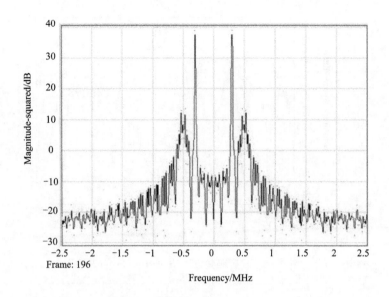

图 9 - 11　信道中信号频谱图（Spectrum Scope5 所示）

　　由信号的频谱图可见，窄带的基带信号（如图 9 - 7 所示）的主瓣带宽为 1 kHz，宽带的伪随机码（如图 9 - 8 所示）的带宽（主瓣）约为 127 kHz。扩频，且经过 BPSK 调制后，信号的频谱搬移到载频上，信号变为以 500 kHz 为中心的宽带信号（如图 9 - 10 所示）。落入接收机的信号中包含一个很强的窄带干扰信号的谱线（如图 9 - 11 所示），频率为 300 kHz 左右。

9.3　直扩系统接收端的仿真

　　利用 9.2 节仿真的系统的发射信号建立如图 9 - 12 所示的接收仿真模块。仿真中首先利用外差式相关解扩器将接收信号下变频为 250 kHz 的中频信号，然后利用 Costas 环进行载波的恢复和中频解调，恢复出数据。

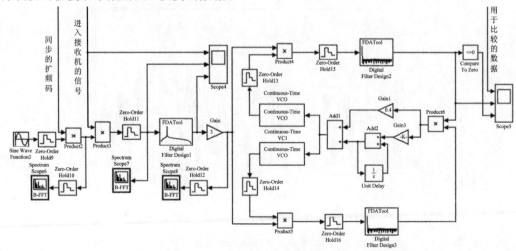

图 9 - 12　接收端仿真模块

模块 Sine Wave Function2 产生一个频率为 250 kHz 的本地载波信号，与本地产生的同步伪随机码信号进行调制，然后与接收到的信号进行相关处理。相关处理器由模块 Product3 和数字滤波器设计 1(Digital Filter Design1)组成。其中 Digital Filter Design1 为一频率为 250 kHz 的窄带滤波器，带宽为 2 kHz。相关处理后的信号经模块 Gain 放大后送入 Costas 环路进行中频载波的恢复和数据的解调。由于采用的是 BPSK 调制，所以搭建的是二相 Costas 环，如图 9 - 13 所示。其中连续时间压控振荡器的静态频率设为 250 kHz，输出频率的灵敏度为 1 Hz/V。环路滤波器由模块 Gain1、Gain3 和 Add2 及单位延迟单元组成。解调以后的信号经过一个简单的判决模块与零比较(Compare to Zero)恢复出有用信息数据，在示波器 Scope 中与发送端信息进行比较显示。仿真显示各个节点的波形图和频谱图如图 9 - 14 至图 9 - 17 所示。

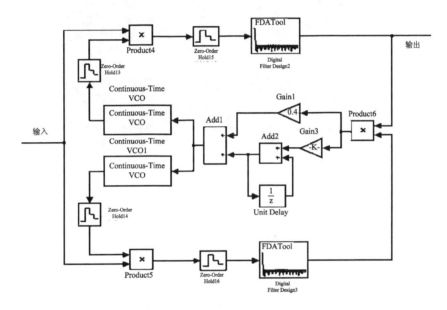

图 9 - 13　Costas 环模块

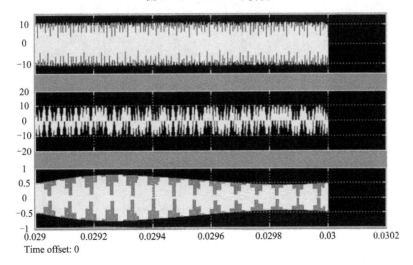

图 9 - 14　解扩前后信号波形(Scope4 所示)

观察各个节点的信号频谱可以看到（如图 9-17 所示），相关解扩以后的信号只为窄带信号，并且干扰信号的谱线消失，实际上是被伪码展宽，谱密度降低，使干扰信号淹没在了有用信号的频谱中了。比较解调出的信号与发送的基带信号波形（如图 9-15 所示），可以发现在信噪比为 20 dB 时，系统可以无误码地解调出数据。

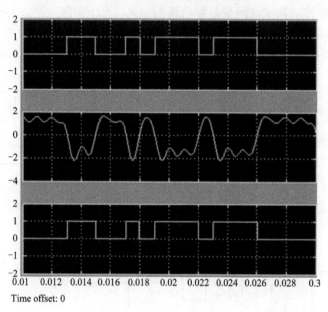

图 9-15　判决恢复信号与发端信号比较（Scope5 所示）

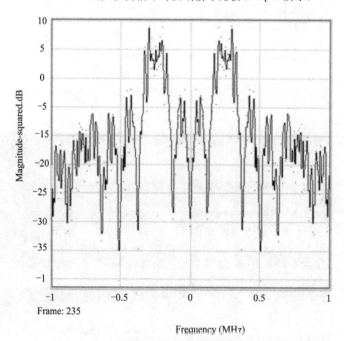

图 9-16　本地伪码调制信号频谱图（Spectrum Scope6 所示）

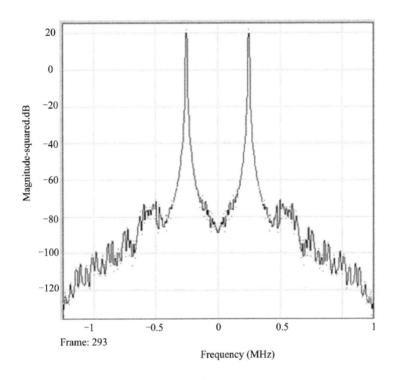

图 9 - 17　相关解扩信号后频谱图（Spectrum Scope8 所示）

9.4　直扩系统伪码同步仿真

利用 9.2 节建立的仿真系统，直扩系统的参数为：

- 数据速率为 1 kb/s，并且同步期间数据一直保持为"0"；
- 扩频码速率为 127 kb/s；扩频码使用 7 级移位寄存器生成的 m 序列，生成多项式为 $f(x) = 1 + x^6 + x^7$，周期为 127；
- 调制采用 BPSK 调制，载波频率为 500 kHz。

直扩信号经过加性高斯白噪声信道，落入伪码同步系统信号信噪比为 20 dB。同步的捕获在基带进行，采用滑动相关法，跟踪过程使用简化的双 △ 值延迟锁定环。仿真系统如图9 - 18 所示。

在仿真系统中，完成捕获的支路为中间的支路，即由模块 Product3、Product6、Gain1、Digital Filter Design2、Inte1、Abs、Compare To Constant2 以及 RS 触发器组成。其中 Product3 完成本地伪码调制，本地载波频率为 500 kHz。Product5、Gain1 和 Digital Filter Design2 完成相关解扩，并且将接收信号下变频为基带信号。而模块 Inte1 所用的 S 函数完成相关输出的积分清洗，它按照伪码速率来采样，积分时间为一个基带信息码元间隔。对积分的输出取绝对值（由模块 Abs 完成）后进行门限判决（由 Compare To Constant2 模块完成）。一旦该值大于门限，则输出高电平，并用 RS 触发器锁定，标志捕获过程完成，使系统进入跟踪过程。

跟踪过程按照双 Δ 值延迟锁定环的原理，由两个相关支路组成。早支路主要由模块 Product2、Product5、Gain、Digital Filter Design1、Inte 组成，迟支路主要由 Product4、Product7、Gain2、Digital Filter Design2、Inte2 等组成。早支路与迟支路两者输出的相关值的差值决定了选取本地伪码发生器的时钟信号。时钟 Pulse Generator3 的频率为 128 kHz，用于初始同步时控制本地伪码与接收到的信号的伪码的相位滑动。时钟 Pulse Generator4 的频率为 126.5 kHz，用于捕获完成时本地伪码相位的微调。而时钟 Pulse Generator5 的频率为 127 kHz，用于跟踪完成时控制伪码发生器，保持系统的同步。

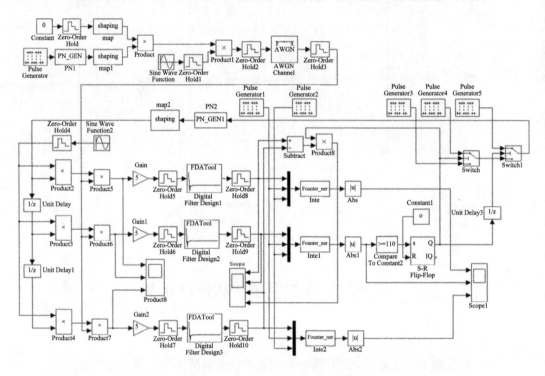

图 9-18　伪码同步仿真系统

跟踪过程主要由开关模块 Switch、Switch1 和延迟模块 Unit Delay3 组成。本仿真简化了跟踪逻辑，只假定捕获后的伪码相位稍微超前接收到的伪码相位，即早支路与迟支路两者输出的相关值的差值为一负值。因此捕获跟踪过程是这样的：捕获时使用时钟 Pulse Generator3，使本地伪码与接收到的信号的伪码相位滑动。当两码的相位差在一个码片之内时，相关输出经过积分后的电平高于门限，RS 触发器输出高电平锁定，并且控制开关 Switch3，使用时钟 Pulse Generator4 的信号。由于时钟 Pulse Generator4 的频率低于接收伪码的频率，这样经过一定时间的累积后，原来稍微超前的本地码相位会滞后。累积的时间由延迟单元 Unit Delay3 控制。RS 触发器的 Q 端高电平经过 Unit Delay3 延迟一定时间后输出，从而控制 Switch1，使本地伪码时钟转为 Pulse Generator5，即同步的时钟 127 kHz。这种简单的伪码跟踪逻辑也很有效。

由图 9-19～图 9-20 可看出，进行跟踪后，迟支路的相关峰消失，并且控制跟踪的信号电平在零值波动，表明伪码的同步更精确了；而未进行跟踪时，迟支路仍然有很强的相关峰出现，如图 9-21 和图 9-22 所示。

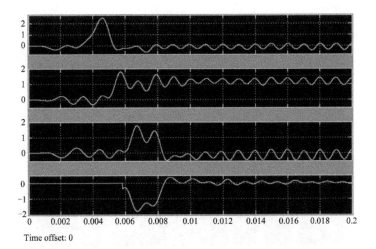

图 9 - 19　伪码捕获和跟踪的过程(示波器 Scope 所示)

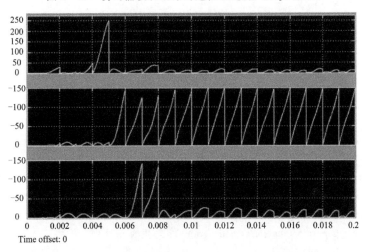

图 9 - 20　同步前后的相关函数波形(示波器 Scope1)

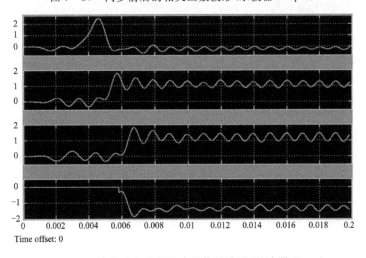

图 9 - 21　捕获后未进行跟踪的信号波形(示波器 Scope)

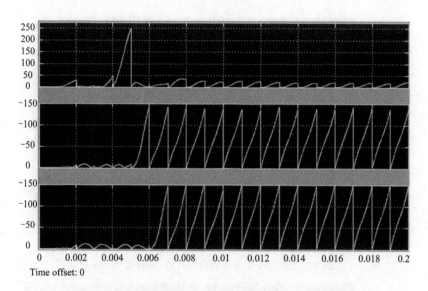

图 9-22　捕获后未进行跟踪的相关函数波形（示波器 Scope1）

9.5　跳频序列的设计

函数 seq_FH_LG() 是按照 L-G 模型生成跳频序列的函数，其中使用的 m 序列发生器按照本原多项式 $f(x)=1+x+x^6$ 构成。

```
function seq=seq_FH_LG()
registers=[1 1 1 1 1 1]；%设置初始状态
connections=[1 1 0 0 0 0 1]；%设置连接多项式
seq=ms_generator(registers, connections)；%生成 m 序列
len=length(seq)；
temp=[seq seq]；
u=[0 0 0]；
for i=1：len
    s(i)=4 * mod(temp(i)+u(1), 2)+2 * mod(temp(i+1)+u(2), 2)+mod(temp(i+2)+
u(3), 2)；
    end
seq=s
```

在程序中，通过给出不同的用户编码选取值 u，便可构造 8 个跳频序列。例如取 u={101}时生成的跳频序列为 S_5={ 2 2 2 2 3 0 7 0 7 0 6 3 1 4 6 3 0 6 2 3 0 6 3 0 7 1 4 7 1 4 6 2 3 1 5 4 7 0 6 2 2 3 1 4 7 0 7 1 5 4 6 3 1 5 5 4 7 1 5 5 4 6}。可以看出序列存在较大频率滞留问题，最大游程为 4。

函数 seq-seq_LG_mod() 是按照非连续抽头模型生成跳频序列的函数，其中使用的 m 序列发生器按照本原多项式 $f(x)=1+x+x^6$ 构成。

```
function seq=seq_LG_mod()
registers=[1 1 1 1 1 1]；
```

```
connections=[1 1 0 0 0 0 1];
seq=ms_generator(registers，connections);
len=length(seq);
temp=[seq seq];
u=[1 0 1];
for i=1：len
    s(i)=4 * mod(temp(i)+u(1)，2)+2 * mod(temp(i+2)+u(2)，2)+mod(temp(i+4)+
u(3)，2);
    end
seq=s
```

同样，可以通过不同的用户编码取值 u，生成一族跳频序列。例如取 u＝{101}时生成的跳频序列为 S_5＝{2 2 3 2 1 2 5 2 4 3 7 0 0 7 6 0 2 7 2 0 3 6 1 3 4 1 7 4 0 6 7 3 1 0 5 6 4 2 6 3 3 0 1 6 5 3 5 0 4 7 7 1 1 4 5 7 5 1 5 4 4 6 6}。可以看出这样有效地解决了频率滞留问题，最大游程为 2。

参 考 文 献

[1]　曾兴雯，刘乃安. 通信中的扩展频谱技术. 西安：西安电子科技大学出版社，1999.

[2]　田日才. 扩频通信. 北京：清华大学出版社，2007.

[3]　查光明，熊贤祚. 扩频通信. 西安：西安电子科技大学出版社，2004.

[4]　曾兴雯，刘乃安，孙献璞. 扩展频谱通信及其多址技术. 西安：西安电子科技大学出版社，2004.

[5]　曾一凡，李晖. 扩频通信原理. 北京：机械工业出版社，2005.

[6]　王秉钧，等. 扩频通信. 天津：天津大学出版社，1993.

[7]　朱近康. 扩展频谱通信及其应用. 合肥：中国科学技术大学出版社，2000.

[8]　赵刚，等. 扩频通信系统实用仿真技术. 北京：国防工业出版社，2009.

[9]　鲁郁. GPS 全球定位接收机——原理与软件实现. 北京：电子工业出版社，2009.

[10]　李明齐，芮赟. 宽带无线通信多址传输技术演进. 北京：电子工业出版社，2010.

[11]　刘乃安. 无线局域网（WLAN）原理、技术与应用. 西安：西安电子科技大学出版社，2004.

[12]　邬国杨. 数字蜂窝网. 西安：西安电子科技大学出版社，2000.

[13]　李承恕，赵荣黎. 扩展频谱通信. 北京：人民邮电出版社，1994.

[14]　梅文华，等. 跳频通信. 北京：国防工业出版社，2005.

[15]　王广运，郭秉义，李洪涛. 差分 GPS 定位技术与应用. 北京：电子工业出版社，2005.

[16]　Marvin K S，等. Spread Spectrum Communication Handbook（扩频通信技术教程）. 北京：人民邮电出版社，2002.

[17]　维特比 A J. CDMA 扩频通信原理. 北京：人民邮电出版社，1997.

[18]　[美]Peterson R L，等. 扩频通信导论. 沈丽丽，侯永宏，马兰，等，译. 北京：电子工业出版社，2006.

[19]　[美]Bernard Sklar. 数字通信——基础与应用. 2 版. 北京：电子工业出版社，2004.

[20]　[美]Proakis J G. 数字通信. 4 版. 北京：电子工业出版社，2003.

[21]　马建仓，罗亚军，赵玉亭. 蓝牙核心技术及应用. 北京：科学出版社，2003.

[22]　韦惠民，暴宇. 扩频通信技术在低压电力线载波数据通信中的应用. 西安电子科技大学 2002 年学术大会论文集.

[23]　韦惠民，李白萍. 蜂窝移动通信技术. 西安：西安电子科技大学出版社，2002.

［24］　［美］ZiLOG Z87200 Spread Spectrum Transceiver Product Specification. ps010202 –
　　　　0601.

［25］　［美］Texas Instruments. TRF6901 Design Guide. 2000.

［26］　［美］Intellon. SSCPL P300 Network Interface Controller. 1998.

［27］　［美］Intellon. INT5130 Integrated Powerline MAC/PHY Transceiver. 2004.

［28］　北京福星晓程电子科技股份有限公司. 芯片手册 PL2000\PL3200. 2004.